"十三五"国家重点出版物出版规划项目

高等教育网络空间安全规划教材

计算机网络安全

李 剑 杨 军 主编

机 械 工 业 出 版 社

本书主要介绍计算机网络安全相关技术。全书共 16 章，分别讲述了网络安全概述、密码学简介、计算机网络模型、常用的网络服务与网络命令、网络扫描与网络监听、网络攻击技术、恶意代码与计算机病毒、计算机网络环境安全、防火墙技术、入侵检测技术、虚拟专用网技术、网络安全协议、Windows 操作系统安全配置、网络信息安全风险评估、网络信息系统应急响应、网络安全前沿技术。书中包含大量图片与实例。

本书可作为信息安全、网络空间安全、计算机类、电子信息类专业的教材，也适合从事信息安全工作的专业技术人员或爱好者参考和使用。

本书配有授课电子课件，需要的教师可登录 www.cmpedu.com 免费注册，审核通过后下载，或联系编辑索取（QQ：2850823885；电话：010-88379739）。

图书在版编目（CIP）数据

计算机网络安全 / 李剑主编. —北京：机械工业出版社，2019.8（2023.8 重印）
"十三五"国家重点出版物出版规划项目
高等教育网络空间安全规划教材
ISBN 978-7-111-64989-2

Ⅰ．①计…　Ⅱ．①李…　Ⅲ．①计算机网络—网络安全—高等学校—教材
Ⅳ．①TP393.08

中国版本图书馆 CIP 数据核字（2020）第 038525 号

机械工业出版社（北京市百万庄大街 22 号　邮政编码 100037）
策划编辑：郝建伟　　　责任编辑：郝建伟　车　忱
责任校对：张艳霞　　　责任印制：郜　敏
北京中科印刷有限公司印刷
2023 年 8 月第 1 版·第 5 次印刷
184mm×260mm·15.5 印张·382 千字
标准书号：ISBN 978-7-111-64989-2
定价：55.00 元

电话服务　　　　　　　　　　　网络服务
客服电话：010-88361066　　　机 工 官 网：www.cmpbook.com
　　　　　010-88379833　　　机 工 官 博：weibo.com/cmp1952
　　　　　010-68326294　　　金 书 网：www.golden-book.com
封底无防伪标均为盗版　　机工教育服务网：www.cmpedu.com

高等教育网络空间安全规划教材
编委会成员名单

前　言

党的二十大报告中强调，要健全国家安全体系，强化网络在内的一系列安全保障体系建设。没有网络安全，就没有国家安全。筑牢网络安全屏障，要树立正确的网络安全观，深入开展网络安全知识普及，培养网络安全人才。

为了解决网络安全问题，达到"普及信息安全知识"这一目的，作者以自己 10 多年网络安全教学和科研经验为基础，编写了《计算机网络安全》一书。本书中包含了大部分计算机网络相关的安全原理与技术，适合作为高等院校网络安全相关的教材。在授课时，可以根据学生的实际情况选择要教的内容以及内容的深度。对于那些没有学过计算机网络的学生，可以在课前适当加一些计算机网络的知识。

本书共 16 章。第 1 章是网络安全概述，主要讲述了"互联网"和"因特网"的历史，阐明了我国所面临的网络安全威胁；除此之外还介绍了网络安全的 P2DR2 安全模型、目标、发展阶段等。第 2 章是密码学简介，主要包括对称密码学、公钥密码学、散列函数等。第 3 章是计算机网络模型，主要介绍了计算机网络的 OSI 模型和 TCP/IP 协议族。第 4 章是常用的网络服务与网络命令，主要是常用的 WWW 服务等和 ping 等指令的使用方法。第 5 章是网络扫描与网络监听，主要介绍了黑客的攻击过程、漏洞、网络扫描和监听的方法。第 6 章是网络攻击技术，主要介绍了口令攻击等 6 种常见攻击和防护方法。第 7 章是恶意代码与计算机病毒，主要介绍了计算机病毒的相关知识以及治理方法。第 8 章是计算机网络环境安全，主要讲述了计算机所在环境相关的安全知识。第 9 章是防火墙技术，主要介绍了防火墙的概念、分类、关键技术、结构等。第 10 章是入侵检测技术，主要介绍了入侵模型、分类、Snort 系统等。第 11 章是虚拟专用网技术，主要介绍了虚拟专用网的原理、技术、应用等。第 12 章是网络安全协议，主要介绍了 IPsec 协议、SSL 协议、SET 协议等。第 13 章是 Windows 操作系统安全配置，主要介绍了操作系统常用的安全配置方法。第 14 章是网络信息安全风险评估，主要介绍了风险评估的概念、意义、标准、实施等。第 15 章是网络信息系统应急响应，主要讲述了应急响应的概念、阶段、方法等。第 16 章是网络安全前沿技术，主要讲述了量子通信的相关内容。

本书第 1 至 7 章由宁夏大学信息工程学院兼职教授，博士生导师李剑编写；第 8 至 16 章由宁夏大学信息工程学院杨军教授编写；另外参加本书编写的还有李朝阳、李恒吉、田源、孟玲玉。

由于本书作者水平有限，书中疏漏与不妥之处在所难免，恳请广大同行和读者斧正。编者电子邮箱：lijian@bupt.edu.cn。

编者

目　录

第1章　网络安全概述

本章是关于网络安全、信息安全的概述，主要介绍网络、网络安全、信息安全等概念；重点讲述因特网的一些相关概念，强调目前所使用的网络更确切一点应该叫因特网。

1.1　概述

人类的活动空间第一个是陆地，第二个是海洋，第三个是天空，第四个是太空，第五个是网络空间。网络空间很重要，网络空间的安全更重要。网络空间安全的背后是网络主权。很多人意识到"没有网络安全，就没有国家安全"。国家非常重视网络安全，已经将其上升到国家战略层面。这里还需要记住的是"没有绝对的安全，安全永远是相对的"。

1.1.1　没有真正的"互联网"

因特网是由一个主根控制的网，网络其他部分与主根都是从属关系，包含不同协议的外来接入网。无论这个网络扩张到多大，这些接入网都是这个主根网的子节点。而互联网则是指一张一张可以独立运行，各个网络之间通过平等交换协议进行通信，参与互联，从而结成更大的网络。它们不再由顶层单一的主根控制，而是每一张网自主可控。

1．网络

网络由节点和连线构成，表示诸多对象及其相互联系。在数学上，网络是一种图，一般认为专指加权图。网络除了数学定义外，还有具体的物理含义，即网络是从某种相同类型的实际问题中抽象出来的模型。在计算机领域中，网络是信息传输、接收、共享的虚拟平台，通过它把各个点、面、体的信息联系到一起，从而实现这些资源的共享。网络是人类历史上最重要的发明，提高了科技和人类社会的发展。

2．互联网

将计算机网络互相连接在一起的方法可称作"网络互联"。互联网指的是两个或多个独立的网络相互连接起来组成的网络。

目前，广义上来讲全世界只有一个大的网络，即 Internet 网或称因特网。很少有独立于因特网的网络。严格来讲，世界上没有"互联网"，因为只有一个因特网，何来"互联"呢？中国只是美国因特网的一个大用户，或者说中国是美国的一个最大的"网民"。依据中国互联网信息中心 2019 年 8 月 30 日发布的第 44 次《中国互联网发展状况统计报告》，当时我国有 8.54 亿网民。通常所说的互联网其实指的就是这个因特网。希望所有阅读本书的读者都要有这个意识。

3．互联网+

通俗地说，"互联网+"就是"互联网+各个传统行业"，但这并不是简单的两者相加，而是利用信息通信技术以及互联网平台，让互联网与传统行业进行深度融合，创造新的发展生态。它代表一种新的社会形态，即充分发挥互联网在社会资源配置中的优化和集成作用，将互联网的创新成果深度融合于经济、社会各领域之中，提升全社会的创新力和生产力，形成更广泛的以互联网为基础设施和实现工具的经济发展新形态。2015 年 7 月 4 日，国务院印发《国务院关于积极推进"互联网+"行动的指导意见》。2016 年 5 月 31 日，教育部、国家语委在京发布《中国语言生活状况报告（2016）》。"互联网+"入选十大新词和十个流行语。

4．本书中的网络

如果没有特别指出，本书中所有的"网络"或"互联网"特指的是 Internet 或因特网。也有人说 internet 泛指互联网，而 Internet 则特指因特网，但是本书中不加区别。

1.1.2 因特网

1．因特网的起源

因特网是"Internet"的中文译名，它起源于美国，前身是美国国防部高级研究计划局（Defense Advanced Research Projects Agency，DARPA）主持研制的 ARPA net（Advanced Research Project Agency net）。

20 世纪 50 年代末，正处于冷战时期。当时美国军方为了自己的计算机网络在受到苏联核武器攻击时，即使部分网络被摧毁，其余部分仍能保持通信联系，便由美国国防部的高级研究计划局建设了一个军用网，叫作"阿帕网"（ARPA net）。阿帕网于 1969 年正式启用，当时仅连接了 4 台计算机，供科学家们进行计算机联网实验用，这就是因特网的前身。

到 20 世纪 70 年代，ARPA net 已经有了好几十个计算机网络，但是每个网络只能在网络内部的计算机之间互联通信，不同计算机网络之间仍然不能互通。为此，ARPA 又设立了新的研究项目，支持学术界和工业界进行有关的研究，研究的主要内容就是想用一种新的方法将不同的计算机局域网互联，形成"互联网"。研究人员称之为"internet work"，简称"Internet"，这个名词就一直沿用到现在。

在研究实现互联的过程中，计算机软件起了主要的作用。1974 年，出现了连接分组网络的协议，其中就包括了 TCP/IP——著名的网际互联协议 IP 和传输控制协议 TCP。这两个协议相互配合，其中，IP 是基本的通信协议，TCP 是帮助 IP 实现可靠传输的协议。

TCP/IP 有一个非常重要的特点，就是开放性，即 TCP/IP 的规范和 Internet 的技术都是公开的。其目的就是使任何厂家生产的计算机都能相互通信，使 Internet 成为一个开放的系统，这正是后来 Internet 得到飞速发展的重要原因。

ARPA 在 1982 年接受了 TCP/IP，选定 Internet 为主要的计算机通信系统，并把其他的军用计算机网络都转换到 TCP/IP。1983 年，ARPA net 分成两部分：一部分军用，称为MILNET；另一部分仍称 ARPA net，供民用。

2．因特网的发展

1986 年，美国国家科学基金组织（Natural Science Foundation，NSF）将分布在美国各地的 5 个为科研教育服务的超级计算机中心互联，并支持地区网络，形成 SNSF net。1988年，SNSF net 替代 ARPA net 成为 Internet 的主干网。SNSF net 主干网利用了在 ARPA net 中已证明是非常成功的 TCP/IP 技术，准许各大学、政府或私人科研机构的网络加入。1989年，ARPA net 解散，Internet 从军用转向民用。

Internet 的发展引起了商家的极大兴趣。1992 年，美国 IBM、MCI、MERIT 三家公司联合组建了一个高级网络服务公司（SNS），建立了一个新的网络，叫作 SNS net，成为 Internet 的另一个主干网。它与 SNSF net 不同，SNSF net 是由国家出资建立的，而 SNS net 则是 SNS 公司所有，从而使 Internet 开始走向商业化。

1995 年 4 月 30 日，SNSF net 正式宣布停止运作。而此时 Internet 的骨干网已经覆盖了全球 91 个国家和地区，主机已超过 400 万台。对于因特网产生的确切时间，目前存在不同说法。一些人认为，1972 年 ARPA net 实验性联网的成功标志着因特网的诞生。另一些人则将 1993 年所有与 ARPA net 连接的网络实现向 TCP/IP 的转换作为因特网产生的时间。但是无论如何，因特网的产生不是一个孤立偶然的现象，它是人类对信息资源共享理想不断追求的一个必然结果，因此关于因特网的起源还可以追溯到更早一些时候。

近几十年来，人类取得的一个又一个重要进展为因特网的产生奠定了基础。例如，1957 年，第一颗人造卫星上天，将人类传播信息的能力提高到前所未有的水平，开启了利用卫星进行通信的新时代。20 世纪 70 年代，微型计算机的出现，预示着信息技术的普及成为可能；激光和光纤技术的利用，使信息的处理和传播由"点"扩展到"面"。而近十多年来计算机和通信技术的结合，尤其是网络技术的发展，促进了更大范围的网络互联和信息资源共享。

1995 年 10 月 24 日，美国联邦网络委员会通过了一项决议，对因特网做出了这样的界定："因特网"是全球性信息系统，它有以下特点。

（1）在逻辑上由一个以网际互联协议（IP）及其延伸的协议为基础的全球唯一的地址空间连接起来。

（2）能够支持使用传输控制协议和网际互联协议（TCP/IP）及其延伸协议，或其他 IP 兼容协议的通信。

（3）借助通信和相关基础设施公开或不公开地提供利用或获取高层次服务的机会。

目前的因特网已经是全球最大的网络，如图 1-1 所示。

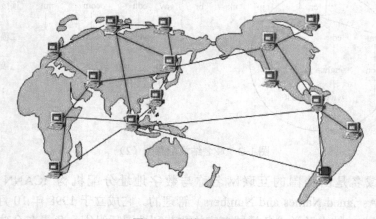

图 1-1 因特网示意图

2．因特网的域名

因特网的域名由两组或两组以上的 ASCII 或各国语言字符构成。各组字符间由点号分隔开，最右边的字符组称为顶级域名或一级域名，倒数第二组称为二级域名，倒数第三组称为三级域名，以此类推。顶级域名又分为三类：一是国家和地区顶级域名（country code top-level domains，简称 ccTLDs），目前 200 多个国家和地区都按照 ISO3166 国家代码分配了顶级域名，例如中国是 cn，日本是 jp 等；二是国际顶级域名（generic top-level domains，简称 gTLDs），例如表示工商企业的.com，表示网络提供商的.net，表示非营利组织的.org 等。三是新顶级域名（New gTLD）如通用的.xyz、代表"高端"的.top、代表"红色"的.red、代表"人"的.men 等一千多种。图 1-2、图 1-3 和图 1-4 所示为因特网域名结构示意图。

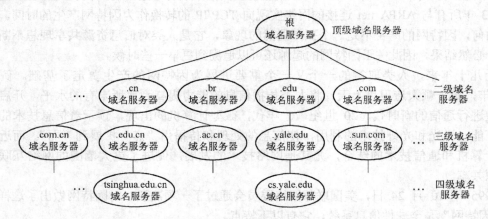

图 1-2　域名结构示意图（1）

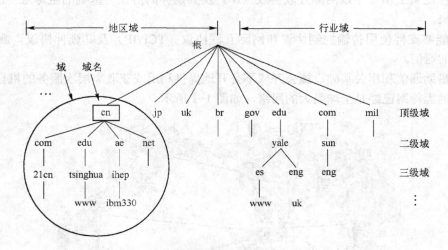

图 1-3　域名结构示意图（2）

互联网的域名是由美国的互联网名称与数字地址分配机构 ICANN（The Internet Corporation for Assigned Names and Numbers）管理的。它成立于 1998 年 10 月，是一个集合了全球网络界商业、技术及学术各领域专家的非营利性国际组织，负责在全球范围内对互联网唯一标识符系统及其安全稳定的运营进行协调，包括互联网协议（IP）地址的空间分配、协议标识符的指派、通用顶级域名（gTLD）以及国家和地区顶级域名（ccTLD）系统的管理、根服务器系统的管理。这些服务最初是在美国由互联网号码分配当局（Internet Assigned Numbers Authority，IANA）以及其他一些组织提供。

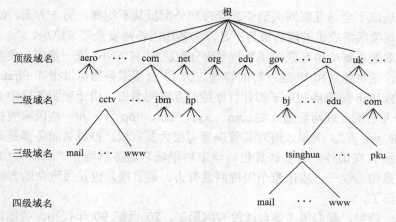

图 1-4 域名结构示意图（3）

1.1.3 我国网络安全面临严峻挑战

我国是 1994 年全面接入因特网的。目前已成为因特网的最大用户。在我国，每上网使用一次美国的域名解析就要向 ICANN 交一次钱。例如我们访问一些.com 网站（www.souhu.com; www.baidu.com 等）都要先到日本，再到美国进行域名解析，再回到国内使用。这更说明我们所使用的因特网是一种主从关系的接入网。如果将因特网比作是一坐大楼，那么中国则是这个大楼最大的一个租客。假如发生非常情况，这种使用权就存在被剥夺的隐患。

美国最早的 IPv4 网络只设计了 2^{32} 个（也就是 43 亿多个）IP 地址，而我国只租到了不到 10%。由于因特网的最初设计，没有系统地考虑安全因素，所以只能依靠打补丁的方法来加强防护，每出现一种漏洞、一种计算机病毒，全球 20 多亿台计算机都要更新病毒库来加强防护，这耗费了大量的资源和能源。

在互联网很重要的域名服务器方面，我国更是没有发言权。根域名服务器主要用来管理互联网的主目录，全世界只有 13 台（这 13 台根域名服务器名字分别为"A"至"M"），1个为主根服务器，在美国。其余 12 个均为辅根服务器，其中 9 个在美国，欧洲有 2 个，位于英国和瑞典，亚洲有 1 个，位于日本。如图 1-5 所示为全世界域名服务器分布图。

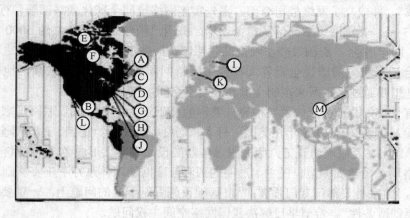

图 1-5 全世界域名服务器分布图

这种机制造成了全球互联网关键资源管理和分配极其不均衡；另一方面，缺乏根服务器使各国抵御大规模网络攻击的能力极为不足，为各国因特网安全带来隐患。

所有根域名服务器均由互联网域名与号码分配机构 ICANN 统一管理，负责全球互联网域名根服务器、域名体系和 IP 地址等的管理。这 13 台根服务器可以指挥 Firefox 或 Internet Explorer 这样的 Web 浏览器和电子邮件程序控制互联网通信。由于根服务器中有经美国政府批准的 260 个左右的互联网后缀（如.com、.xyz、.net、.top 等）和一些国家的指定符（如法国的.fr、挪威的.no 等），美国政府对其管理拥有很大发言权。根域名服务器是架构因特网所必需的基础设施。在国外，许多计算机科学家将根域名服务器称作"真理"（TRUTH），足见其重要性。换句话说——攻击整个因特网最有力、最直接，也是最致命的方法恐怕就是攻击根域名服务器了。

如果美国一停网，我们很多场合就没有网用了。20 世纪 90 年代初，美国大力推广因特网，允许各国接入，而这个过程绕过了国家主权，由企业和机构来完成。美国通过 13 台根服务器控制全世界的因特网，我国仅有部分镜像服务器和缓存服务器，美国可以轻易掌握其他国家的网络和信息流。

美国提出一种理念，"这个网好用，世界所有国家都可以连接。"美国做了一个通用的协议模板，只要按照这个协议模板签署协议，就可以用美国这张因特网了，而且这个协议每年签订一次。美国让各国都成立互联网络信息中心 NIC（Network Information Center）。中国也成立了"中国互联网络信息中心"（CNNIC：China Internet Network Information Center），它是经国家主管部门批准，于 1997 年 6 月 3 日组建的管理和服务机构，行使国家互联网络信息中心的职责。各国的 NIC 与美国的 ICANN 签署协议就可以用美国的因特网服务了。使用美国因特网的通用协议模板在 ICANN 的网站上有。这个协议上有应该做什么，不应该做什么，以及有什么责任等，最后你发现自己根本没有什么权益。协议明确规定：如果各国在使用因特网时出现了问题或纠纷，打官司时必须用美国加州法律。例如，中国和美国在使用因特网出现纠纷时解决的法律依据竟然是美国的法律。

2013 年 6 月，美国前中情局（CIA）职员爱德华·斯诺登向媒体披露美国国家安全局的一项代号为"棱镜"的秘密项目，项目里外国首脑的通信信息都能窃听到。我们普通人的网络信息更是得不到安全保障。美国将网络空间（或叫赛博空间）定义为与陆海空天疆域并存的"第五疆域"，并成立了网络战司令部，率先实施网络空间全球化战略部署和行动。

2016 年 3 月，美国网络空间部队司令表示，美国已经建立 100 个共约 5000 人的网络空间活动组织。同年 5 月，美国最高法院批准联邦调查局搜索美国司法管辖区域之外，甚至海外的任何一台计算机。美国让全世界人都使用因特网服务并不是心血来潮，他们是有预谋的。他们就是想要通过这张网来控制全世界的网络空间主权。

在与现有 IPv4 根服务器体系架构充分兼容的基础上，由下一代互联网国家工程中心牵头发起的"雪人计划"于 2016 年在美国、日本、印度、俄罗斯、德国、法国等全球 16 个国家完成 25 台 IPv6（互联网协议第六版）根服务器架设，事实上形成了 13 台原有根加 25 台 IPv6 根的新格局，为建立多边、民主、透明的国际互联网治理体系打下坚实基础。

2013 年，国家相关部门专门强调："在基础设施受制于人的问题上，一定要限期解决，没有条件也要创造条件"。希望早日解决我国网络空间主权问题。

1.2 信息安全概述

相对于网络安全，信息安全是一个很大的概念。本书中所讲的计算机网络安全只是网络层相关的安全技术，它是信息安全的一部分。

1.2.1 信息安全的概念

信息安全是指信息系统（包括硬件、软件、数据、人、物理环境及其基础设施）受到保护，不受偶然的或者恶意的原因而遭到破坏、更改、泄露，系统连续可靠正常地运行，信息服务不中断，最终实现业务连续性。

1.2.2 P2DR2 安全模型

P2DR2（Policy，Protection，Detection，Response，Recovery）动态安全模型是信息安全界最重要的模型。它研究的是基于企业网对象、依时间及策略特征的动态安全模型结构，是一种基于闭环控制、主动防御的动态安全模型，通过区域网络的路由及安全策略分析与制定，在网络内部及边界建立实时检测、监测和审计机制，应用多样性系统灾难备份恢复、关键系统冗余设计等方法，构造多层次、全方位和立体的区域网络安全环境。图 1-6 为 P2DR2 安全模型示意图。

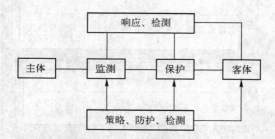

图 1-6 P2DR2 安全模型示意图

1．策略 Policy

定义系统的监控周期、确立系统恢复机制、制定网络访问控制策略并明确系统的总体安全规划和原则。

2．防护 Protection

充分利用防火墙系统，实现数据包策略路由、路由策略和数据包过滤技术，应用访问控制规则达到安全、高效地访问；应用 NAT 及映射技术实现 IP 地址的安全保护和隔离。

3．检测 Detection

利用防火墙系统具有的入侵检测技术及系统扫描工具，配合其他专项监测软件，建立访问控制子系统 ACS，实现网络系统的入侵监测及日志记录审核，以及时发现透过 ACS 的入侵行为。

4．响应 Response

在安全策略指导下，通过动态调整访问控制系统的控制规则，发现并及时截断可疑链接、杜绝可疑后门和漏洞，启动相关报警信息。

5. 恢复 Recovery

在多种备份机制的基础上，启用应急响应恢复机制实现系统的瞬时还原；进行现场恢复及攻击行为的再现，供研究和取证；实现异构存储、异构环境的高速、可靠备份。

1.2.3 信息安全体系结构

在考虑具体的网络信息安全体系时，把安全体系划分为一个多层面的结构，每个层面都是一个安全层次。根据信息系统的应用现状和网络的结构，可以把信息安全问题定位在五个层次：物理层安全、网络层安全、系统层安全、应用层安全和安全管理。图 1-7 所示为信息安全体系结构以及这些结构层次之间的关系。本书主要讲述与网络层相关的安全知识。

1. 物理层安全

该层次的安全包括通信线路的安全、物理设备的安全和机房的安全等。物理层的安全主要体现在通信线路的可靠性（线路备份、网管软件、传输介质），软硬件设备安全性（替换设备、拆卸设备、增加设备），设备的备份，防灾害能力、抗干扰能力，设备的运行环境（温度、湿度、烟尘），不间断电源保障等。

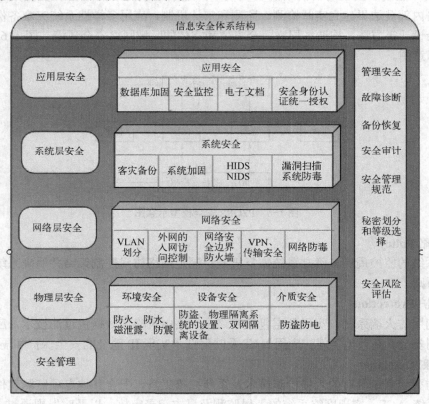

图 1-7　信息系统安全体系

2. 网络层安全

该层次的安全问题主要体现在网络方面的安全性，包括网络层身份认证，网络资源的访问控制，数据传输的保密与完整性，远程接入的安全，域名系统的安全，路由系统的安全，入侵检测的手段，网络设施防病毒等。网络层常用的安全工具包括防火墙系统、入侵检测系统、VPN系统、网络蜜罐等。

3．系统层安全

该层次的安全问题来自网络内使用的操作系统的安全。主要表现在三方面，一是操作系统本身的缺陷带来的不安全因素，主要包括身份认证、访问控制、系统漏洞等。二是对操作系统的安全配置问题。三是病毒对操作系统的威胁。

4．应用层安全

应用层的安全考虑所采用的应用软件和业务数据的安全性，包括数据库软件、Web 服务、电子邮件系统等。此外，还包括病毒对系统的威胁，因此要使用防病毒软件。

5．管理层安全

俗话说"三分技术，七分管理"，管理层安全从某种意义上来说要比以上 4 个安全层次重要。管理层安全包括安全技术和设备的管理、安全管理制度、部门与人员的组织规则等。管理的制度化程度极大地影响着整个网络的安全，严格的安全管理制度、明确的部门安全职责划分、合理的人员角色定义都可以在很大程度上降低其他层次的安全漏洞。

1.2.4　信息安全要实现的目标

信息安全最终要达到的目标如下。

（1）真实性：对信息的来源进行判断，能对伪造来源的信息予以鉴别。

（2）保密性：保证机密信息不被窃听，或窃听者不能了解信息的真实含义。

（3）完整性：保证数据的一致性，防止数据被非法用户篡改。

（4）可用性：保证合法用户对信息和资源的使用不会被不正当地拒绝。

（5）不可抵赖性：建立有效的责任机制，防止用户否认其行为，这一点在电子商务中是极其重要的。

（6）可控制性：对信息的传播及内容具有控制能力。

1.2.5　信息的安全威胁和发展阶段

信息系统的安全威胁多种多样。威胁并不一定真实发生，但是一定要预先考虑到，以做到未雨绸缪。下面举例说明信息系统一些主要的安全威胁。

（1）信息泄露：信息被泄露或透露给某个非授权的实体。

（2）破坏信息的完整性：数据被非授权地进行增删、修改或破坏而受到损失。

（3）拒绝服务：对信息或其他资源的合法访问被无条件地阻止。

（4）非法使用（非授权访问）：某一资源被某个非授权的人，或以非授权的方式使用。

（5）窃听：用各种可能的合法或非法的手段窃取系统中的信息资源和敏感信息。例如对通信线路中传输的信号搭线监听，或者利用通信设备在工作过程中产生的电磁泄露截取有用信息等。

（6）业务流分析：通过对系统进行长期监听，利用统计分析方法对诸如通信频度、通信的信息流向、通信总量的变化等参数进行研究，从中发现有价值的信息和规律。

（7）假冒：通过欺骗通信系统（或用户）达到非法用户冒充合法用户，或者特权小的用户冒充特权大的用户的目的。黑客大多是采用假冒攻击。

（8）旁路控制：攻击者利用系统的安全缺陷或安全性上的脆弱之处获得非授权的权利或特权。例如，攻击者通过各种攻击手段发现原本应保密，但是又暴露出来的一些系统"特性"，利用这些"特性"，攻击者可以绕过防线守卫者侵入系统的内部。

（9）授权侵犯：被授权以某一目的使用某一系统或资源的某个人，却将此权限用于其他非授权的目的，也称作"内部攻击"。

（10）特洛伊木马：软件中含有一个觉察不出的有害的程序段，当它被执行时，会破坏用户的安全。这种应用程序称为特洛伊木马（Trojan Horse）。

（11）陷阱门：在某个系统或某个部件中设置的"机关"，使得在特定的数据输入时，允许违反安全策略。

（12）抵赖：这是一种来自用户的攻击，比如，否认自己曾经发布过的某条消息、伪造一份对方来信等。

（13）重放：出于非法目的，将所截获的某次合法的通信数据进行复制，而重新发送。

（14）计算机病毒：一种在计算机系统运行过程中能够实现传染和侵害功能的程序。

（15）人员不慎：一个授权的人为了某种利益，或由于粗心，将信息泄露给一个非授权的人。

（16）媒体废弃：信息被从废弃的磁盘或打印过的存储介质中获得。2018 年韩国总统朴槿惠被弹劾的原因之一，就是从一些废弃的政府计算机中找到了一些关于她的机密文件。

（17）物理侵入：侵入者绕过物理控制而获得对系统的访问。

（18）窃取：重要的安全物品，如令牌或身份信息被盗。

2016 年 8 月，刚刚考上大学的山东临沂罗庄区高都街道中坦社区女孩徐玉玉，就是因为其个人信息被人从网上盗取、贩卖，进而被骗走上大学的费用 9900 元，伤心欲绝，郁结于心，最终导致心脏骤停，虽经医院全力抢救，仍不幸离世。可见信息的窃取有可能威胁到人的生命。

（19）业务欺骗：某一伪系统或系统部件欺骗合法的用户或系统自愿地放弃敏感信息等。

（20）社会工程攻击：它是一种利用"社会工程学"来实施的网络攻击行为。在计算机科学中，社会工程学指的是通过与他人的合法交流，使其心理受到影响，做出某些动作或者是透露一些机密信息的方式。这通常被认为是一种欺诈他人以收集信息、行骗和入侵计算机系统的行为。在英美普通法系中，这一行为一般是被认作侵犯隐私权的。

1.2.6　信息安全的发展阶段

信息安全发展大致经历了以下 4 个阶段。

第一个阶段是通信安全时期，其主要标志是 1949 年香农发表的《保密通信的信息理论》。在这个时期通信技术还不发达，计算机只是零散地位于不同的地点，信息系统的安全仅限于保证计算机的物理安全以及通过密码（主要是序列密码）解决通信安全的保密问题。把计算机安置在相对安全的地点，不容许非授权用户接近，就基本可以保证数据的安全了。这个时期的安全是指信息的保密性，对安全理论和技术的研究也仅限于密码学。这一阶段的信息安全可以简称为通信安全。它侧重于保证数据在从一地传送到另一地时的安全。

第二个阶段为计算机安全时期，以 1970 年由美国国防科学委员会提出的《可信计算机评估准则》（Trusted Computer System Evaluation Criteria，TCSEC）为标志；TCSEC将计算机系统的安全划分为4个等级、7个级别。在20世纪60年代后，半导体和集成电路技术的飞速发展推动了计算机软、硬件的发展，计算机和网络技术的应用进入了实用化和规模化阶段，数据的传输已经可以通过计算机网络来完成。这时候的信息已经分成静态信息和动态信息。人们对安全的关注已经逐渐扩展为以保密性、完整性和可用性为目标的信息安全阶段，主要保证动态信息在传输过程中不被窃取，即使窃取了也不能读出正确的信息；还要保证数据在传输过程中不被篡改，让读取信息的人能够看到正确无误的信息。1977年美国国家标准局（NBS）公布的国家数据加密标准（DES）和1983年美国国防部公布的可信计算机系统评价准则（俗称橘皮书），1985年再版，标志着解决计算机信息系统保密性问题的研究和应用迈上了历史的新台阶。

第三个时期是在20世纪90年代兴起的网络时代。从20世纪90年代开始，由于互联网技术的飞速发展，信息无论是企业内部还是外部都得到了极大的开放，而由此产生的信息安全问题跨越了时间和空间，信息安全的焦点已经从传统的保密性、完整性和可用性三个原则延伸为诸如可控性、抗抵赖性、真实性等其他的原则和目标。

第四个时代是进入21世纪的信息安全保障时代，其主要标志是《信息保障技术框架》（International Automotive Task Force，IATF）。如果说对信息的保护，主要还是处于从传统安全理念到信息化安全理念的转变过程中，那么面向业务的安全保障，就完全是从信息化的角度来考虑信息的安全了。体系性的安全保障理念，不仅是关注系统的漏洞，而且是从业务的生命周期着手，对业务流程进行分析，找出流程中的关键控制点，从安全事件出现的前、中、后三个阶段进行安全保障。面向业务的安全保障不是只建立防护屏障，而是建立一个"深度防御体系"，通过更多的技术手段把安全管理与技术防护联系起来，不再是被动地保护自己，而是主动地防御攻击。也就是说，面向业务的安全防护已经从被动走向主动，安全保障理念从风险承受模式走向安全保障模式。信息安全阶段也转化为从整体角度考虑其体系建设的信息安全保障时代。

1.3 本书的结构

由于信息安全的概念比较大，知识也比较多，本书重点讲述与网络层相关的安全知识。本书大体分为三个部分：第一部分讲述网络安全的基础知识，这是本书的基础；第二部分讲述与网络相关的攻击方法；第三部分讲述与网络相关的防护方法。

思考题

1. 说明网络安全和重要性。
2. 详细说明P2DR2安全模型。
3. 信息系统的安全威胁都有哪些？
4. 信息安全大概都经历了哪些阶段？
5. 信息安全体系大概分为哪几层？

第2章 密码学简介

密码学是信息安全的基础，几乎所有的信息安全技术都用到密码学。由于本书重点讲的是网络安全，关于密码学的知识，这里只是简要介绍一下，它上不是本书的重点。

2.1 对称密码学

对称密码学的核心是对称加密算法。对称加密算法是应用较早的加密算法，技术成熟。在对称加密算法中，数据发信方将明文（原始数据）和加密密钥一起经过特殊加密算法处理后，使其变成复杂的加密密文发送出去。收信方收到密文后，若想解读原文，则需要使用加密用过的密钥及相同算法的逆算法对密文进行解密，才能使其恢复成可读明文。在对称加密算法中，使用的密钥只有一个，发、收信双方都使用这个密钥对数据进行加密和解密，这就要求解密方事先必须知道加密密钥。

2.1.1 对称加密算法原理与特点

对称加密（也叫私钥加密）指加密和解密使用相同密钥的加密算法。有时又叫传统密码算法，就是加密密钥能够从解密密钥中推算出来，同时解密密钥也可以从加密密钥中推算出来。而在大多数对称算法中，加密密钥和解密密钥是相同的，所以也称这种加密算法为秘密密钥算法或单密钥算法。它要求发送方和接收方在安全通信之前，商定一个密钥。对称算法的安全性依赖于密钥，泄露密钥就意味着任何人都可以对他们发送或接收的消息解密，所以密钥的保密性对通信的安全性至关重要。如图2-1所示为对称加密原理。

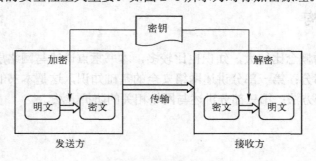

图2-1 对称加密原理

对称加密算法的特点是算法公开、计算量小、加密速度快、加密效率高。对称加密算法的不足之处是，交易双方都使用同样的钥匙，因此秘钥交换或者说秘钥管理比较困难，安全性很难得到保证。此外，每对用户每次使用对称加密算法时，都需要使用其他人不知道的唯一钥匙，这会使得发收信双方所拥有的钥匙数量呈几何级数增长，密钥管理成为用户的负担。图2-2所示为对称密码算法的加解密过程示意图。

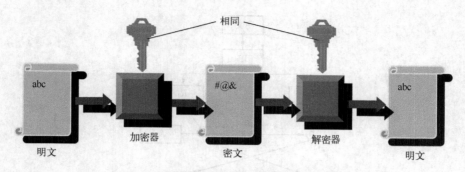

图 2-2　对称密码算法的加解密过程示意图

对称加密算法在分布式网络系统上使用较为困难，主要是因为密钥管理困难，使用成本较高。而与公开密钥加密算法比起来，对称加密算法能够提供加密和认证，却缺乏签名功能，使得使用范围有所缩小。

2.1.2　对称加密算法举例

典型的对称加密算法包括 DES 算法、3DES 算法、TDEA 算法、Blowfish 算法、RC5 算法、IDEA 算法、AES 加密算法等。下面以 DES 算法为例子，简要介绍对称加密算法。

DES 算法（见图 2-3）又称为美国数据加密标准，是 1972 年美国 IBM 公司研制的对称密码体制加密算法。明文按 64 位进行分组，密钥长 64 位，密钥事实上是 56 位参与 DES 运算（第 8、16、24、32、40、48、56、64 位是校验位，使得每个密钥都有奇数个 1），分组后的明文组和 56 位的密钥按位替代或交换的方法形成密文组的加密方法。

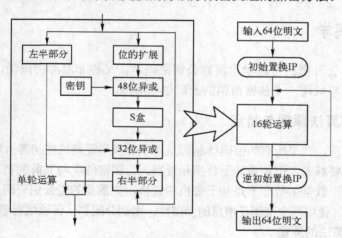

图 2-3　DES 算法结构

DES 算法入口参数有三个：key、data、mode。key 为加密解密使用的密钥，data 为加密解密的数据，mode 为其工作模式。当模式为加密模式时，明文按照 64 位进行分组，形成明文组，key 用于对数据加密；当模式为解密模式时，key 用于对数据解密。实际运用中，密钥只用到了 64 位中的 56 位，这样才具有高的安全性。

DES 算法把 64 位的明文输入块变为 64 位的密文输出块（分为 L_0 和 R_0 两部分），它所使用的密钥（用 K_n 表示）也是 64 位，整个算法的主流程图如图 2-4 所示。

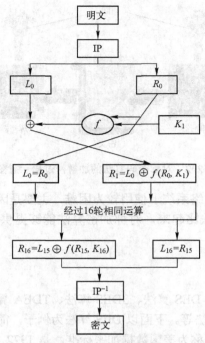

图 2-4 DES 算法流程图

由上面的原理和流程可以看出，对称加密算法的核心是位置的代换和字母的替换。感兴趣的读者可以自己编写 DES 算法。网上也有一些免费代码可以参考。

2.2 公钥密码学

在密码学中，公开密钥密码学，简称公钥密码学，又称非对称密码学，是使用一对公钥和私钥的密码学，与只用一个秘密密钥的密码学相对应。

2.2.1 公钥加密算法原理与特点

公钥密码出现前，几乎所有的密码体制都是基于替换和置换这些初等方法。轮转机和 DES 是密码学发展的重要标志，但还是基于替换和置换。公钥密码学与其前的密码学完全不同。首先，公钥算法是基于数学函数而不是基于替换和置换，更重要的是公钥密码是非对称的，它使用两个独立的密钥。使用两个密钥在消息的保密性、密钥分配和认证领域有着重要的意义。

1. 公钥加密算法的原理

用抽象的观点来看，公钥密码就是一种陷门单向函数（trapdoor one-way function）。在公钥密码中，加密密钥和解密密钥是不一样的，加密密钥为公钥，解密密钥为私钥。在公钥密码机制之中，破译已经加密后的密码应该是一个难解问题。一个问题是难解的，直观上讲，就是不存在一个计算该问题的有效算法，也可称之为按照目前的计算能力，无法在一个相对的短时间内完成，即解决这个问题所付出的成本远远超过了解决之后得到的结果。计算一个难解的问题所需要的时间一般是以输入数据长度的指数函数形式递增，所以随着输入数据的增多，复杂度会急剧增大。对于一个问题，如果存在一个求其解的有效算法，则称其为有效问题，否则为无效问题。

公钥密码的理论基础是陷门单向函数：设 f 是一个函数，如果对于任意给定的 x，计算 $y=f(x)$ 是容易的，但对于任意给定的 y，计算 $f(x)=y$ 是难解的，则称 f 是一个单向函数。

另外，设 f 是一个函数，t 是与 f 有关的一个参数，对任意给定的 x，计算 y 使得 $y=f(x)$ 是容易的，如果当不知参数 t 时，计算 f 的逆函数是难解的，但当知道参数 t 时，计算 f 的逆函数是容易的，则称 f 是一个陷门单向函数，参数 t 称为陷门。

在公钥密钥中，加密变换是一个陷门单向函数，只有带陷门的人可以容易地进行解密变换，而不知道陷门的人则无法有效地进行解密变换。

2．公钥加密算法的特点

传统对称密码存在的主要问题有两个：一是密钥分配问题（加密之后，我怎么把密钥告诉你才是安全的？）；另一个是数字签名问题，否则会出现抵赖和伪造。公钥加密算法正好可以进行秘钥交换和数字签名。

通常对公钥密码有两种误解。

（1）公钥密码比传统密码更加安全。事实上，任何加密方法都依赖于密钥的长度和破译密文所需要的计算量，所以公钥密码并不比传统密码更加安全

（2）公钥密码是一种通用密码，传统密码已经过时了。其实正相反，由于现在公钥密码的计算量大，所以取消传统密码似乎不太可能，公钥密码的发明者也说"公钥密码学仅用在密钥管理和签名这类应用上"。

2.2.2 公钥加密算法举例

常见的公钥加密算法包括 RSA、El Gamal、背包算法、Rabin（Rabin 加密法是 RSA 方法的特例）、Diffie-Hellman（D-H）密钥交换协议中的公钥加密算法、Elliptic Curve Cryptography（ECC，椭圆曲线加密算法）等。

当前最著名、应用最广泛的公钥系统 RSA 是在 1978 年由美国麻省理工学院的 Rivest、Shamir 和 Adleman 提出的。RSA 正是这三个人名的首字母。RSA 是一个基于数论的非对称密码体制，是一种分组密码体制。RSA 算法是第一个既能用于数据加密也能用于数字签名的算法。

RSA 使用一个公钥和一个私钥。公钥加密，私钥解密，密钥长度从 40 到 2048bit 可变，加密时也把明文分成块，块的大小可变，但不能超过密钥的长度。RSA 算法把每一块明文转化为与密钥长度相同的密文块。密钥越长，加密效果越好，但加密解密的开销也大，所以要在安全与性能之间折中考虑，一般 64 位是较合适的。RSA 的一个比较知名的应用是 SSL，在美国和加拿大 SSL 用 128 位 RSA 算法，由于出口限制，在其他地区（包括中国）通用的则是 40 位版本。

RSA 的安全性基本大于大整数的因子分解，其基础是数论中的欧拉定理。因子分解可以破解 RSA 密码系统，但是目前尚无人证明 RSA 的解密一定需要分解因子。

RSA 密钥生成过程如下。

（1）选择一对不同的、足够大的素数 p，q。

（2）计算 $n=pq$。

（3）计算 $f(n)=(p-1)(q-1)$，同时对 p，q 严格保密，不让任何人知道。

（4）找一个与 $f(n)$ 互质的数 e，且 $1<e<f(n)$。

（5）计算 d，使得 $de \equiv 1 \bmod f(n)$。这个公式也可以表达为 $d \equiv e^{-1} \bmod f(n)$。

（6）公钥 PU=(e, n)，私钥 PR=(d, n)。

（7）加密时，先将明文变换成 0 至 $n-1$ 的一个整数 M。若明文较长，可先分割成适当的组，然后再进行交换。设密文为 C，则加密过程为：$C=M^e(\bmod n)$。

（8）解密过程为：$M = C^d(\bmod n)$。

在 RSA 密码应用中，公钥 PU 是被公开的，即 e 和 n 的数值可以被第三方窃听者得到。破解 RSA 密码的问题就是从已知的 e 和 n 的数值，求出 d 的数值，这样就可以得到私钥来破解密文。密码破解的实质问题是：只要求出 p 和 q 的值，就能求出 d 的值而得到私钥。

一个 RSA 算法加密解密的例子如下。

加密生成密文：

比如甲向乙发送汉字"中"，就要使用乙的公钥加密汉字"中"，以 utf-8 方式编码为[e4 b8 ad]，转为十进制为[228, 184, 173]。要想使用公钥(n, e) = (4757, 101)加密，要求被加密的数字必须小于 n，被加密的数字必须是整数，字符串可以取 ascii 值或 unicode 值，因此将"中"字拆为三个字节[228, 184, 173]，分别对三个字节加密。

假设 a 为明文，b 为密文，则按下列公式计算出 b

$$a^e\%n=b$$

计算[228, 184, 173]的密文：

$$228^{101} \% 4757 = 4296$$
$$184^{101} \% 4757 = 2458$$
$$173^{101} \% 4757 = 3263$$

即[228, 184, 173]加密后得到密文[4296, 2458, 3263]，如果没有私钥 d，很难从[4296, 2458, 3263]中恢复[228, 184, 173]。

解密生成密文：

乙收到密文[4296, 2458, 3263]，并用自己的私钥（n, d）= (4757, 1601)解密。解密公式如下：

$$a^d\%n=b$$

密文[4296, 2458, 3263]的明文如下：

$$4296^{1601} \% 4757 = 228$$
$$2458^{1601} \% 4757 = 184$$
$$3263^{1601} \% 4757 = 173$$

即密文[4296, 2458, 3263]解密后得到[228, 184, 173]，将[228, 184, 173]再按 utf-8 解码为汉字"中"，至此解密完毕。

2.3 散列函数

散列算法特别的地方在于它是一种单向算法，用户可以通过 Hash 算法对目标信息生成一段特定长度的唯一的 Hash 值，却不能通过这个 Hash 值重新获得目标信息。因此 Hash 算法常用于不可还原的密码存储、信息完整性校验等。常见的 Hash 算法有 MD2、MD4、MD5、HAVAL、SHA。MD5 和 SHA-1 是最常见的 Hash 算法。MD5 是由国际著名密码学家、麻省理工学院的 Ronald Rivest 教授于 1991 年设计的；SHA-1 背后更是有美国国家安全局的背景。

2.3.1 MD5 散列算法

MD5 为计算机安全领域曾经广泛使用的一种散列函数，用以提供消息的完整性保护。对 MD5 加密算法的简要叙述是：MD5 以 512 位分组来处理输入的信息，且每一分组又被划分为 16 个 32 位子分组，经过了一系列的处理后，算法的输出由四个 32 位分组组成，将这四个 32 位分组级联后将生成一个 128 位散列值。

MD5 被广泛用于各种软件的密码认证和密钥识别上。MD5 用的是哈希函数，它的典型应用是对一段 Message 产生 fingerprint（指纹），以防止被"篡改"。如果再有一个第三方的认证机构，用 MD5 还可以防止文件作者的"抵赖"，这就是所谓的数字签名应用。MD5 还广泛用于操作系统的登录认证上，如 UNIX、各类 BSD 系统登录密码、数字签名等诸多方。

MD5 哈希算法总体流程如图 2-5 所示，表示第 i 个分组，每次的运算都由前一轮的 128 位结果值和第 i 块 512bit 值进行运算。

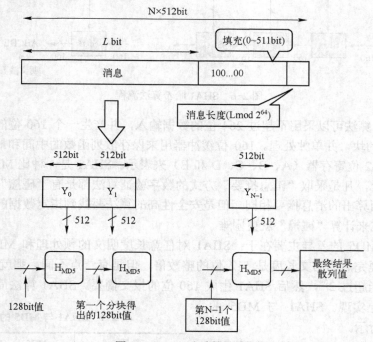

图 2-5　MD5 哈希算法流程

2.3.2 SHA1 散列算法

SHA1 是和 MD5 一样流行的消息摘要算法。SHA 加密算法模仿 MD4 加密算法。SHA1 设计为和数字签名算法 DSA 一起使用。

SHA1 主要适用于数字签名标准里面定义的数字签名算法。对于长度小于 2^{64} 位的消息，SHA1 会产生一个 160 位的消息摘要。当接收到消息的时候，这个消息摘要可以用来验证数据的完整性。在传输的过程中，数据很可能会发生变化，那么这时候就会产生不同的消息摘要。SHA1 不可以从消息摘要中复原信息，而两个不同的消息不会产生同样的消息摘要。这样，SHA1 就可以验证数据的完整性。所以，SHA1 是为了保证文件完整性的技术。

SHA1 对于每个明文分组的摘要生成过程如下。

（1）将 512 位的明文分组划分为 16 个子明文分组，每个子明文分组为 32 位。

（2）申请 5 个 32 位的链接变量，记为 A、B、C、D、E。

（3）16 份子明文分组扩展为 80 份。

（4）80 份子明文分组进行 4 轮运算。

（5）链接变量与初始链接变量进行求和运算。

（6）链接变量作为下一个明文分组的输入重复进行以上操作。

（7）最后，5 个链接变量里面的数据就是 SHA1 摘要。

图 2-6 为 SHA1 哈希算法流程图。

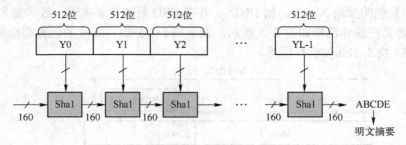

图 2-6　SHA1 哈希算法流程

SHA1 哈希算法可以采用不超过 264 位的数据输入，并产生一个 160 位的摘要。输入被划分为 512 位的块，并单独处理。160 位缓冲器用来保存散列函数的中间和最后结果。缓冲器可以由 5 个 32 位寄存器（A、B、C、D 和 E）来表示。SHA1 是一种比 MD5 的安全性强的算法，理论上，凡是采取"消息摘要"方式的数字验证算法都是有"碰撞"的——也就是两个不同的东西算出的消息摘要相同。但是安全性高的算法要找到指定数据的"碰撞"很困难，而利用公式来计算"碰撞"就更困难。

SHA1 与 MD5 的差异主要在于：SHA1 对任意长度明文的预处理和 MD5 的过程是一样的，即预处理完后的明文长度是 512 位的整数倍，但是有一点不同，那就是 SHA1 的原始报文长度不能超过 2^{64}，然后 SHA1 生成 160 位的报文摘要。SHA1 算法简单而且紧凑，容易在计算机上实现。SHA1 与 MD5 的比较如表 2-1 所示。

在安全性方面，SHA1 所产生的摘要比 MD5 长 32 位。若两种散列函数在结构上没有任何问题的话，SHA1 比 MD5 更安全。

在速度方面，两种方法都是主要考虑以 32 位处理器为基础的系统结构。但

表 2-1　SHA1 与 MD5 的比较

差异	MD5	SHA1
摘要长度	128 位	160 位
运算步骤数	64	80
基本逻辑函数数目	4	4
常数数目	64	4

SHA1 的运算步骤比 MD5 多了 16 步，而且 SHA1 记录单元的长度比 MD5 多了 32 位。因此若是以硬件来实现 SHA1，其速度大约比 MD5 慢了 25%。

在简易性方面，两种方法都相当简单，在实现上不需要很复杂的程序或是大量存储空间。然而总体上来讲，SHA1 对每一步骤的操作描述比 MD5 简单。

2.4 密码学展望

加密算法是密码技术的核心。本章讲述的这些加密算法是常用的加密算法，而这些算法有些已经遭到破译，有些安全度不高，有些强度不明，有些待进一步分析，有些需要深入研究。神秘的加密算法世界里，当有算法被证明是不安全时，又会有新加密算法成员加入。期待更安全的算法诞生。

除了以上加密方法外，现在还有量子密码、DNA 密码、基于格的密码、基于辫群的密码以及同态加密算法等。它们各有特点，有兴趣的读者可以自己找资料学习。

思考题

1. 相对于公钥加密算法，对称加密算法有什么优缺点？
2. 相对于对称加密算法，公钥加密算法有什么优缺点？
3. SHA1 与 MD5 相比有什么相同和不同之处？
4. 如何在消息传送过程中将对称加密算法、公钥加密算法和哈希算法联合起来使用？

第 3 章 计算机网络模型

本章简要介绍计算机网络的 OSI 模型和 TCP/IP 模型，重点介绍两种模型之间的关系、各种常见网络设备的层属关系以及作用。如果学习过计算机网络课程，则本节内容可以不讲，或者简单介绍。

3.1 OSI 参考模型

OSI（Open System Interconnect），即开放式系统互联。一般都叫 OSI 参考模型，是 ISO（国际标准化组织）组织在 1985 年研究的网络互联模型。

3.1.1 OSI 参考模型结构

OSI 定义了网络互联的七层框架（物理层、数据链路层、网络层、传输层、会话层、表示层、应用层），即 ISO 开放互联系统参考模型，如图 3-1 所示。

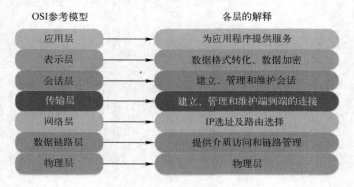

图 3-1　ISO 开放互连系统模型

每一层实现各自的功能和协议，并完成与相邻层的接口通信。OSI 的服务定义详细说明了各层所提供的服务。某一层的服务就是该层及其下各层的一种能力，它通过接口提供给更高一层。各层所提供的服务与这些服务是怎么实现的无关。在这一框架下进一步详细规定了每一层的功能，以实现开放系统环境中的互联性、互操作性和应用的可移植性。

1. 物理层：物理上的连接

主要功能：利用传输介质为数据链路层提供物理连接，实现比特流的透明传输。透明传输的意义就是：不管传的是什么，所采用的设备只起一个通道作用，把要传输的内容完好地传到对方。

作用：实现相邻计算机节点之间比特流的透明传输，尽可能屏蔽具体传输介质与物理设备的差异，使其上面的数据链路层不必考虑网络的具体传输介质是什么。

2．数据链路层：负责建立和管理节点间的链路

主要功能：通过各种控制协议，将有差错的物理信道变为无差错的、能可靠传输数据帧的数据链路。

具体工作：接受来自物理层的位流形式的数据，并封装成帧，传送到上一层；同样，也将来自上一层的数据帧拆开，以位流形式的数据转发到物理层；并且还负责处理接收端发回的确认帧的信息，以便提供可靠的数据传输。

该层通常又被分为介质访问控制（MAC）和逻辑链路控制（LLC）两个子层。

（1）MAC 子层的主要任务是解决共享型网络中多用户对信道竞争的问题，完成网络介质的访问控制。

（2）LLC 子层的主要任务是建立和维护网络连接，执行差错校验、流量控制和链路控制。

3．网络层

网络层是 OSI 参考模型中最复杂的一层，也是通信子网最高的一层，它在下两层的基础上向资源子网提供服务。

主要任务：通过路由算法，为报文或分组通过通信子网选择最适当的路径。该层控制数据链路层与物理层之间的信息转发，建立、维持与终止网络的连接。具体地说，数据链路层的数据在这一层被转换为数据报，然后通过路径选择、分段组合、顺序、进/出路由等控制，将信息从一个网络设备传送到另一个网络设备。

一般的，数据链路层解决统一网络内节点之间的通信，而网络层主要解决不同子网之间的通信，如路由选择问题。

在实现网络层功能时，需要解决的主要问题如下。

（1）寻址：数据链路层中使用的物理地址（如 MAC 地址）仅解决网络内部的寻址问题。在不同子网之间通信时，为了识别和找到网络中的设备，每一子网中的设备都会被分配一个唯一的地址。由于各个子网使用的物理技术可能不同，因此这个地址应当是逻辑地址（如 IP 地址）。

（2）交换：规定不同的交换方式。常见的交换技术有线路交换技术和存储转发技术，后者包括报文转发技术和分组转发技术。

（3）路由算法：当源节点和路由节点之间存在多条路径时，本层可以根据路由算法，通过网络为数据分组选择最佳路径，并将信息从最合适的路径，由发送端传送到接收端。

（4）连接服务：与数据链路层的流量控制不同的是，前者控制的是网络相邻节点间的流量，后者控制的是从源节点到目的节点间的流量。其目的在于防止阻塞，并进行差错检测。

4．传输层

OSI 的下三层的主要任务是数据传输，上三层的主要任务是数据处理。而传输层是第四层，因此该层是通信子网和资源子网的接口和桥梁，起到承上启下的作用。

主要任务：向用户提供可靠的、端到端的差错和流量控制，保证报文的正确传输。

主要作用：向高层屏蔽下层数据通信的具体细节，即向用户透明地传送报文。

传输层提供会话层和网络层之间的传输服务，这种服务从会话层获得数据，并在必要时，对数据进行分割，然后，传输层将数据传送到网络层，并确保数据能准确无误地传送到

网络层。因此，传输层负责提供两节点之间数据的可靠传送，当两节点的联系确定之后，传输层负责监督工作。

综上，传输层的主要功能如下。

（1）传输连接管理：提供建立、连接和拆除传输连接的功能。传输层在网络层的基础上，提供"面向连接"和"面向无连接"两种服务。

（2）处理传输差错：提供可靠的"面向连接"和不可靠的"面向无连接"的数据传输服务、差错控制和流量控制。在提供"面向连接"服务时，通过这一层传输的数据将由目标设备确认，如果在指定的时间内未收到确认信息，数据将被重新发送。

（3）监控服务质量：提供可靠的透明数据传输、差错控制和流量控制。

5. 会话层

会话层是 OSI 参考模型的第五层，是用户应用程序和网络之间的接口。

主要任务：向两个实体的表示层提供建立和使用连接的方法。将不同实体之间的表示层的连接称为会话。因此会话层的任务就是组织和协调两个会话进程之间的通信，并对数据交换进行管理。

用户可以按照半双工、单工和全工的方式建立会话。当建立会话时，用户必须提供他们想要连接的远程地址。而这些地址与 MAC（介质访问控制子层）地址或网络层的逻辑地址不同，他们是为用户专门设计的，更便于用户记忆。域名（DN）就是网络上使用的远程地址。会话层的具体功能如下。

（1）会话管理：允许用户在两个实体设备之间建立、维持和终止会话，并支持它们之间的数据交换。例如提供单方向会话或双向同时会话，并管理会话中的发送顺序，以及会话所占用时间的长短。

（2）会话流量控制：提供流量控制和交叉会话功能。

（3）寻址：使用远程地址建立会话连接。

（4）出错控制：从逻辑上讲，会话层主要负责数据交换的建立、保持和终止，但实际的工作是接收来自传输层的数据，并负责纠错。会话控制和远程过程调用均属于这一层的功能。但应注意，此层检查的错误不是通信介质的错误，而是磁盘空间、打印机缺纸等高级类的错误。

6. 表示层

表示层是 OSI 模型的第六层，它对来自应用层的命令和数据进行解释，对各种语法赋予相应的含义，并按照一定的格式传送给会话层。

其主要功能是"处理用户信息的表示问题，如编码、数据格式转换和加密解密"等。表示层的具体功能如下。

（1）数据格式处理：协商和建立数据交换的格式，解决各应用程序之间在数据格式表示上的差异。

（2）数据的编码：处理字符集和数字的转换。例如由于用户程序中的数据类型（整型或实型、有符号或无符号等）、用户标识等都可以有不同的表示方式，因此，在设备之间需要具有在不同字符集或格式之间转换的功能。

（3）压缩和解压缩：为了减少数据的传输量，这一层还负责数据的压缩与恢复。

（4）数据的加密和解密：可以提高网络的安全性。

7. 应用层

应用层是 OSI 参考模型的最高层，它是计算机用户，以及各种应用程序和网络之间的接口。

主要功能：直接向用户提供服务，完成用户希望在网络上完成的各种工作。它在其他 6 层工作的基础上，负责完成网络中应用程序与网络操作系统之间的联系，建立与结束使用者之间的联系，并完成网络用户提出的各种网络服务及应用所需的监督、管理和服务等各种协议。此外，该层还负责协调各个应用程序间的工作。

应用层为用户提供的服务和协议有：文件服务、目录服务、文件传输服务（FTP）、远程登录服务（Telnet）、电子邮件服务（E-mail）、打印服务、安全服务、网络管理服务、数据库服务等。上述的各种网络服务由该层的不同应用协议和程序完成，不同的网络操作系统之间在功能、界面、实现技术、对硬件的支持、安全可靠性以及具有的各种应用程序接口等各个方面的差异是很大的。应用层的主要功能如下。

（1）用户接口：应用层是用户与网络，以及应用程序与网络间的直接接口，使得用户能够与网络进行交互式联系。

（2）实现各种服务：该层具有的各种应用程序可以完成和实现用户请求的各种服务。

OSI 模型双方通信对应的层关系如图 3-2 所示。

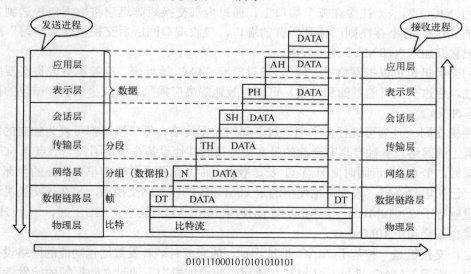

图 3-2　OSI 模型双方通信对应的层关系

3.1.2　OSI 模型中的物理设备

OSI 七层模型通过七个层次化的结构模型使不同的系统、不同的网络之间实现可靠的通信，因此其最主要的功能就是帮助不同类型的主机实现数据传输 。完成中继功能的节点通常称为中继系统。在 OSI 七层模型中，处于不同层的中继系统具有不同的名称。

1．主要设备的层属关系及作用

一个设备工作在哪一层，关键看它工作时利用哪一层的数据头部信息。网桥工作时，是以 MAC 头部来决定转发端口的，因此显然它是数据链路层的设备。

各层所使用的设备如下。

● 物理层：网卡、网线、集线器、中继器、调制解调器。

● 数据链路层：网桥、交换机。

● 网络层：路由器。

对单个网络设备来说，需要注意以下几点。

（1）网关工作在第四层传输层及其以上。

（2）集线器是物理层设备，采用广播的形式来传输信息。

（3）交换机就是用来进行报文交换的机器。其多为链路层设备（二层交换机），能够进行地址学习，采用存储转发的形式来交换报文。

（4）路由器的一个作用是连通不同的网络，另一个作用是选择信息传送的线路。选择通畅快捷的近路，能大大提高通信速度，减轻网络系统通信负荷，节约网络系统资源，提高网络系统畅通率。

2. 交换机和路由器的区别

交换机拥有一条很高带宽的背部总线。交换机的所有的端口都挂接在这条总线上，控制电路收到数据包以后，处理端口会查找内存中的地址对照表以确定目的 MAC（网卡的硬件地址）的 NIC（网卡）挂接在哪个端口上，通过内部交换矩阵迅速将数据包传送到目的端口，目的 MAC 若不存在则广播到所有的端口，接收端口回应后交换机会"学习"新的地址，并把它添加入内部 MAC 地址表中。

使用交换机也可以把网络"分段"，通过对照 MAC 地址表，交换机只允许必要的网络流量通过。通过交换机的过滤和转发，可以有效地隔离广播风暴，减少误包和错包的出现，避免共享冲突。

交换机在同一时刻可进行多个端口对之间的数据传输。每一端口都可视为独立的网段，连接在其上的网络设备独自享有全部的带宽，无须同其他设备竞争使用。当节点 A 向节点 D 发送数据时，节点 B 可同时向节点 C 发送数据，而且这两个传输都享有网络的全部带宽，都有着自己的虚拟连接。假使这里使用的是 10Mbit/s 的以太网交换机，那么该交换机这时的总流通量就等于 2×10Mbit/s＝20Mbit/s，而使用 10Mbit/s 的共享式 HUB 时，一个 HUB 的总流通量也不会超出 10Mbit/s。

总之，交换机是一种基于 MAC 地址识别，能完成封装转发数据包功能的网络设备。交换机可以"学习"MAC 地址，并把其存放在内部地址表中，通过在数据帧的始发者和目标接收者之间建立临时的交换路径，使数据帧直接由源地址到达目的地址。

从过滤网络流量的角度来看，路由器的作用与交换机和网桥非常相似。但是与工作在网络层，从物理上划分网段的交换机不同，路由器使用专门的软件协议从逻辑上对整个网络进行划分。例如，一台支持 IP 协议的路由器可以把网络划分成多个子网段，只有指向特殊 IP 地址的网络流量才可以通过路由器。对于每一个接收到的数据包，路由器都会重新计算其校验值，并写入新的物理地址。因此，使用路由器转发和过滤数据的速度往往要比只查看数据包物理地址的交换机慢。但是，对于那些结构复杂的网络，使用路由器可以提高网络的整体效率。路由器的另外一个明显优势就是可以自动过滤网络广播。

总的来说，路由器与交换机的主要区别体现在以下几个方面。

（1）工作层次不同。最初的交换机工作在数据链路层，而路由器一开始就设计工作在网络层。由于交换机工作在数据链路层，所以它的工作原理比较简单，而路由器工作在网络层，可以得到更多的协议信息，路由器可以做出更加智能的转发决策。

（2）数据转发所依据的对象不同。交换机是利用物理地址或者说 MAC 地址来确定转发数据的目的地址。而路由器则是利用 IP 地址来确定数据转发的地址。IP 地址是在软件中实现的，描述的是设备所在的网络。MAC 地址通常是硬件自带的，由网卡生产商来分配的，而且已经固化到了网卡中去，一般来说是不可更改的。而 IP 地址则通常由网络管理员或系统自动分配。

（3）传统的交换机只能分割冲突域，不能分割广播域；而路由器可以分割广播域。

由交换机连接的网段仍属于同一个广播域，广播数据包会在交换机连接的所有网段上传播，在某些情况下会导致通信拥挤和安全漏洞。连接到路由器上的网段会被分配成不同的广播域，广播数据不会穿过路由器。虽然第三层以上交换机具有 VLAN 功能，也可以分割广播域，但是各子广播域之间是不能通信交流的，它们之间的交流仍然需要路由器。

（4）路由器提供了防火墙的服务。路由器仅仅转发特定地址的数据包，不进行不支持路由协议的数据包传送和未知目标网络数据包的传送，从而可以防止广播风暴。

3．集线器与路由器在功能上的不同

首先说 HUB，也就是集线器。它的作用可以简单地理解为将一些机器连接起来组成一个局域网。而交换机（又名交换式集线器）的作用与集线器大体相同。但是两者在性能上有区别：集线器采用的是共享带宽的工作方式，而交换机是独享带宽。这样在机器很多或数据量很大时，两者将会有比较明显的差别。而路由器与以上两者有明显区别，它的作用在于连接不同的网段并且找到网络中数据传输最合适的路径。路由器产生于交换机之后，就像交换机产生于集线器之后，所以路由器与交换机也有一定联系，不是完全独立的两种设备。路由器主要克服了交换机不能路由转发数据包的不足。

3.1.3 OSI 七层模型的小结

由于 OSI 是一个理想的模型，因此一般网络系统只涉及其中的几层，很少有系统能够具有所有的七层，并完全遵循它的规定。在七层模型中，每一层都提供一个特殊的网络功能。从网络功能的角度观察：下面四层（物理层、数据链路层、网络层和传输层）主要提供数据传输和交换功能，即以节点到节点之间的通信为主；第四层作为上下两部分的桥梁，是整个网络体系结构中最关键的部分；而上三层（会话层、表示层和应用层）则以提供用户与应用程序之间的信息和数据处理功能为主。简言之，下四层主要完成通信子网的功能，上三层主要完成资源子网的功能。

3.2 TCP/IP 协议族

TCP/IP 协议族被组织成四个概念层，分别是应用层、传输层、互联网层、网络接口层。各层对应的服务与协议如表 3-1 所示。

表 3-1 TCP/IP 协议族对应的服务与协议

TCP/IP 协议层	对应的主要服务或协议
第四层：应用层	DNS、Finger、Whois、FTP、HTTP、Gopher、Telnet、IRC、SMTP、USENET…
第三层：传输层	TCP、UDP
第二层：互联网层	IP、ICMP
第一层：网络接口层	ARP、RARP…

TCP/IP 协议族有三层对应于 ISO 参考模型中的相应层。ICP/IP 协议族并不包含物理层和数据链路层，因此它不能独立完成整个计算机网络系统的功能，必须与许多其他的协议协同工作。TCP/IP 分层模型的四个协议层分别完成以下功能。

第一层：网络接口层，包括用于协作 IP 数据在已有网络介质上传输的协议。实际上 TCP/IP 标准并不定义与 ISO 数据链路层和物理层相对应的功能。相反，它定义像地址解析协议（ARP：Address Resolution Protocol）这样的协议，提供 TCP/IP 协议的数据结构和实际物理硬件之间的接口。

第二层：互联网层，对应于 OSI 七层参考模型的网络层。本层包含 IP 协议、RIP 协议（Routing Information Protocol，路由信息协议），负责数据的包装、寻址和路由；同时还包含网间控制报文协议（ICMP：Internet Control Message Protocol），用来提供网络诊断信息。

第三层：传输层，对应于 OSI 七层参考模型的传输层，它提供两种端到端的通信服务。其中 TCP 协议（Transmission Control Protocol）提供可靠的数据流传输服务，UDP 协议（User Datagram Protocol）提供不可靠的用户数据报服务。

第四层：应用层，对应于 OSI 七层参考模型的应用层和表达层。因特网的应用层协议包括 Finger、Whois、FTP（文件传输协议）、Gopher、HTTP（超文本传输协议）、Telent（远程终端协议）、SMTP（简单邮件传送协议）、IRC（因特网中继会话）、NNTP（网络新闻传输协议）等。

3.3 OSI 模型和 TCP/IP 协议族的对应关系

OSI 模型与 TCP/IP 最大的不同在于 OSI 是一个理论上的网络通信模型，而 TCP/IP 则是实际运行的网络协议。OSI 和 TCP/IP 协议族的对应关系如表 3-2 所示。

表 3-2 OSI 和 TCP/IP 协议族的对应关系

OSI 七层网络模型	Linux TCP/IP 四层概念模型	对应网络协议
应用层（Application）	应用层	TFTP、FTP、NFS、WAIS
表示层（Presentation）		Telnet、Rlogin、SNMP、Gopher
会话层（Session）		SMTP、DNS
传输层（Transport）	传输层	TCP、UDP
网络层（Network）	网际层	IP、ICMP、ARP、RARP、AKP、UUCP
数据链路层（Data Link）	网络接口	FDDI、Ethernet、Arpanet、PDN、SLIP、PPP
物理层（Physical）		IEEE 802.1A，IEEE 802.2 到 IEEE 802.11

两种模型中相应的网络设备对应关系如图 3-3 所示。

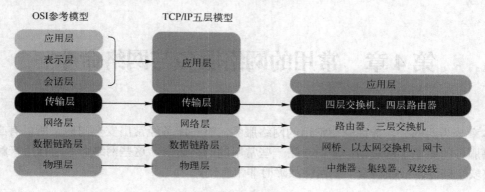

图 3-3　两种模型中相应的网络设备对应关系

思考题

1. 什么是 OSI 网络模型？
2. 什么是 TCP/IP 协议族网络模型？
3. OSI 网络模型与 TCP/IP 协议族网络模型的对应关系是什么？
4. 路由器与交换机的主要区别是什么？
5. 集线器与路由器在功能上有什么不同？

第 4 章　常用的网络服务与网络命令

本章分为两部分，前面介绍常用的网络服务，有些服务经常出安全问题，所以有必要先把网络服务的原理了解透彻；后面介绍一些常用的网络命令，这些网络命令通常用来解决一些网络安全问题，或在检查一些网络故障时非常有用。

4.1　常用的网络服务

本小节主要介绍一些常用的网络服务，包括 WWW 服务、电子邮件服务 E-mail、文件传输服务 FTP、电子公告板服务 BBS、远程登录服务等。

4.1.1　WWW 服务

万维网（World Wide Web，简称 WWW）是集文本、声音、图像、视频等多媒体信息于一身的全球信息资源网络，是 Internet 的重要组成部分。浏览器（Browser）是用户通向 WWW 的桥梁和获取 WWW 信息的窗口，通过浏览器，用户可以在浩瀚的 Internet 海洋中漫游，搜索和浏览自己感兴趣的所有信息。

WWW 的网页文件是用超文件标记语言 HTML（Hyper Text Markup Language）编写，并在超文件传输协议 HTTP（Hype Text Transmission Protocol）支持下运行的。超文本中不仅含有文本信息，还包括图形、声音、图像、视频等多媒体信息（故超文本又称超媒体），更重要的是超文本中隐含着指向其他超文本的链接，这种链接称为超链接（Hyper Links）。利用超文本，用户能轻松地从一个网页链接到其他相关内容的网页上，而不必关心这些网页分布在何处的主机中。

HTML 并不是一种一般意义上的程序设计语言，它将专用的标记嵌入文档中，对一段文本的语义进行描述，经解释后产生多媒体效果，并可提供文本的超链。

WWW 浏览器是一个客户端的程序，其主要功能是使用户获取 Internet 上的各种资源。常用的浏览器有 Microsoft 的 Internet Explorer（IE）和 Chrome 等。Java 是一种新型的、独立于各种操作系统和平台的动态解释性语言，Java 使浏览器具有了动画效果，为联机用户提供了实时交互功能。常用的浏览器均支持 Java。如图 4-1 所示为使用微软的 IE 浏览器查看新浪网网页的界面。

如图 4-2 所示，可以查看、设置微软 IE 浏览器的版本、隐私等信息。

平时上网，除了使用上面的 IE 浏览器以外，很多人还使用过搜狗浏览器、360 浏览器、Google 浏览器等。但这些浏览器大多是给 IE 浏览器加了一个"外衣"，本质还是 IE 浏览器。如图 4-3 所示为搜狗浏览器，如图 4-4 所示为 360 浏览器。

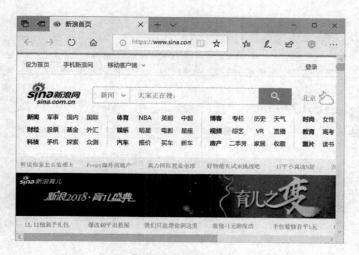

图 4-1   使用微软的 IE 浏览器查看新浪网网页

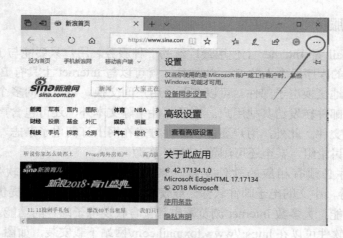

图 4-2   IE 浏览器的设置

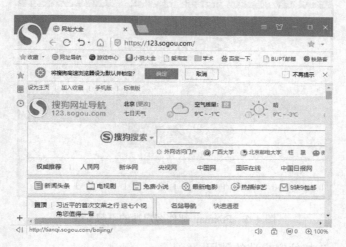

图 4-3   搜狗浏览器

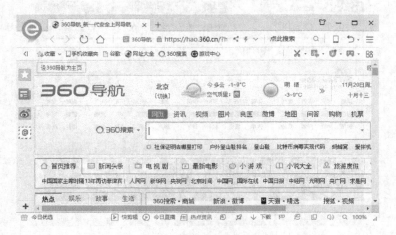

图 4-4　360 浏览器

4.1.2　电子邮件服务

电子邮件 E-mail 是 Internet 上使用最广泛的一种服务。用户只要能与 Internet 连接，具有能收发电子邮件的程序及个人的 E-mail 地址，就可以与 Internet 上具有 E-mail 的所有用户方便、快速、经济地交换电子邮件。可以在两个用户间交换，也可以向多个用户发送同一封邮件，或将收到的邮件转发给其他用户。电子邮件中除文本外，还可包含声音、图像、应用程序等各类计算机文件。此外，用户还能以邮件方式在网上订阅电子杂志、获取所需文件、参与有关的公告和讨论组，甚至还可浏览 WWW 资源。

收发电子邮件必须有相应的软件支持。常用的收发电子邮件的软件有 Exchange、Outlook Express 等，中文的电子邮件软件一般使用 Foxmail，这些软件提供邮件的接收、编辑、发送及管理功能。大多数 Internet 浏览器也都包含收发电子邮件的功能。

国产 Foxmail 软件可以在 https://www.foxmail.com/网站下载安装，如图 4-5 所示。

图 4-5　Foxmail 邮件客户端的下载安装

图 4-6 为 Foxmail 邮件客户端的使用。

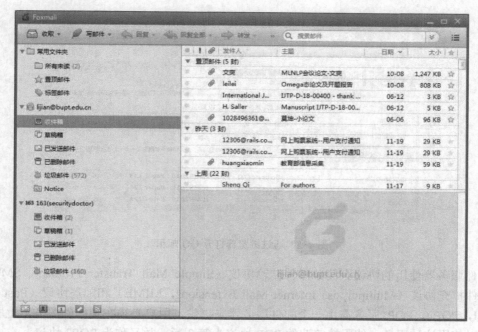

图 4-6　Foxmail 邮件客户端的使用

　　另一个查看邮件的常用方法是使用浏览器查看。使用比较多的是 QQ 邮箱，如图 4-7 所示为通过 QQ 软件打开 QQ 邮箱。

图 4-7　通过 QQ 软件打开 QQ 邮箱

　　如图 4-8 所示为通过浏览器打开的 QQ 邮箱。

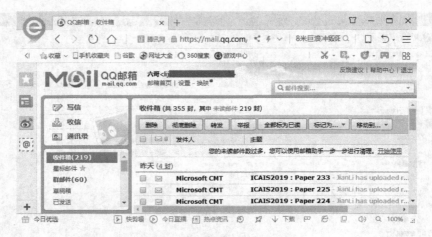

图 4-8　通过浏览器打开 QQ 邮箱

邮件服务器使用的协议有简单邮件转输协议（Simple Mail Transfer Protocol，SMTP）、电子邮件扩充协议（Multipurpose Internet Mail Extensions，MIME）和邮局协议（Post Office Protocol，POP）。POP 服务需由一个邮件服务器来提供，用户必须在该邮件服务器上取得账号才可以使用这种服务。使用较普遍的 POP 协议为第 3 版，故又称为 POP3 协议。

4.1.3　文件传输服务

文件传输服务又称为 FTP（File Transfer Protocol）服务，它是 Internet 中最早提供的服务功能之一，仍然在广泛使用。

FTP 是 Internet 上文件传输的基础，通常所说的 FTP 是基于该协议的一种服务。FTP 文件传输服务允许 Internet 上的用户将一台计算机上的文件传输到另一台上，几乎所有类型的文件，包括文本文件、二进制可执行文件、声音文件、图像文件、数据压缩文件等，都可以用 FTP 传送。

FTP 实际上是一套文件传输服务软件，它是用户使用文件传输服务的界面，使用简单的 get 或 put 命令进行文件的下载或上传，如同在本地计算机上执行文件复制命令一样。大多数 FTP 服务器主机都采用 UNIX 操作系统，但普通用户通过 Windows 7、Windows 10 等也能方便地使用 FTP。

FTP 最大的特点是用户可以使用 Internet 上众多的匿名 FTP 服务器。所谓匿名服务器，指的是不需要专门的用户名和口令就可进入的系统。用户连接匿名 FTP 服务器时，都可以用"anonymous"（匿名）作为用户名、以自己的 E-mail 地址作为口令登录。登录成功后，用户便可以从匿名服务器上下载文件。匿名服务器的标准目录为 pub，用户通常可以访问该目录下所有子目录中的文件。考虑到安全问题，大多数匿名服务器不允许用户上传文件。

目前市面上有许多 FTP 专用软件，可以使用 360 软件管家下载，如图 4-9 所示。下载后根据软件使用说明书使用就行了。

4.1.4　电子公告板

电子公告板，即 BBS（Bulletin Board System），是 Internet 上的一种电子信息服务系

统。它提供一块公共电子白板，每个用户都可以在上面书写，可发布信息或提出看法。传统的电子公告板（BBS）是一种基于 Telnet 协议的 Internet 应用，与人们熟知的 Web 超媒体应用有较大差异。

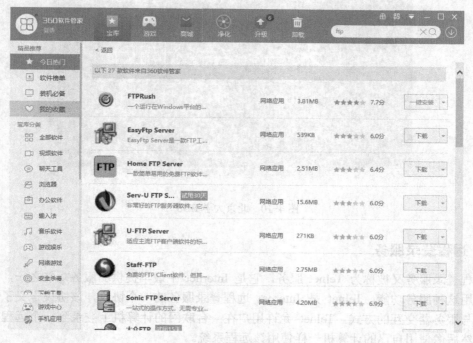

图 4-9　FTP 软件下载

电子公告板是一种发布并交换信息的在线服务系统，可以使更多的用户通过 Internet 实现互联，从而得到廉价的丰富信息，并为其会员提供进行网上交谈、发布消息、讨论问题、传送文件、学习交流和游戏等的机会和空间。

现在的电子公告板就像现实生活中的公告板一样，用户除了可以进入各个讨论区获取各种信息外，还可以将自己要发布的信息或参加讨论的观点"张贴"在公告板上，与其他用户展开讨论。

BBS 是一个由众多兴趣相近的用户共同组织起来的各种专题讨论组的集合。BBS 用于发布公告、新闻、评论及各种文章，供网上用户使用和讨论。讨论内容按不同的专题分类组织，每一类为一个专题组，称为新闻组，其内部还可以分出更多的子专题。

BBS 的每个新闻都由一个区分类型的标记引导，每个新闻组围绕一个主题，如 comp.（计算机方面的内容）、news.（BBS 本身的新闻与信息）、rec.（体育、艺术及娱乐活动）、sci.（科学技术）、soc.（社会问题）、talk.（讨论交流）、misc.（其他杂项话题）、biz.（商业方面问题）等。

用户除了可以选择参加感兴趣的专题小组外，也可以自己开设新的专题组。只要有人参加，该专题组就可一直存在下去；若一段时间无人参加，则这个专题组便会被自动删除。

BBS 在大学里比较流行，许多知名大学都有自己的 BBS 系统。如图 4-10 所示为北京大学的 BBS 系统。

图 4-10　北京大学 BBS

4.1.5　远程登录服务

远程登录服务又被称为 Telnet 服务，它是 Internet 中最早提供的服务功能之一，很多人仍在使用这种服务功能。Telnet 是 Internet 远程登录服务的一个协议，该协议定义了远程登录用户与服务器交互的方式。Telnet 允许用户在一台联网的计算机上登录到一个远程分时系统中，然后像使用自己的计算机一样使用该远程系统。

要使用远程登录服务，必须在本地计算机上启动一个客户应用程序，指定远程计算机的名字，并通过 Internet 与之建立连接。一旦连接成功，本地计算机就像通常的终端一样，直接访问远程计算机系统的资源。远程登录软件允许用户直接与远程计算机交互，通过键盘或鼠标操作，客户应用程序将有关的信息发送给远程计算机，再由服务器将输出结果返回给用户。用户退出远程登录后，用户的键盘、显示控制权又回到本地计算机。一般用户可以通过 Windows 的 Telnet 客户程序进行远程登录。

远程登录服务可以使用户坐在联网的主机键盘前，登录进入远距离的另一联网主机，成为那台主机的终端。这使用户可以方便地操纵世界另一端的主机，就像它就在身边一样。通过远程登录，本地计算机便能与网络上另一远程计算机取得"联系"，并进行程序交互。进行远程登录的用户叫作本地用户，本地用户登录进入的系统叫作远程系统。

现在计算机一般都配置有远程登录服务，如图 4-11 所示为 Windows 操作系统里的远程连接菜单。

单击图中的远程连接菜单后，就会出现远程登录界面，如图 4-12 所示。

4.1.6　其他网络服务

除了上面讲的常用的网络服务外，还有其他一些网络服务如网络电话、网络即时聊天系统 IRC（Internet Relay Chat）、联络聊天（QQ、微信）、网络购物、网络视频、微博、网络社区等。网络服务越多，它们所带来的安全问题也就越来越多，需要引起人们足够的重视。

图 4-11 Windows 操作系统里的远程连接菜单　　　　图 4-12　远程登录界面

4.2　常用的网络命令

　　早期的操作系统没有现在的 Windows 窗口界面，用起来非常不方便。那时候使用的都是 DOS（Disk Operation System）系统。目前，一些水平比较高的网络管理员或黑客还是用一些 DOS 指令。本节介绍一些常用的 DOS 操作命令或指令，这些命令分为内部命令和外部命令。外部命令就是一个可执行文件，需要有这个文件才能执行这样的命令；内部命令已经嵌入操作系统内核当中了，所以不用可执行文件任何地方都可以执行。下面是一些常用的内部命令和外部命令。

　　常用的内部命令有 MD、CD、RD、DIR、PATH、COPY、TYPE、EDIT、REN、DEL、CLS、VER、DATE、TIME、PROMPT。

　　常用的外部命令有 DELTREE、FORMAT、DISKCOPY、LABEL、VOL、SYS、XCOPY、FC、ATTRIB、MEM、TREE。

　　这些命令不区分大小写。运行这些命令时，可以回到 DOS 操作方式，如图 4-13 所示，可以在 Windows 操作系统的开始界面里输入"cmd"，再按〈Enter〉键就会进入 DOS 操作界面，如图 4-14 所示。

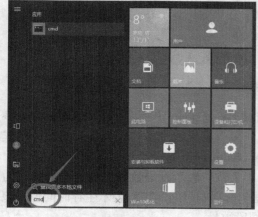

图 4-13　运行 DOS 操作界面　　　　　　　　图 4-14　DOS 操作界面

4.2.1　ping 指令

ping 是 Windows、UNIX 和 Linux 系统下的一个命令。ping 也属于一个通信协议，是 TCP/IP 协议的一部分。利用 "ping" 命令可以检查网络是否连通（或者说检查两个计算机的网络层是否连通），可以很好地帮助我们分析和判定网络故障。

ping 指令使用的是 ICMP（Internet Control Messages Protocol）即因特网控制报文协议；回声请求消息给目的地并报告是否收到所希望的 ICMP echo（ICMP 回声应答）。它是用来检查网络是否通畅或者网络连接速度的命令。作为一个网络管理员或者黑客，ping 命令是第一个必须掌握的 DOS 命令，它所利用的原理是这样的：利用网络上机器 IP 地址的唯一性，给目标 IP 地址发送一个数据包，再要求对方返回一个同样大小的数据包来确定两台网络机器是否连接，时延是多少。

ping 指的是端对端连通，通常用来作为可用性的检查，但是某些病毒木马会大量远程执行 ping 命令抢占用户的网络资源，导致系统变慢，网速变慢。严禁 ping 入侵作为大多数防火墙的一个基本功能，提供给用户进行选择。通常的情况下，如果不用作服务器或者进行网络测试，可以放心地选中它，以保护计算机。

单独在命令行中输入 ping 会出现 ping 命令的用法和所有参数，如图 4-15 所示。

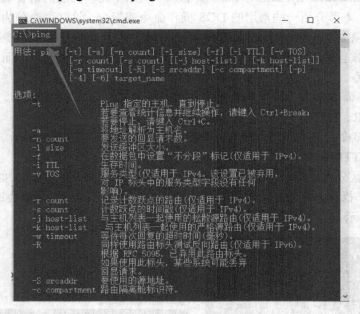

图 4-15　ping 命令的用法和所有参数

ping 命令的应用格式：①ping+IP 地址或主机域名；②ping+IP 地址或主机域名+命令参数；③ping+命令参数+IP 地址或主机域名（注意，"+" 要换成空格！）。当使用第①种格式时，默认只发送 4 个数据包。例如，ping 一下 www.baidu.com 这个地址，如图 4-16 所示。61.135.169.125 就是百度的其中一台主机的地址；"字节" 表示发送数据包的大小，默认为 32B；"时间" 表示从发出数据包到接收到返回数据包所用的时间；TTL 表示生存时间值，该字段指定 IP 包被路由器丢弃之前允许通过的最大网段数量。

常用的还有直接 ping 一个 IP 地址，看看是不是能从网络层连接通过，如图 4-17 所示。

图 4-16　ping 百度的网址

图 4-17　ping 一个 IP 地址

ping 命令的常用参数是-t、-a、-n conut、-l 等几项。下面简单介绍几个参数的使用方法，读者感兴趣的话，可以在计算机上试试。

（1）-t 表示不间断向目标地址发送数据包，直到强迫其停止。若要查看统计信息并继续发送数据包，则按下〈Ctrl+Break〉组合键。若要终止发送数据包，则按下〈Ctrl+C〉组合键。

（2）-n 定义向目标地址发送数据包的次数。如果-t 和-n 两个参数一起使用，ping 命令将以放在后面的参数为准，比如 "ping IP -t -n 10"，虽然使用了-t 参数，但并不是一直 ping 下去，而是只 ping 10 次。

（3）-l 定义发送数据包的大小，默认情况下是 32B，利用它可以最大定义到 65500B。

4.2.2　ipconfig 指令

ipconfig 命令主要是用来查看 ip 和 mac 地址，刷新 DNS 缓存，释放 ip 地址等，下面来看看 ipconfig 命令的几个主要用法。

（1）ipconfig：当使用 ipconfig 时不带任何参数选项，那么它为每个已经配置了的接口显示 IP 地址、子网掩码和缺省网关值。如图 4-18 所示为 ipconfig 时不带任何参数的显示。

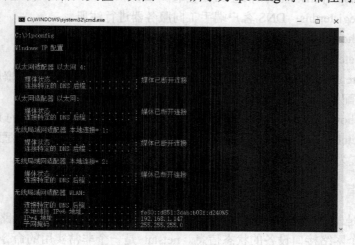

图 4-18　ipconfig 不带任何参数

（2）ipconfig/all：当使用 all 选项时，iponfig 能为 DNS 和 WINS 服务器显示它已配置且所要使用的附加信息（如 IP 地址等），并且显示内置于本地网卡中的物理地址（MAC）。如果 IP 地址是从 DHCP 服务器租用的，ipconfig 将显示 DHCP 服务器的 IP 地址和租用地址预计失效的日期。如图 4-19 所示为 ipconfig /all 命令使用图。

图 4-19　ipconfig /all 命令

其他一些参数简介如下。（也可以在 DOS 方式下输入 ipconfig /? 进行参数查询）

- ipconfig /release：DHCP 客户端手工释放 IP 地址。
- ipconfig /renew：DHCP 客户端手工向服务器刷新请求。
- ipconfig /flushdns：清除本地 DNS 缓存内容。
- ipconfig /displaydns：显示本地 DNS 内容。
- ipconfig /registerdns：DNS 客户端手工向服务器进行注册。
- ipconfig /showclassid：显示网络适配器的 DHCP 类别信息。
- ipconfig /setclassid：设置网络适配器的 DHCP 类别。
- ipconfig /renew "Local Area Connection"：更新"本地连接"适配器的由 DHCP 分配 IP 地址的配置。
- ipconfig /showclassid Local*：显示名称以 Local 开头的所有适配器的 DHCP 类 ID。
- ipconfig/setclassid "Local Area Connection" TEST：将"本地连接"适配器的 DHCP 类别 ID 设置为 TEST。

4.2.3　netstat 指令

netstat 命令是一个监控 TCP/IP 网络的非常有用的工具，它可以显示路由表、实际的网络连接以及每一个网络接口设备的状态信息。netstat 是一个非常实用的命令，可用于列出系统上所有的网络套接字连接情况，包括 tcp、udp 以及 unix 套接字，另外它还能列出处于监听状态（即等待接入请求）的套接字。netstat 命令的常用参数如下。

- -a 或--all：显示所有连线中的 Socket。
- -A<网络类型>或--<网络类型>：列出该网络类型连线中的相关地址。
- -c 或--continuous：持续列出网络状态。
- -C 或--cache：显示路由器配置的缓存信息。
- -e 或--extend：显示网络其他相关信息。
- -F 或--fib：显示 FIB。
- -g 或--groups：显示多重广播功能群组组员名单。
- -h 或--help：在线帮助。
- -i 或--interfaces：显示网络界面信息表单。
- -l 或--listening：显示监控中的服务器的 Socket。
- -M 或--masquerade：显示伪装的网络连线。
- -n 或--numeric：直接使用 ip 地址，而不通过域名服务器。
- -N 或--netlink 或--symbolic：显示网络硬件外围设备的符号连接名称。
- -o 或--timers：显示计时器。
- -p 或--programs：显示正在使用 Socket 的程序识别码和程序名称。
- -r 或--route：显示 Routing Table。
- -s 或--statistice：显示网络工作信息统计表。
- -t 或--tcp：显示 TCP 传输协议的连线状况。
- -u 或--udp：显示 UDP 传输协议的连线状况。
- -v 或--verbose：显示指令执行过程。
- -V 或--version：显示版本信息。
- -w 或--raw：显示 RAW 传输协议的连线状况。
- -x 或--unix：此参数的效果和指定 "-A unix" 参数相同。
- --ip 或--inet：此参数的效果和指定 "-A inet" 参数相同。

例如图 4-20 为 netstat -t 命令，用地址显示 TCP 传输协议的连线状况。

图 4-20　netstat -t 命令

这些参数可以组合起来用。经常使用的是 netstat -an 命令，用来显示所有已经建立的有效连接，如图 4-21 所示。

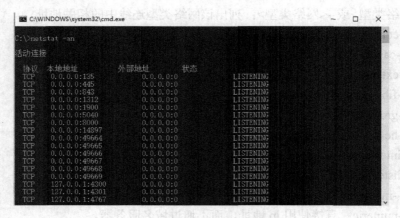

图 4-21　netstat -an 命令显示所有建立的有效连接

4.2.4　net 指令

net 命令是一个命令行命令，net 命令有很多函数用于使用和核查计算机之间的 NetBIOS 连接，可以查看我们的管理网络环境、服务、用户、登录等信息内容；可以在 DOS 环境下执行 NET/?或 NET 或 NET HELP 获得使用帮助，如图 4-22 所示。所有 Net 命令接受选项 /yes 和/no（可缩写为/y 和/n）。

图 4-22　net 命令的语法

下面介绍一些简单的 net 命令使用方法。

1．net view

作用：显示域列表、计算机列表或指定计算机的共享资源列表。

命令格式：net view [\\computername | /domain[:domainname]]

有关参数说明：

● 键入不带参数的 net view 显示当前域的计算机列表。

● \\computername 指定要查看其共享资源的计算机。

● /domain[:domainname]指定要查看其可用计算机的域。

例如：net view \\GHQ，查看 GHQ 计算机的共享资源列表。

　　　 net view /domain:XYZ，查看 XYZ 域中的机器列表。

2. net user

作用：添加或更改用户账号或显示用户账号信息。

命令格式：net user [username [password | *] [options]] [/domain]

有关参数说明：

- 键入不带参数的 net user 查看计算机上的用户账号列表。
- username 添加、删除、更改或查看用户账号名。
- password 为用户账号分配或更改密码。
- 提示输入密码。
- /domain 在计算机主域的主域控制器中执行操作。该参数仅在 Windows NT Server 域成员的 Windows NT Workstation 计算机上可用。默认情况下，Windows NT Server 计算机在主域控制器中执行操作。

例如：net user adm123 查看用户 adm123 的信息。

3. net use

作用：连接计算机或断开计算机与共享资源的连接，或显示计算机的连接信息。

命令格式：net use [devicename | *] [\\computername\sharename[volume]] [password|*]] [/user:[domainname\]username][[/delete]| [/persistent:{yes | no}]]

有关参数说明：

- 键入不带参数的 net use 列出网络连接。
- devicename 指定要连接到的资源名称或要断开的设备名称。
- \\computername\sharename 服务器及共享资源的名称。
- password 访问共享资源的密码。
- *提示键入密码。
- /user 指定进行连接的另外一个用户。
- domainname 指定另一个域。
- username 指定登录的用户名。
- /home 将用户连接到其宿主目录。
- /delete 取消指定网络连接。
- /persistent 控制永久网络连接的使用。

例如：net use f: \\adm\TEMP 将\\adm\TEMP 目录建立为 F 盘

　　　net use f: \adm\TEMP /delete 断开连接。

4. net time

作用：使计算机的时钟与另一台计算机或域的时间同步。

命令格式：net time [\\computername | /domain[:name]] [/set]

有关参数说明：

- \\computername 要检查或同步的服务器名。
- /domain[:name]指定要与其时间同步的域。
- /set 使本地计算机时钟与指定计算机或域的时钟同步。

5. net start

作用：启动服务，或显示已启动服务的列表。

命令格式：net start service

6. net pause

作用：暂停正在运行的服务。

命令格式：Net pause service

7. net continue

作用：重新激活挂起的服务。

命令格式：Net continue service

8. net stop

作用：停止 Windows 网络服务。

命令格式：net stop service

4.2.5 tracert 指令

tracert 是一个简单的网络诊断工具命令，可以列出分组经过的路由节点，以及它在 IP 网络中每一跳的延迟。（这里的延迟是指：分组从信息源发送到目的地所需的时间，延迟也分为许多种——传播延迟、传输延迟、处理延迟、排队延迟等，是大多数网站性能的瓶颈之一。）

tracert 的使用方法可以使用 tracert -?来查看，如图 4-23 所示。

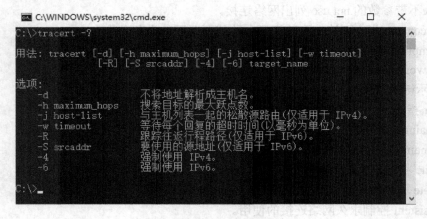

图 4-23　tracert 的使用方法

如图 4-24 所示为使用 tracert 命令来追踪 www.sina.com.cn 网站。

上面命令执行结果的说明：

● tracert 命令用于确定 IP 数据包访问目标所采取的路径，显示从本地到目标网站所在网络服务器的一系列网络节点的访问速度，最多支持显示 30 个网络节点。

● 最左侧的 1～11，表明在作者使用的网络上，经过 10（不算自己本地的）个路由节点，可以到达新浪网站；如果网络不同，则到达的站点可能不同；其他的 IP，也有可能不同。感兴趣的读者可以自行测试一下。

● 访问单位是 ms，表示连接到每个路由节点的速度、返回速度和多次。连接反馈的平均值。

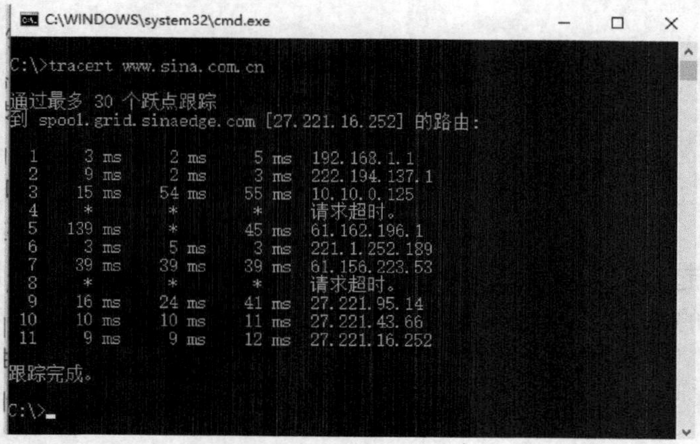

图 4-24　用 tracert 命令来追踪 www.sina.com.cn 网站

- 后面的 IP，就是每个路由节点对应的 IP。
- 如果返回消息是超时，则表示这个路由节点和作者使用的宽带，是无法连通的，至于原因，就有很多种了。比如，作者特意在路由上做了过滤限制，或者确实是路由的问题等，需要具体问题具体分析。
- 如果在测试的时候，返回大量*和超时信息，则说明这个 IP 在各个路由节点都有问题。
- 一般 10 个节点以内可以完成跟踪的网站，访问速度都是不错的；10~15 个节点之内才完成跟踪的网站，访问速度则比较慢；如果超过 30 个节点都没有完成跟踪，则可以认为目标网站是无法访问的。

思考题

1. 电子邮件服务使用什么协议？简单介绍一下这些协议。
2. 举例说明你常用哪些网络服务。
3. ping 命令属于 TCP/IP 协议族哪一层的命令，它使用的是什么协议？
4. 如果一个网站访问不成功，如何通过命令行的方式查看问题出在什么地方？

第 5 章　网络扫描与网络监听

本章从黑客说起，主要介绍黑客的相关知识、漏洞、网络扫描、网络监听等，这些都是黑客攻击中很重要的部分。最后介绍网络扫描和监听的防范方法。

5.1　黑客

本小节简单介绍黑客的概念、起源、典型的黑客事件、黑客攻击的过程，重点学习黑客是如何攻击目标的。

5.1.1　黑客概述

"黑客"一词源自英文 hacker。实际上，黑客（或骇客）与英文原文 hacker、cracker 等含义不能够达到完全对译。hacker 一词，最初指热心于计算机技术、水平高超的计算机专家，尤其是程序设计人员。后来逐渐区分为白帽、灰帽、黑帽等，其中黑帽（black hat）实际就是 cracker。在媒体报道中，黑客一词常指那些软件骇客（software cracker），而与黑客（黑帽子）相对的则是白帽子。

（1）黑客，是水平高超的计算机专家，尤其是程序设计人员，算是一个统称。

（2）红客，维护国家利益代表中国人民意志的红客，他们热爱自己的祖国、民族、和平，极力地维护国家安全与尊严。

（3）蓝客，信仰自由，提倡爱国主义的黑客们，用自己的力量来维护网络的和平。

（4）骇客，是"cracker"的音译，就是"破解者"的意思，从事恶意破解商业软件、恶意入侵别人的网站等事务，与黑客近义。其实黑客与骇客本质上是相同的，都是闯入计算机系统的人。黑客和"骇客"并没有一个十分明显的界限，随着两者含义越来越模糊，公众对待两者含义已经显得不那么重要了。

黑客似乎总是隐藏在角落里却看透整个世界，在网络中他们无所不能，如图 5-1 所示。

关于黑客的一些知名网站或文章，感兴趣的读者可以在黑客门网站中找到：http://www.hackerdoor.com/。但是提醒读者一点，不要做坏事，否则可能受到法律的制裁。

5.1.2　黑客实例——凯文·米特尼克

凯文·米特尼克（Kevin Mitnick）被称为世界上"头号计算机黑客"。图 5-2 为他本人的照片。

其实他的技术也许并不是黑客中最好的，甚至相当多的黑客们都反感他，认为他是只会攻击、不懂技术的攻击狂，但是其黑客经历的传奇性足以让全世界为之震惊，也使得所有网络安全人员丢尽面子。

图 5-1 黑客

凯文·米特尼克的主要"成就"如下：他是第一个在美国联邦调查局"悬赏捉拿"海报上露面的黑客。15 岁的米特尼克闯入了"北美空中防务指挥系统"的计算机主机，他和另外一些朋友翻遍了美国指向苏联及其盟国的所有核弹头的数据资料，然后又悄无声息地溜了出来。

图 5-2 凯文·米特尼克

这件事对美国军方来说已成为一大丑闻，五角大楼对此一直保持沉默。事后，美国著名的军事情报专家克赖顿曾说："如果当时米特尼克将这些情报卖给克格勃，那么他至少可以得到 50 万美元（大约 310 万人民币）的酬金。而美国则需花费数十亿美元来重新部署。"

FBI 甚至认为其过于危险，收买了米特尼克的一个最要好的朋友，诱使米特尼克再次攻击网站，以便把他抓进去。结果——米特尼克竟上钩了。但毕竟这位头号黑客身手不凡，很快发现了他们设下的圈套，然后在追捕令发出前就逃离了。米特尼克甚至在逃跑的过程中，还控制了当地的计算机系统，得以知道关于追踪他的一切资料。

他虽然只有十几岁，但网络犯罪行为不断，所以被称为"迷失在网络世界的小男孩"。米特尼克的圣诞礼物来自联邦通信管理局（FCC）。FCC 决定，恢复米特尼克的业余无线电执照。从 13 岁起，无线电就是米特尼克的爱好之一。他仍然用自制电台和朋友通话。他认为，正是这一爱好引发了他对计算机黑客这个行当的兴趣。不过，这份执照恢复得也并不轻松，他必须交付高达 1.6 万美元（当时大约相当于 9.9 万人民币）的罚款。"这是世界上最贵的一份业余无线电执照，米特尼克说，"不过我仍然很高兴。"

"巡游五角大楼，登录克里姆林宫，进出全球所有计算机系统，摧垮全球金融秩序和重建新的世界格局，谁也阻挡不了我们的进攻，我们才是世界的主宰。"凯文·米特尼克曾这样说。

5.1.3 黑客攻击的一般过程

早期的黑客攻击或入侵仅限于密码破解等简单的攻击，而最新的攻击方式多种多样，并且可以自动完成。如图 5-3 所示为黑客攻击的发展过程。

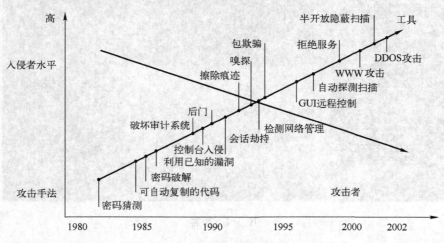

图 5-3　黑客攻击的发展过程

成功的黑客攻击包含了五个步骤：搜索、扫描、获得权限、保持连接，消除痕迹。

第 1 阶段：搜索并确定目标

搜索可能是耗费时间最长的阶段，可能会持续几个星期甚至几个月。黑客会利用各种渠道尽可能多地了解企业类型和工作模式，包括下面这些信息：

● 互联网搜索。
● 社会工程。
● 垃圾数据搜寻。
● 域名管理/搜索服务。
● 非侵入性的网络扫描。

这些类型的活动由于是处于搜索阶段，所以很难防范。很多公司提供的信息都很容易在网络上发现，而员工也往往会受到欺骗而无意中提供了相应的信息。随着时间的推移，公司的组织结构以及潜在的漏洞就会被发现，整个黑客攻击的准备过程就逐渐接近完成了。不过，这里也提供了一些保护措施，可以让黑客攻击的准备工作变得更加困难，主要是确保不会将信息泄露到网络上，其中包括：

● 隐藏软件版本和补丁级别。
● 隐藏电子邮件地址。
● 隐藏关键人员的姓名和职务。
● 确保纸质信息得到妥善处理。
● 接受域名注册查询时提供通用的联系信息。
● 禁止回应周边局域网/广域网设备的扫描企图。

要确定攻击目标的位置，首先要知道主机的域名或者 IP 地址。除此之外，还需要了解操作系统、所提供的服务等全面的资料，这就需要对目标系统进行详细的扫描。

第 2 阶段：扫描

一旦攻击者对公司网络的具体情况有了足够的了解，他或她就会开始对周边和内部网络设备进行扫描，以寻找潜在的漏洞，其中包括：

- 开放的端口。
- 开放的应用服务。
- 包括操作系统在内的应用漏洞。
- 保护性较差的数据传输。
- 每一台局域网/广域网设备的品牌和型号。

在扫描周边和内部设备时，黑客往往会受到入侵检测系统或入侵防御系统的阻止，但情况也并非总是如此。经验丰富的黑客可以轻松绕过这些防护措施。下面提供了防止扫描的措施，可以在所有情况下使用：

- 关闭所有不必要的端口和服务。
- 关键设备或处理敏感信息的设备只容许响应经过核准设备的请求。
- 加强管理系统的控制，禁止直接访问外部服务器，在特殊情况下需要访问时，也应该在访问控制列表中进行端到端连接的控制。
- 确保局域网/广域网系统以及端点的补丁级别是足够安全的。

第 3 阶段：获得权限

攻击者获得了连接的权限就意味着实际攻击已经开始。通常情况下，攻击者选择的目标可以为攻击者提供有用信息，或者可以作为攻击其他目标的起点。在这两种情况下，攻击者都必须取得一台或者多台网络设备的某种类型的访问权限。

除了在前面提到的保护措施外，安全管理人员应当尽一切努力，确保最终用户设备和服务器没有被未经验证的用户轻易连接。这其中包括了拒绝拥有本地系统管理员权限的客户以及对域和本地管理的服务器进行密切监测。此外，物理安全措施可以在发现实际攻击的企图时，拖延入侵者足够长的时间，以便内部或者外部人员（即保安人员或者执法机构）进行有效的应对。

最后，应该明确的一点是，对高度敏感的信息来说进行加密和保护是非常关键的。即使由于网络中存在漏洞，导致攻击者获得信息，但没有加密密钥的信息也就意味着攻击的失败。不过，这也不等于仅仅依靠加密就可以保证安全了。

第 4 阶段：保持连接

为了保证攻击的顺利完成，攻击者必须保持足够长的连接时间。虽然攻击者到达这一阶段也就意味他已成功地规避了系统的安全控制措施，但被发现的可能性也增加了。

作为网络管理员，这一阶段的防御方法主要包括以下几种。

- 对通过外部网站或内部设备传输的文件内容进行检测和过滤。
- 对利用未受到控制的连接到服务器或者网络上的会话进行检测和阻止。
- 检测连接到多个端口或非标准的协议。
- 检测不符合常规的连接参数和内容。
- 检测网络或服务器的异常行为，特别需要关注的是时间间隔等参数。

第 5 阶段：消除痕迹

在实现攻击的目的后，攻击者通常会采取各种措施来隐藏入侵的痕迹，并为今后可能的访问留下控制权限。

这一阶段对于管理员来说，要经常关注反恶意软件、个人防火墙和基于主机的入侵检测，禁止商业用户使用本地系统管理员的权限访问台式机。在任何不寻常活动出现后立刻发出警告，这些操作的制订都依赖于安全人员对整个系统情况的了解。因此，为了保证整个网络的正常运行，安全和网络团队与已经进行攻击的入侵者相比，至少应该拥有同样多的知识。

5.2 漏洞

所有黑客攻击、病毒攻击、恶意代码攻击都是因为信息系统存在漏洞，本小节来讲述漏洞的相关知识。

5.2.1 漏洞的概念

漏洞（Vulnerability）又叫脆弱性，是硬件、软件或策略上的缺陷，使得攻击者能够在未授权的情况下访问、控制系统。软件漏洞也叫 bug。

漏洞可能来自应用软件或操作系统设计时的缺陷或编码时产生的错误，也可能来自业务在交互处理过程中的设计缺陷或逻辑流程上的不合理之处。这些缺陷、错误或不合理之处可能被有意或无意地利用，从而对一个组织的资产或运行造成不利影响，如信息系统被攻击或控制，重要资料被窃取，用户数据被篡改，系统被作为入侵其他主机系统的跳板。从目前发现的漏洞来看，应用软件中的漏洞远远多于操作系统中的漏洞，特别是 Web 应用系统中的漏洞更是占信息系统漏洞中的绝大多数。

现今用电子商务支付是非常方便快捷的交易方式，很多人都开通了网上银行，在家里通过计算机网络可以进行各项业务的办理。一个人在使用网上银行交易时，如果计算机自身安全系统不健全，这时黑客就可以通过计算机系统的漏洞把病毒植入计算机中窃取使用者银行卡的账号和密码，银行卡里的钱在瞬间就会被黑客转走。系统漏洞无疑使计算机系统安全和个人的信息安全、财产安全等就得不到保障。

关于信息系统漏洞的几个理解：

- 漏洞一般指软件的（安全）漏洞。
- 漏洞多存在于通用的软件中。
- 漏洞是事先未知、事后发现的。
- 漏洞是安全隐患，如果被利用，其后果不可预知。
- 漏洞一般能够被远程利用。
- 漏洞一般是可以修补的。
- 不存在没有漏洞的计算机系统或信息系统。

5.2.2 漏洞产生的原因

漏洞一旦被发现，就可使用这个漏洞获得计算机系统的额外权限，使攻击者能够在未授权的情况下访问或破坏系统，从而危害计算机系统安全。那么，导致计算机系统漏洞的原因是什么呢？简单来说有以下三点。

1．设计缺陷

（1）编程人员在设计程序时，程序逻辑结构设计不合理、不严谨，因此产生一处或者多处漏洞。正是由于这些漏洞，给病毒入侵用户计算机提供了入口。

（2）编程人员的程序设计错误也是计算机系统漏洞产生的原因之一。受编程人员的能力、经验和当时安全技术所限，在程序中难免会有不足之处，轻则影响程序效率，重则导致非授权用户的权限提升。这种类型的漏洞最典型的是缓冲区溢出漏洞，它也是被黑客利用得最多的一种类型的漏洞。

（3）由于目前硬件无法解决某些特定的问题，使编程人员只得通过软件设计来表现出硬件功能而产生的漏洞，也会让黑客长驱直入，攻击用户的计算机系统。

综上所述，在人为方面，导致计算机系统漏洞的原因包括程序逻辑结构设计不合理、不严谨，编程人员程序设计错误以及目前为止硬件无法解决特定的问题等。

2．利益上的考虑

（1）为个人利益考虑。

有些程序员为了以后调试程序方便，故意留下"后门"。这也是漏洞产生的一种原因。

（2）为了公司利益，或为了自己的国家利益。有些公司给出口的信息系统留有"后门"，而自己使用的信息系统则没有安全问题。这种漏洞小则会引起外国公司利益受损害，大则会影响到国家安全。

3．软件变得日益复杂

在一个大型系统的开发过程中，需要各种语言进行数万乃至数千万行的代码。编译软件的编译过程中只能检测到语法问题，但是一些微小的逻辑 bug 是不会被检测出来的。另外，由于采用了不同的语言，语言之间的接口、兼容就会出现不可预知的问题。

5.2.3　漏洞对系统的威胁

事实上，一个漏洞对安全造成的威胁远不限于它的直接可能性，如果黑客获得了对系统的一般用户访问权限，他就有可能再通过本地漏洞把自己升级为管理员，这样他就可以为所欲为了。按漏洞可能对信息系统造成的直接威胁可以大致分成下面几类。

1．通过漏洞获取远程管理员权限

攻击者无须通过一个账号来登录到远程系统，从而获得管理员权限。他们通常以管理员身份执行有缺陷的远程系统守护进程来获得远程管理员权限。这些漏洞的绝大部分来源于缓冲区溢出，少部分来自守护进程本身的逻辑缺陷。

典型漏洞：Windows NT IIS 4.0 的 ISAPI DLL 对输入的 URL 未做适当的边界检查，如果构造一个超长的 URL，可以溢出 IIS（inetinfo.exe）的缓冲区，执行攻击者指定的代码。由于 inetinfo.exe 是以 local system 身份启动，溢出后可以直接得到远程管理员权限。

2．通过漏洞获取本地管理员权限

攻击者在已有一个本地账号能够登录到系统的情况下，通过攻击本地某些有缺陷的 suid 程序、竞争条件等手段，得到系统的管理员权限。

典型漏洞：在 Windows 2000 操作系统下，攻击者就有机会让网络 DDE（一种在不同的 Windows 机器上的应用程序之间动态共享数据的技术）代理在本地系统用户的安全上下文中执行其指定的代码，从而提升权限并完全控制本地机器。

3．通过漏洞获取普通用户访问权限

攻击者利用服务器的漏洞，取得系统的普通用户存取权限，对 UNIX 类系统通常是 shell 访问权限，对 Windows 系统通常是 cmd.exe 的访问权限，能够以一般用户身份的执行程序、存取文件。攻击者通常攻击以非管理员身份运行的守护进程、有缺陷的 CGI 程序等手段获得这种访问权限。

典型漏洞：Windows IIS 4.0-5.0 存在 Unicode 解码漏洞，可以使攻击者利用 cmd.exe 以 guest 组的权限在系统上运行程序，相当于取得了普通用户的权限。

4．通过漏洞获得权限提升

攻击者在本地通过攻击某些有缺陷的 sgid 程序，把自己的权限提升到某个非管理员用户的水平。获得管理员权限可以看作是一种特殊的权限提升，只是因为威胁的大小不同而把它独立出来。

典型漏洞：RedHat Linux 6.1 带的 man 程序为 sgid，它存在格式化 bug，通过对它的溢出攻击，可以使攻击者得到 man 组的用户权限。

5．通过漏洞读取受限文件

攻击者利用某些漏洞，读取他本来无权访问的文件，这些文件通常是安全相关的。这些漏洞的存在可能是文件设置权限不正确，或者是特权进程对文件的不正确处理和意外 dump core 使受限文件的一部分 dump 到了 core 文件中。

典型漏洞：Oracle 8.0.3 Enterprise Edition for NT 4.0 的日志文件全局可读而且为明文，它记录了连接的口令，很可能被攻击者读到。

6．通过漏洞造成远程系统拒绝服务

攻击者利用这类漏洞，无须登录即可对系统发起拒绝服务攻击，使系统或相关的应用程序崩溃或失去响应能力。这类漏洞通常是系统本身或其守护进程有缺陷或设置不正确造成的。

典型漏洞：Windows 2000 带的 Netmeeting 3.01 存在缺陷，通过向它发送二进制数据流，可以使服务器的 CPU 占用达到 100%。

7．通过漏洞造成本地系统拒绝服务

在攻击者登录到系统后，利用这类漏洞，可以使系统本身或应用程序崩溃。这种漏洞主要因为是程序对意外情况的处理失误，如写临时文件之前不检查文件是否存在，盲目跟随链接等。

典型漏洞：RedHat 6.1 的 tmpwatch 程序存在缺陷，可以使系统 fork 出许多进程，从而使系统失去响应能力。

8．通过漏洞造成远程非授权文件存取

利用这类漏洞，攻击者可以不经授权地从远程存取系统的某些文件。这类漏洞主要是由一些有缺陷的 CGI 程序引起的，它们对用户输入没有做适当的合法性检查，使攻击者通过构造特别的输入获得对文件存取的权限。

典型漏洞：Windows IIS 5.0 存在一个漏洞，通过向它发送一个特殊的 head 标记，可以

得到 ASP 源码，而不是经过解释执行后的 ASP 页面。

9．通过漏洞造成口令恢复

因为采用了很弱的口令加密方式，使攻击者可以很容易地分析出口令的加密方法，从而使攻击者通过某种方法得到密码后还原出明文。

典型漏洞：Windows 下的 PassWD v1.2 用来管理系统中的各种口令，并和 URL 一起储存起来。但它加密储存的口令加密方式非常脆弱，经过简单的分析，就可以从加密后的口令还原出明文。

10．通过漏洞造成欺骗

利用这类漏洞，攻击者可以对目标系统实施某种形式的欺骗。这通常是由于系统的实现上存在某些缺陷。

典型漏洞：IE 曾经存在一个漏洞，允许一个恶意网站在另一个网站的窗口内插入内容，从而欺骗用户输入敏感数据。

11．通过漏洞造成服务器信息泄露

利用这类漏洞，攻击者可以收集到对进一步攻击系统有用的信息。这类漏洞的产生主要是因为系统程序有缺陷，一般是对错误的不正确处理。

典型漏洞：Windows IIS 3.0～5.0 存在漏洞，当向系统请求不存在的.ida 文件时，服务器系统可能会返回出错信息，里面暴露了 IIS 的安装目录信息，比如请求 http://www.microsoft.com/anything.ida，服务器会返回 Response: The IDQ file d:\http\anything.ida could not be found，为攻击者提供方便。

12．通过漏洞造成其他危害

虽然以上的几种分类包括了绝大多数的漏洞情况，可还是存在一些上面几种类型无法描述的漏洞。

5.3　网络扫描

网络扫描的主要目的是收集目标的信息，并发现目标漏洞。网络扫描主要包括预攻击探测和漏洞扫描。

5.3.1　预攻击探测

预攻击探测的主要目的是探测目标主机是否"活着"，并且查看目标主机的一些属性，如哪些端口开放，有什么服务等。预攻击探测主要有以下方法。

1．ping 扫描

ping 是测试网络连接状况以及信息包发送和接收状况非常有用的工具，是网络测试最常用的命令。ping 向目标主机（地址）发送一个回送请求数据包，要求目标主机收到请求后给予答复，从而判断网络的响应时间和本机是否与目标主机（地址）联通。

前面介绍过在 DOS 下面如何用 ping 命令来扫描，它使用的是网络层的 ICMP 协议。实际应用中常用很多类似的工具进行扫描，如图 5-4 所示为使用 pinger 工具进行扫描，图 5-5 所示为使用 ping sweep 进行扫描。这两个工具都非常专业，可以扫描一个地址段。

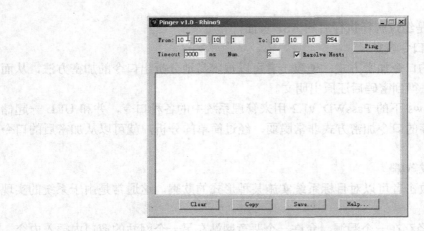

图 5-4　pinger 扫描工具

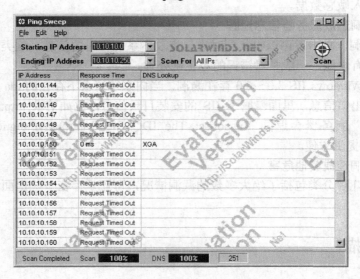

图 5-5　ping sweep 扫描工具

2. 端口扫描 (port scan)

端口是网络应用中很重要的东西，相当于"门"。端口扫描的主要目的是寻找存活主机的开放端口或服务。端口扫描的原理是尝试与目标主机建立连接，如果目标主机有回复则说明端口开放。常用的端口扫描方法如下。

（1）全 TCP 连接。这种方法使用三次握手与目标主机建立标准的 tcp 连接，如图 5-6 所示。但是这种方法很容易被发现并被目标主机记录。

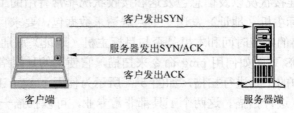

图 5-6　使用三次握手建立连接

（2）SYN 扫描。扫描主机自动向目标主机的指定端口发送 SYN 数据段，表示发送建立连接请求。如果目标主机的回应报文 SYN=1，ACK=1，则说明该端口是活动的，接着扫描主机发送回一个 RST 给目标主机拒绝连接，导致三次握手失败。如果目标主机回应是 RST，则端口是"死的"。

（3）FIN 扫描。发送一个 FIN=1 的报文到一个关闭的端口，该报文将丢失并返回一个 RST。如果该 FIN 报文发送到活动窗口则报文丢失，不会有任何反应。

（4）代理扫描。即把别的计算机当中间代理，去扫描目标主机。这种扫描方法通过扫描器来自动完成。例如 HTTP Proxy Scanner 是一种应用程序代理扫描器，每秒可以扫描 10000 个 IP 地址。

有许多专业的端口扫描工具如 NetScanTools、WinScan、SuperScan、NTOScanner、WUPS、NmapNT 等。如图 5-7 所示为端口扫描工具 SuperScan，图 5-8 为端口扫描工具 NetScanTools，图 5-9 为端口扫描工具 WinScan，图 5-10 为端口扫描工具 NTOScanner。

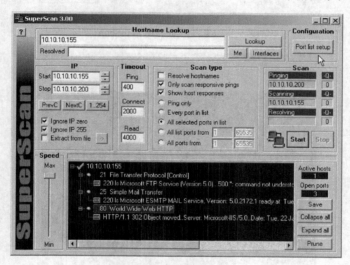

图 5-7　端口扫描工具 SuperScan

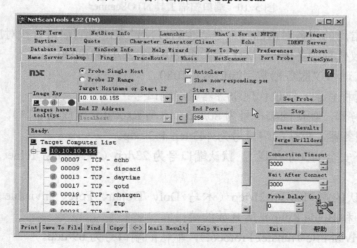

图 5-8　端口扫描工具 NetScanTools

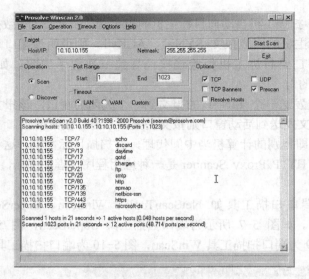

图 5-9　端口扫描工具 WinScan

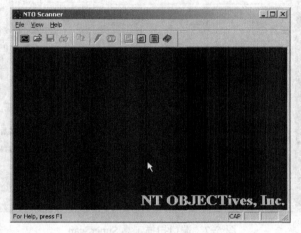

图 5-10　端口扫描工具 NTOScanner

下面是一些常用的服务对应的端口号。也可以反过来，看到端口号找对应的服务。

- HTTP 协议代理服务器常用端口号：80/8080/3128/8081/9080。
- SOCKS 代理协议服务器常用端口号：1080。
- Telnet（远程登录）协议代理服务器常用端口号：23。
- HTTP 服务器，默认的端口号为 80/tcp（木马 Executor 开放此端口）。
- HTTPS 服务器，默认的端口号为 443/tcp 443/udp。
- Telnet（不安全的文本传送），默认端口号为 23/tcp（木马 Tiny Telnet Server 所开放的端口）。
- FTP，默认的端口号为 21/tcp（木马 Doly Trojan、Fore、Invisible FTP、WebEx、WinCrash 和 Blade Runner 所开放的端口）。
- TFTP（Trivial File Transfer Protocol），默认的端口号为 69/udp。
- SSH（安全登录）、SCP（文件传输）、端口重定向，默认的端口号为 22/tcp。

- SMTP（Simple Mail Transfer Protocol，E-mail），默认的端口号为 25/tcp（木马 Antigen、Email Password Sender、Haebu Coceda、Shtrilitz Stealth、WinPC、WinSpy 都开放这个端口）。
- POP3（Post Office Protocol，E-mail），默认的端口号为 110/tcp。
- WebLogic，默认的端口号为 7001。
- Webshpere 应用程序，默认的端口号为 9080。
- Webshpere 管理工具，默认的端口号为 9090。
- JBOSS，默认的端口号为 8080。
- TOMCAT，默认的端口号为 8080。
- WIN2003 远程登录，默认的端口号为 3389。
- Symantec AV/Filter for MSE，默认的端口号为 8081。
- Oracle 数据库，默认的端口号为 1521。
- ORACLE EMCTL，默认的端口号为 1158。
- Oracle XDB（XML 数据库），默认的端口号为 8080。
- Oracle XDB FTP 服务，默认的端口号为 2100。
- MS SQL*SERVER 数据库 server，默认的端口号为 1433/tcp 1433/udp。
- MS SQL*SERVER 数据库 monitor，默认的端口号为 1434/tcp 1434/udp。
- QQ，默认的端口号为 1080/udp。

3．操作系统识别（OS fingerprint）

识别目标主机的操作系统，首先可以帮助攻击者进一步探测操作系统级别的漏洞，从而可以从这一级别进行渗透测试。其次，操作系统和运行在本系统之上的应用一般是成套出现的。操作系统的版本也有助于准确定位服务程序或者软件的版本，比如 Windows server 2003 搭载的 IIS 为 6.0，Windows server 2008 R2 搭载的是 IIS7.5。操作系统指纹识别技术多种多样，这里简要介绍几种常用技术。

（1）抓取计算机的标志（Banner），通过它来查看操作系统型号。Banner 抓取是最基础、最简单的指纹识别技术，而且在不需要其他专门工具的情况下就可以做。操作简单，通常获取的信息也相对准确。严格地讲，Banner 抓取是应用程序指纹识别而不是操作系统指纹识别。Banner 信息是由应用程序自动返回的，比如 apache、exchange。而且很多时候并不会直接返回操作系统信息，幸运的话，可能会看到服务程序本身的版本信息，并以此进行推断。凡事皆有利弊，越是简单的方法越容易被防御，这种方法奏效的成功率也越来越低了。先来看一个 Banner 抓取的例子。

在图 5-11 中，连接 telnet 80 端口，在返回的服务器 banner 信息中，看到"Server:Microsoft-HTTPAPI/2.0"的字样。在 IIS 中使用 ISAPI 扩展后，经常会看到这样的 Banner。

图 5-11　通过 Banner 查看操作系统类型

表 5-1 为 Banner 服务标志所对应的操作系统类型。

表 5-1　Banner 对应的操作系统类型

服务标志	对应的服务器操作系统类型
Microsoft-HTTPAPI/2.0	Windows 2003 Sp2, Windows 7, Windows 2008, Windows 2008 R2
Microsoft-HTTPAPI/1.0	Windows 2003

（2）通过工具来判断操作系统类型。通过工具来判断操作系统类型无疑是最专业的方法了，如图 5-12 所示为使用 Winfingerprint 专业工具来判断对方操作系统的类型。

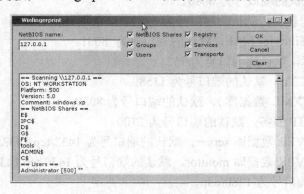

图 5-12　Winfingerprint 判断操作系统类型

4．资源和用户信息扫描

除前面介绍的 ping 扫描、端口扫描和操作类型扫描外，还有一类扫描和探测也非常重要，这就是资源扫描和用户扫描。资源扫描网络资源和共享资源，如目标网络计算机名、域名和共享文件等；而用户扫描则扫描目标系统上合法用户的用户名和用户组名。

这些扫描都是攻击目标系统的很有价值的信息，而 Windows 系统在这些方面存在着严重的漏洞，很容易让入侵者获取有用信息，如共享资源、Netbios 名和用户组等。下面介绍一些常用的扫描方法。

（1）使用 net view。在 DOS 命令行中输入 "net view /domain" 命令，可以获取网络上可用的域，如图 5-13 所示。

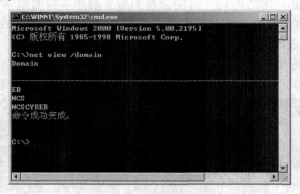

图 5-13　获取网络上可用的域

在命令行中输入"net view /domain：domain_name"命令，可以获取某一域中的计算机列表，其中 domain_name 为域名，如图 5-14 所示。

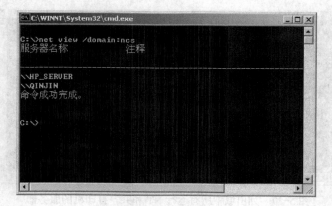

图 5-14　获取某一域中的计算机列表

在命令行中输入"net view \\computer_name"命令，可以获取网络中某一计算机的共享资源列表，其中 computer_name 为计算机名，如图 5-15 所示。

图 5-15　获取计算机的共享信息

（2）使用 netviewx。使用 netviewx NCS 列出 domain 域中的服务器列表，如图 5-16所示。

图 5-16　列出 domain 域中的服务器列表

使用 netviewx NCS nt printq-server-x 用于列出域 NCS 中所有运行 NT 和共享打印机的服务器，如图 5-17 所示。

图 5-17　列出域中所有运行 NT 和共享打印机的服务器

（3）使用 nbtstat。nbtstat（NetBIOS over TCP/IP）是 Windows 操作系统内置的命令行工具，利用它可以查询涉及 NetBIOS 信息的网络机器。另外，它还可以用来消除 NetBIOS 高速缓存器和预加载 LMHOSTS 文件等。这个命令在进行安全检查时非常有用。

下面是利用 nbtstat 查看目标系统 NetBIOS 列表，如图 5-18 所示。

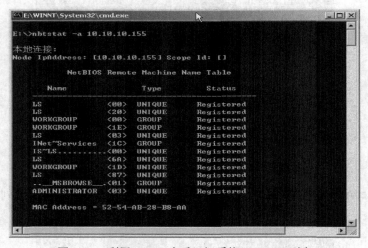

图 5-18　利用 nbtstat 查看目标系统 NetBIOS 列表

5.3.2　漏洞扫描

1．网络漏洞扫描的三个阶段

（1）寻找目标主机或网络。

（2）进一步搜集目标信息，包括 OS 类型、运行的服务以及服务软件的版本等。

（3）判断或进一步检测系统是否存在安全漏洞。

2．漏洞扫描的两种策略

（1）被动式策略。被动式策略就是基于主机，对系统中不合适的设置、脆弱的口令以及其他与安全规则抵触的对象进行检查，又称为系统安全扫描。

（2）主动式策略。主动式策略是基于网络的，它通过执行一些脚本文件模拟对系统进行攻击的行为并记录系统的反应，从而发现其中的漏洞，又称为网络安全扫描。

3. 漏洞扫描技术的原理

漏洞扫描技术是建立在端口扫描技术的基础之上的，从对黑客的攻击行为的分析和收集的漏洞来看，绝大多数都是针对某一个特定的端口的，所以漏洞扫描技术以与端口扫描技术同样的思路来开展扫描。漏洞扫描技术的原理是检查目标主机是否存在漏洞，在端口扫描后得知目标主机开启的端口以及端口上的网络服务，将这些相关信息与网络漏洞扫描系统提供的漏洞库进行匹配，查看是否存在满足匹配条件的漏洞，通过模拟黑客的攻击手法，对目标主机系统进行攻击性的安全漏洞扫描，若模拟攻击成功，则表明目标主机系统存在安全漏洞。

（1）漏洞库的特征匹配方法。基于网络系统漏洞库的漏洞扫描的关键部分就是它所使用的漏洞库。通过采用基于规则的匹配技术，即根据安全专家对网络系统安全漏洞、黑客攻击案例的分析和系统管理员对网络系统的安全配置的实际经验，可以形成一套标准的网络系统漏洞库，然后在此基础上构成相应的匹配规则，由扫描程序自动进行漏洞扫描工作。若没有被匹配的规则，系统的网络连接是禁止的。

工作原理：扫描客户端提供良好的界面，对扫描目标的范围、方法等进行设置，向扫描引擎（服务器端）发出扫描命令。服务器根据客户端的选项进行安全检查，并调用规则匹配库检测主机，在获得目标主机 TCP/IP 端口和其对应的网络访问服务的相关信息后，与网络漏洞扫描系统提供的系统漏洞库进行匹配，如果满足条件，则视为存在漏洞。服务器的检测完成后将结果返回到客户端，并生成直观的报告。在服务器端的规则匹配库是许多共享程序的集合，存储各种扫描攻击方法。漏洞数据从扫描代码中分离，使用户能自行对扫描引擎进行更新。因此，漏洞库信息的完整性和有效性决定了漏洞扫描的性能，漏洞库的修订和更新的性能也会影响漏洞扫描系统运行的时间。

（2）功能模块（插件）技术。插件是由脚本语言编写的子程序，扫描程序可以通过调用它来执行漏洞扫描，检测出系统中存在的一个或多个漏洞。添加新的插件就可以使漏洞扫描软件增加新的功能，扫描出更多的漏洞。插件编写规范化后，用户自己都可以编写插件来扩充漏洞扫描软件的功能，这种技术使漏洞扫描软件的升级维护变得相对简单，而专用脚本语言的使用也简化了编写新插件的工作，使漏洞扫描软件具有强的扩展性。

工作原理：它的前端工作原理和基于网络系统漏洞库的漏洞扫描工作原理基本相同，不同的就是将系统漏洞库和规则匹配库换成了扫描插件库和脆弱性数据库。扫描插件库包含各种脆弱性扫描插件，每个插件对一个或多个脆弱点进行检查和测试。插件之间相对独立，这部分应该随着新脆弱性的发现而及时更新。脆弱性数据库收集了国际上公开发布的脆弱性数据，用于检查检测的完备性。它与扫描插件库之间是一对一或一对多的关系，即一个插件可以进行一个或多个脆弱点的检测。因此，扫描插件库和脆弱性数据库可以及时更新，具有很强的扩展性。

4. 常用的漏洞扫描工具

常用的网络扫描工具有很多，如 ISS Internet Scanner、Nessus、XScan 等。

个人计算机系统漏洞扫描比较常用的是 360 安全卫士，如图 5-19 所示，打开 360 安全卫士，选择"系统修复"标签，开始扫描即可。扫描结果如图 5-20 所示，可以看到本机有 65 个安全漏洞需要修复。如果要修复，选择"一键修复"就可以自动修复了。

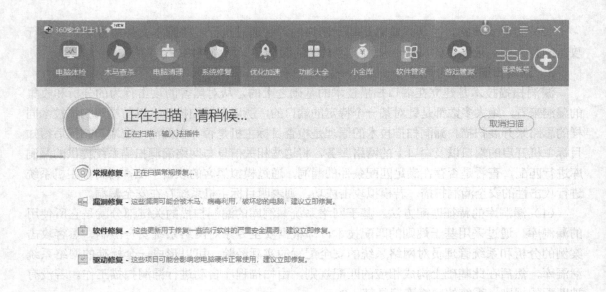

图 5-19　使用 360 安全卫士进行系统扫描

图 5-20　使用 360 安全卫士检测出的漏洞

在网络综合漏洞扫描方面应用比较广泛的是 X-Scan 扫描软件，如图 5-21 所示。

在网站扫描方面，目前 360 出品的网站扫描产品比较好用，直接在网站 http://webscan. 360.cn/输入网站的 URL 就可以扫描了，如图 5-22 所示。

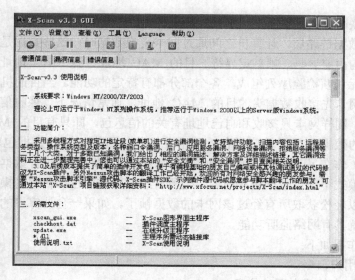

图 5-21　X-Scan 扫描工具

图 5-22　360 网站扫描

5.4　网络监听

网络监听是黑客在局域网中常用的一种手段,它能在网络中接收别人的数据包,目的就是分析和处理这些数据包,从而获得一些有用的信息,如账号和密码等。其实网络监听原本是网络管理员经常使用的一个工具,主要用来监视网络的流量、状态、数据等信息,比如Sniffer Pro 和 Wireshark 就是许多系统管理员手中必备的两个工具。

1.网络监听原理

为了更好地说明网络监听的工作原理,先介绍一下网卡的工作原理。以太网是现在应用最广泛的计算机联网方式，下面都基于以太网来讲解。

网卡工作在数据链路层，计算机之间通过网卡交换数据时，这些数据是以帧的方式进行传输。一般帧结构由前导码、帧首定界符、目的 MAC 地址、源 MAC 地址、长度、逻辑链路层协议数据单元和帧检验序列组成，各个部分都有特定的功能。当目的机器的网卡收到传输来的数据时，网卡先接收数据头的目的 MAC 地址，通常情况下，像收信一样，只有收信人才去打开信件，同样网卡只接收和自己地址有关的信息包，即只有目的 MAC 地址与本地MAC 地址相同的数据包或者是广播包，网卡才接收，否则，这些数据包就直接被网卡抛弃。网络还可以工作在另一种模式中，即"混杂"模式。此时网络进行数据包过滤。不同于普通模式，混杂模式不理会数据包头内容，把所有经过的数据包都传递给操作系统去处理，这时计算机就可以轻松获取所有经过该网卡的数据帧了。如果一台计算机的网卡被配置成这种方式，那么它就具有网络监听功能。

网络监听的作用如下：
- 可以截获用户口令。
- 可以截获秘密的或专用的信息。
- 可以用来攻击相邻的网络。
- 可以对数据包进行详细的分析。
- 可以分析出目标主机采用了哪些协议。

图 5-23 所示为 Sniffer Pro 网络监听工具。图 5-24 所示为 Wireshark 网络监听工具。图 5-25 所示为使用网络监听工具截获的数据，据此可分析出账号和口令。

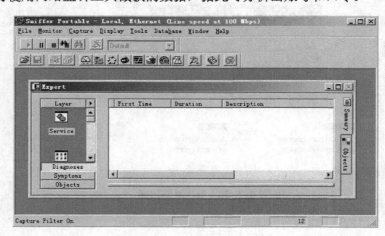

图 5-23　Sniffer Pro 网络监听工具

2．网络监听的检测

一般来说网络监听很难发现，因为它只是接收来自网络上的数据，并没有向其他主机发送或修改数据。对可能存在网络监听的网络可以采取以下的检测办法。

（1）通过专业的软件检查一下网络是否存在处于混杂模式的网卡，如 AntiSniff 反黑客软件等。

（2）对怀疑有监听工具的主机，可以用正确的 IP 地址和错误的 IP 地址进行 Ping，如果这两个地址都有反应，则说明该主机运行了监听软件，因为正常主机只会接收正确的 IP 地址并做出反应，对错误的 IP 地址则不会接收，而运行监听软件的主机则全部接收，并做出反应。

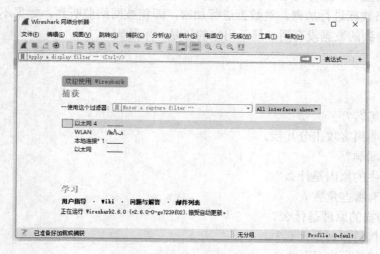

图 5-24　Wireshark 网络监听工具

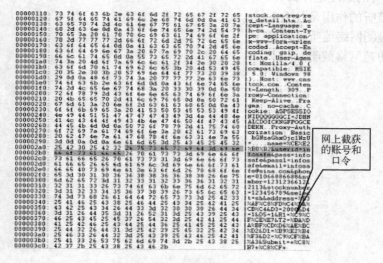

图 5-25　使用网络监听工具截获账号和口令

（3）由于监听软件要分析和处理大量数据包，会占用大量 CPU 资源，导致主机性能下降，所以可以向网络发送大量无用数据，以检查和对比该计算机的前后性能，来推测查找监听主机。

3．网络监听的防范

对于公共网络，如公司或企业的局域网、校园网和网吧等，计算机网络安全的防范工作非常重要，除安装必需的杀毒软件、木马检测程序、防火墙等，对网络监听的防范可以采取以下措施。

（1）对网络进行分段。对不同功能的网络，从物理上或逻辑上可以进行分段，将可能存在的非法用户与敏感的网络资源隔离开来，从而可以防止可能的网络监听行为。

（2）用交换机代替共享式集线器。交换机端口与 MAC 地址有对应关系，在交换环境下很难进行网络的监听，除非网络管理员对交换机进行端口映射设置。

（3）对网络数据进行加密。对数据进行加密，即使被网络监听到，如果不知道加密方法和解密密钥，得到的数据没有用，显示出来的还是一堆乱码。

思考题

1. 什么是黑客？
2. 简单说明黑客攻击分几步。
3. 什么是漏洞？
4. 漏洞产生的原因是什么？
5. 漏洞都有哪些危害？
6. ping 扫描的原理是什么？
7. 端口扫描的原理是什么？
8. 漏洞扫描的原理是什么？
9. 网络监听的原理是什么？
10. 网络监听的作用是什么？
11. 如何检测网络监听行为？
12. 如何防范网络监听？

第 6 章　网络攻击技术

本章讲述一些主要的网络攻击技术，包括针对口令的攻击、缓冲区溢出攻击、拒绝服务攻击、木马攻击、SQL 注入攻击、社会工程学攻击和网络攻击的防范等。

6.1　针对口令的攻击

口令密码应该说是用户最重要的一道防护门，如果密码被破解了，那么用户的信息将很容易被窃取。随着网络黑客攻击技术的增强和提高，许多口令都可能被攻击和破译，这就要求用户提高对口令安全的认识。

6.1.1　常见的弱口令

随着信息系统的不断增多，人们每天会有大量的系统登录操作。为了便于记忆口令，人们通常将口令设置得比较简单，这样不能保证口令的健壮性，这就增加了黑客进行口令攻击、成功进入用户信息系统的风险。国内外网站经常出现泄露用户个人信息的事件。通过统计分析，发现用户在设置密码时有许多相似的特征。图 6-1 为统计出的 5 个网站注册账号中最常见的 10 个弱口令集。

（1）连续或相同的数字串、字母串等组合。

（2）常用语、常用词汇或特殊数字等组合。

（3）密码与用户名相同或相近等。

	rockyou	178	renren	gameK	zhenai
1	123456	123456	123456	123456789	123456
2	12345	111111	123456789	11111111	123456789
3	123456789	zz12369	111111	12345678	111111
4	password	qiulaobai	123123	00000000	000000
5	iloveyou	123456aa	5201314	123123123	5201314
6	princess	wmsxie123	12345678	11112222	123123
7	1234567	123123	123321	a12345678	1314520
8	rockyou	000000	1314520	1111111111	123321
9	12345678	qq66666	1234567	12341234	666666
10	abc123	w2w2w2	password	88888888	1234567890

图 6-1　常见的 10 个口令

下面是中国人常用的弱密码：

000000、111111、11111111、112233、123123、123321、123456、12345678、654321、666666、888888、abcdef、abcabc、abc123、a1b2c3、aaa111、123qwe、qwerty、qweasd、admin、password、p@ssword、passwd、iloveyou、5201314

下面是美国人常用的弱密码：

password、123456、12345678、qwerty、abc123、monkey、letmein、1234567、trustno1、dragon、baseball、111111、iloveyou、master、sunshine、ashley、bailey、passw0rd、shadow、123123、654321、superman、qazwsx、michael、football

了解以上信息以后，读者可以在设置密码的时候尽量避免使用上面的密码。

6.1.2　口令破解

一般入侵者常常通过下面几种方法获取用户的密码口令：口令扫描、Sniffer 密码嗅探、暴力破解、社会工程学（即通过欺诈手段获取）以及木马程序或键盘记录程序等。有关系统用户账号密码口令的破解主要是基于密码匹配的破解方法，最基本的方法有两个，即穷举法和字典法。

穷举法是效率最低的方法，将字符或数字按照穷举的规则生成口令字符串，进行遍历尝试。在口令稍微复杂的情况下，穷举法的破解速度很低。字典法相对来说破解速度较高，它用口令字典中事先定义的常用字符去尝试匹配口令。口令字典是一个很大的文本文件，可以通过自己编辑或者由字典工具生成，里面包含了单词或者数字的组合。如果你的密码就是一个单词或者是简单的数字组合，那么破解者就可以很轻易地破解密码。

目前常见的密码破解和审核工具有很多种，例如破解 Windows 平台口令的L0phtCrack、WMICracker、SMBCrack、SAMInside、CNIPC NT 弱口令终结者以及商用的工具：Elcomsoft 公司的 Adanced NT Security Explorer 和 Proactive Windows Security Explorer、Winternals 的 Locksmith 等，用于 UNIX 平台的有 John the Ripper 等。通过这些工具的使用，也可以了解口令的安全性。

一般 Windows 操作系统的口令保护文件存于系统盘下 Windows\System32\config 中，其名为 SAM。所以，破解操作系统的口令时都是破解这个文件的。如图 6-2 所示为使用L0phtCrack 软件破解操作系统口令。

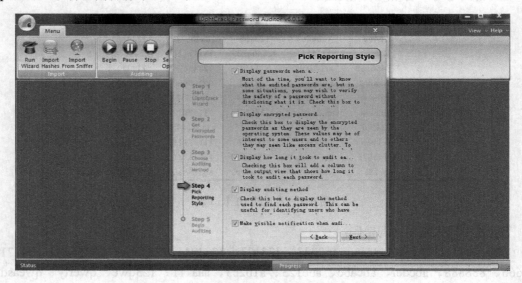

图 6-2　使用 L0phtCrack 软件破解操作系统口令

如图 6-3 所示，Bruter 软件支持包括 FTP、SSH 在内的十多种不同应用场景的暴力破解。

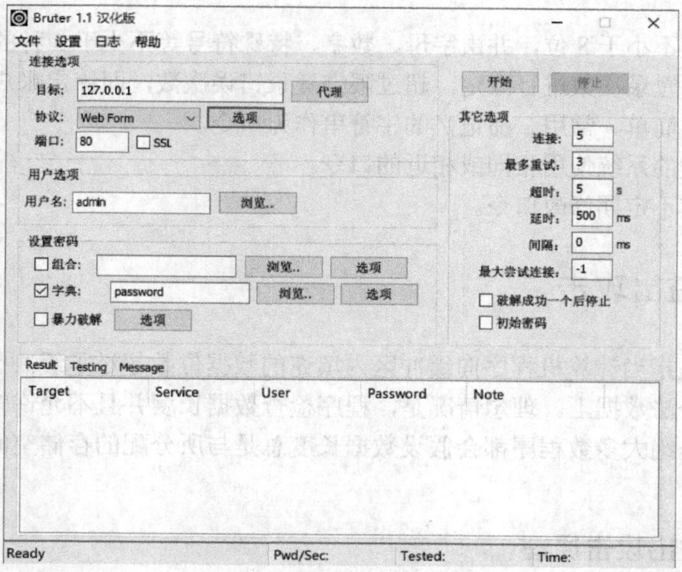

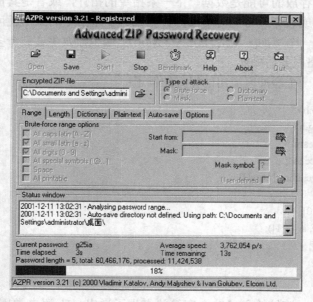

图 6-3　使用 Bruter 软件破解密码

如图 6-4 所示为使用 Advanced ZIP Password Recovery 软件破解 ZIP 加密后的文件。

图 6-4　使用 Advanced ZIP Password Recovery 软件破解 ZIP 加密后的文件

6.1.3　口令破解的防护

下面讲解口令攻击的防护策略。虽然利用字典等口令攻击方法能成功破解口令，但如果口令的复杂度很高，那么破解口令所耗费的时间会特别长，此时，可以认定为密码是安全的。因此，应加强口令强度，防止口令被穷举法和字典法猜测出。对于用户口令防护提出以下对策：

（1）口令长度不小于 8 位，并由字母、数字、特殊符号等不少于 3 种的字符组成。

（2）对系统的登录次数进行限定，超过限定登录错误次数，即锁定账户。

（3）避免使用简单、常用、易记忆的字符串作为口令。

（4）避免不同的系统使用相同或相近的口令。

（5）要定期或不定期修改口令。

6.2 缓冲区溢出攻击

缓冲区溢出是指当计算机程序向缓冲区内填充的数据位数超过了缓冲区本身的容量，溢出的数据覆盖在合法数据上。理想情况是，程序检查数据长度并且不允许输入超过缓冲区长度的字符串。但是绝大多数程序都会假设数据长度总是与所分配的存储空间匹配，这就为缓冲区溢出埋下隐患。

6.2.1 缓冲区溢出攻击原理

操作系统所使用的缓冲区又称为堆栈。在各个操作进程之间，指令被临时存储在堆栈当中，堆栈也会出现缓冲区溢出。当一个超长的数据进入缓冲区时，超出部分就会被写入其他缓冲区，其他缓冲区存放的可能是数据、下一条指令的指针，或者是其他程序的输出内容，这些内容都将被覆盖或破坏。可见一小部分数据或者一条指令的溢出就可能导致一个程序或者操作系统崩溃。第一个缓冲区溢出攻击——Morris 蠕虫，发生在三十多年前，它曾造成了全世界 6000 多台网络服务器瘫痪。

下面一段程序是一个缓冲区溢出的很好的例子：

```
#include <stdio.h>
#include <string.h>
#include <iostream>
using namespace std;
int main(int argc, char *argv[])
{
    char buf[10];
    strcpy(buf, argv[1]);
    cout<<buf;
    return 0;
}
```

上面这段程序中，连续输入 20 个字符就产生了溢出。C 语言常用的 strcpy、sprintf、strcat 等函数都非常容易导致缓冲区溢出问题。

缓冲区溢出攻击的目的在于扰乱具有某些特权的程序的功能，这样可以使得攻击者取得程序的控制权。如果该程序具有足够的权限，那么整个主机就被控制了。一般而言，攻击者攻击 root 程序，然后执行类似 "exec(sh)" 的执行代码来获得 root 权限的 shell。为了达到这个目的，攻击者必须执行两个操作：

● 在程序的地址空间里安排适当的代码。

● 通过适当的初始化寄存器和内存，让程序跳转到入侵者安排的地址空间执行。

缓冲区在系统中的表现形式是多样的，高级语言定义的变量、数组、结构体等在运行时可以说都是保存在缓冲区内的，因此所谓缓冲区可以更抽象地理解为一段可读写的内存区域，缓冲区攻击的最终目的就是希望系统能执行这块可读写内存中已经被蓄意设定好的恶意代码。按照冯·诺依曼存储程序原理，程序代码是作为二进制数据存储在内存的，同样程序的数据也在内存中，因此直接从内存的二进制形式上是无法区分哪些是数据、哪些是代码的，这也为缓冲区溢出攻击提供了可能。

6.2.2　缓冲区溢出攻击举例

图 6-5 是进程地址空间分布的简单表示。代码存储了用户程序的所有可执行代码，在程序正常执行的情况下，程序计数器（PC 指针）只会在代码段和操作系统地址空间（内核态）内寻址。数据段内存储了用户程序的全局变量、数据等。栈空间存储了用户程序的函数栈帧（包括参数、局部数据等），实现函数调用机制，它的数据增长方向是低地址方向。堆空间存储了程序运行时动态申请的内存数据等，数据增长方向是高地址方向。除了代码段和受操作系统保护的数据区域，其他的内存区域都可能作为缓冲区，因此缓冲区溢出的位置可能在数据段，也可能在堆、栈段。如果程序的代码有软件漏洞，恶意程序会"指挥"程序计数器从上述缓冲区内取指，执行恶意程序提供的数据代码。

栈的主要功能是实现函数调用。因此在介绍栈溢出原理之前，需要弄清楚函数调用时栈空间发生了怎样的变化。每次函数调用时，系统会把函数的返回地址（函数调用指令后紧跟指令的地址）、一些关键的寄存器值保存在栈内，函数的实际参数和局部变量（包括数据、结构体、对象等）也会保存在栈内。这些数据统称为函数调用的栈帧，而且每次函数调用都会有个独立的栈帧，这也为递归函数的实现提供了可能。

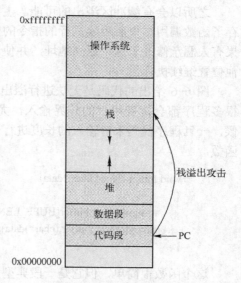

图 6-5　进程地址空间分布

如图 6-6 所示，定义了一个简单的函数 function，它接受一个整型参数，做一次乘法操作并返回。当调用 function(0)时，arg 参数记录了值 0 入栈，并将 call function 指令下一条指令的地址 0x00bd16f0 保存到栈内，然后跳转到 function 函数内部执行。每个函数定义都会有函数头和函数尾代码。因为函数内需要用 ebp 保存函数栈帧基址，因此先保存 ebp 原来的值到栈内，然后将栈指针 esp 内容保存到 ebp。函数返回前需要做相反的操作——将 esp 指针恢复，并弹出 ebp。这样，函数内正常情况下无论怎样使用栈，都不会使栈失去平衡。

"sub esp,44h"指令为局部变量开辟了栈空间，例如 ret 变量的位置。理论上，function

只需要再开辟 4B 空间保存 ret 即可，但是编译器开辟了更多的空间。函数调用结束返回后，函数栈帧恢复到保存参数 0 时的状态，为了保持栈帧平衡，需要恢复 esp 的内容，使用"add esp,4"将压入的参数弹出。

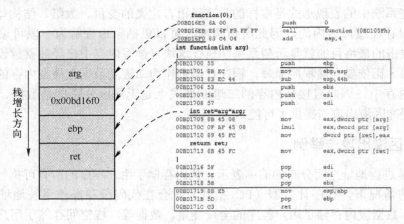

图 6-6　函数栈帧

之所以会有缓冲区溢出的可能，主要是因为栈空间内保存了函数的返回地址。该地址保存了函数调用结束后后续执行的指令的位置，对于计算机安全来说，该信息是很敏感的。如果有人恶意修改了这个返回地址，并使该返回地址指向了一个新的代码位置，程序便能从其他位置继续执行。

图 6-6 给出的代码是无法进行溢出操作的，因为用户没有插入程序的机会。但是实际上很多程序都会接受用户的外界输入，尤其是当函数内的一个数组缓冲区接受用户输入的时候，一旦程序代码未对输入的长度进行合法性检查，缓冲区溢出便有可能出现。比如下边的函数：

```
void fun(unsigned char *data)
{
    unsigned char buffer[BUFF_LEN];
    strcpy((char*)buffer,(char*)data);//溢出点
}
```

这个函数很简单，但它是一段典型的栈溢出代码。在使用不安全的 strcpy 库函数时，系统会盲目地将 data 的全部数据复制到 buffer 指向的内存区域。buffer 的长度是有限的，一旦 data 的数据长度超过 BUFF_LEN，便会产生缓冲区溢出。

由于栈是低地址方向增长的，因此局部数组 buffer 的指针在缓冲区的下方。当把 data 的数据复制到 buffer 内时，超过缓冲区区域的高地址部分数据会"淹没"原本的其他栈帧数据，如图 6-7 所示。

根据"淹没"数据的内容不同，可能会产生以下情况。

（1）淹没了其他的局部变量。如果被淹没的局部变量是条件变量，那么可能会改变函数原本的执行流程。这种方式可以用于破解简单的软件验证。

（2）淹没了 ebp 的值。修改了函数执行结束后要恢复的栈指针，将会导致栈帧失去平衡。

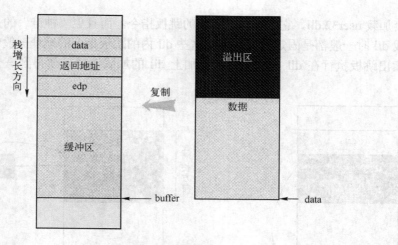

图 6-7　缓冲区溢出

（3）淹没了返回地址。这是栈溢出原理的核心所在，通过淹没的方式修改函数的返回地址，使程序代码执行"意外"的流程。

（4）淹没参数变量。修改函数的参数变量也可能改变当前函数的执行结果和流程。

（5）淹没上级函数的栈帧，情况与上述 4 点类似，只不过影响的是上级函数的执行。当然这里的前提是保证函数能正常返回，即函数地址不能被随意修改。

如果在 data 本身的数据内就保存了一系列的指令的二进制代码，一旦栈溢出修改了函数的返回地址，并将该地址指向这段二进制代码的真实位置，那么就完成了基本的溢出攻击行为。

通过计算返回地址内存区域相对于 buffer 的偏移，并在对应位置构造新的地址指向 buffer 内部二进制代码的真实位置，便能执行用户的自定义代码，如图 6-8 所示。这段既是代码又是数据的二进制数据被称为 shellcode，因为攻击者希望通过这段代码打开系统的 shell，以执行任意的操作系统命令——如下载病毒、安装木马、开放端口、格式化磁盘等恶意操作。

上述过程虽然理论上能完成栈溢出攻击行为，但是实际上很难实现。操作系统每次加载可执行文件到进程空间的位置都是无法预测的，因此栈的位置实际是不固定的，通过硬编码覆盖新返回地址的方式并不可靠。为了能准确定位 shellcode 的地址，需要借助一些额外的操作，其中最经典的是借助跳板的栈溢出方式。

根据上文所述，函数执行后，栈指针 esp 会恢复到压入参数时的状态，在图 6-8 中即 data 参数的地址。如果在函数的返回地址填入一个地址，该地址指向的内存保存了一条特殊的指令 jmp esp——跳板，那么函数返回后，会执行该指令并跳转到 esp 所在的位置——即 data 的位置，如图 6-9 所示，可以将缓冲区再多溢出一部分，淹没 data 这样的函数参数，并在这里放上想要执行的代码。这样，无论程序被加载到哪个位置，最终都会回来执行栈内的代码。

借助于跳板的确可以很好地解决栈帧移位（栈加载地址不固定）的问题，但是跳板指令从哪里找呢？在 Windows 操作系统加载的大量 dll 中，包含了许多这样的指令，如 kernel32.dll 和 ntdll.dll，这两个动态链接库是 Windows 程序默认加载的。如果是图形化界面的 Windows

程序还会加载 user32.dll，它也包含了大量的跳板指令。而且更"神奇"的是，Windows 操作系统加载 dll 时一般都是固定地址，因此这些 dll 内的跳板指令的地址一般都是固定的。可以离线搜索出跳板执行在 dll 内的偏移，并加上 dll 的加载地址，便得到一个适用的跳板指令地址。

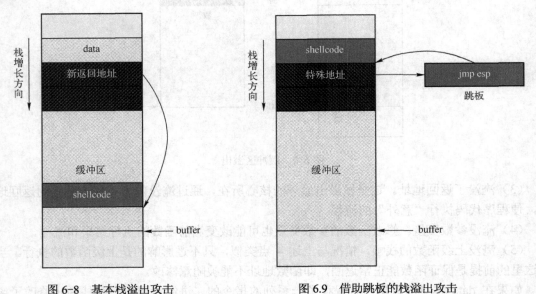

图 6-8　基本栈溢出攻击　　　　　　图 6.9　借助跳板的栈溢出攻击

6.2.3　缓冲区溢出攻击防范

目前有几种基本的方法可以保护缓冲区免受缓冲区溢出的攻击和影响。

（1）通过操作系统使得缓冲区不可执行操作，从而阻止攻击者植入攻击代码。

（2）强制写正确的代码。

（3）利用编译器的边界检查来实现缓冲区的保护。这个方法使得缓冲区溢出不可能出现，从而完全消除了缓冲区溢出的威胁，但是相对而言代价比较大。

（4）在程序指针失效前进行完整性检查。

虽然以上这些方法不能使得所有的缓冲区溢出失效，但能阻止绝大多数的缓冲区溢出攻击。另外，对于操作系统已有的基于缓冲区溢出的漏洞，最好的方法是给系统打补丁。

6.3　拒绝服务攻击

拒绝服务攻击，英文名称是 Denial of Service，简称 DoS，造成 DoS 攻击的行为被称为 DoS 攻击，其目的是使计算机或网络无法提供正常的服务。

6.3.1　拒绝服务攻击原理

最常见的 DoS 攻击有计算机网络带宽攻击和连通性攻击。带宽攻击指以极大的通信量冲击网络，使得所有可用网络资源都被消耗殆尽，最后导致合法的用户请求无法通过。

连通性攻击指用大量的连接请求冲击计算机，使得所有可用的操作系统资源都被消耗殆尽，最终计算机无法再处理合法用户的请求。常用攻击手段有：SYN Flood、WinNuke、死亡之 Ping、ICMP/SMURF、Finger 炸弹、Land 攻击、Ping 洪流、Rwhod、Teardrop、TARGA3、UDP 攻击等。下面以 SYN Flood 攻击为例，详细介绍这种典型的 DoS 攻击。

SYN Flood 是当前最流行的 DoS 攻击之一，这是一种利用 TCP 协议缺陷，发送大量伪造的 TCP 连接请求，使被攻击方资源耗尽（CPU 满负荷或内存不足）的攻击方式。SYN Flood 攻击利用了 TCP 协议中的三次握手（Three-way Handshake），如图 6-10 所示。

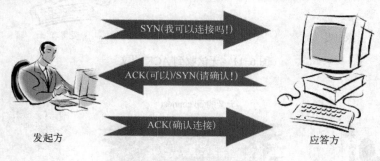

SYN(我可以连接吗!)

ACK(可以)/SYN(请确认!)

ACK(确认连接)

发起方　　　　　　　　　　　　　　　　　应答方

图 6-10　三次握手协议

（1）攻击者向受害服务器发送一个包含 SYN 标志的 TCP 报文，SYN（Synchronize）即同步报文。同步报文会指明客户端使用的端口以及 TCP 连接的初始序号。这时同受害服务器建立了第一次握手。

（2）受害服务器在收到攻击者的 SYN 报文后，将返回一个 SYN+ACK 的报文，表示攻击者的请求被接受，同时 TCP 序号被加一，ACK（Acknowledgment）即确认，这样就同受害服务器建立了第二次握手。

（3）攻击者也返回一个确认报文 ACK 给受害服务器，同样 TCP 序列号被加一，到此一个 TCP 连接完成，三次握手完成。

SYN Flood 攻击的具体原理：TCP 连接的三次握手中，假设一个用户向服务器发送了 SYN 报文后突然死机或掉线，那么服务器在发出 SYN+ACK 应答报文后是无法收到客户端的 ACK 报文的（第三次握手无法完成），如图 6-11 所示。

这种情况下服务器端一般会重试（再次发送 SYN+ACK 给客户端）并等待一段时间后丢弃这个未完成的连接。这段时间的长度称为 SYN Timeout，一般来说这个时间是分钟的数量级（大约为 30s～2min）；一个用户出现异常导致服务器的一个线程等待 1 分钟并不是什么很大的问题，但如果有一个恶意的攻击者大量模拟这种情况（伪造 IP 地址），服务器端将为了维护一个非常大的半连接列表而消耗非常多的资源。即使是简单的保存并遍历也会消耗非常多的 CPU 时间和内存，何况还要不断对这个列表中的 IP 进行 SYN+ACK 的重试。实际上如果服务器的 TCP/IP 栈不够大，最后的结果往往是堆栈溢出崩溃——即使服务器端的系统足够强大，服务器端也将忙于处理攻击者伪造的 TCP 连接请求而无暇理睬正常客户的请求（毕竟客户端的正常请求比率非常之小），此时从正常客户的角度看来，服务器失去响应，这种情况就称作：服务器端受到了 SYN Flood 攻击（SYN 洪水攻击），如图 6-12 所示。

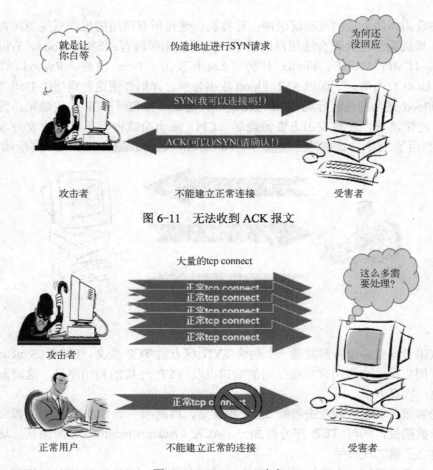

就是让你白等

伪造地址进行SYN请求

为何还没回应

SYN(我可以连接吗!)

ACK(可以)/SYN(请确认!)

攻击者　　　　　　不能建立正常连接　　　　　受害者

图 6-11　无法收到 ACK 报文

大量的tcp connect

正常tcp connect
正常tcp connect
正常tcp connect
正常tcp connect
正常tcp connect

这么多需要处理?

攻击者

正常tcp connect

正常用户　　　　　　不能建立正常的连接　　　　　受害者

图 6-12　SYN Flood 攻击

6.3.2　分布式拒绝服务攻击

前面讲的拒绝服务攻击主要是利用了系统的一些漏洞。漏洞利用拒绝服务攻击是一种利用漏洞造成软件不能正常运行的攻击方式。这种拒绝服务不依赖大量傀儡机,也不需要发送大量访问请求,而仅仅是利用目标节点软件的安全漏洞,通过精心构造恶意数据包,造成目标节点软件不能有效运行。

分布式拒绝服务(DDoS:Distributed Denial of Service)攻击是一种资源耗尽型攻击,通常也被称作洪水攻击。顾名思义,即是利用分布于网络上的大量节点向同一目标节点发起的引起目标节点资源被大量消耗而不能正常对外提供服务的网络攻击方式。

关于分布式拒绝服务攻击,这里有一个很好的比喻:一群恶霸试图让一家商铺无法正常营业,他们会采取什么手段呢?恶霸们会扮作很多普通客户一直待在对手的商铺中赖着不走,还有很多看热闹的人起哄,而真正的购物者却无法进入;或者总是和营业员有一搭没一搭的东拉西扯,让工作人员不能正常服务客户;也可以为商铺的经营者提供虚假信息,商铺的上上下下忙成一团之后却发现是一场空,最终丢了真正的大客户,损失惨重。此外,恶霸们完成这些坏事有时凭单干难以完成,还会叫上很多人。网络安全领域中拒绝服务攻击就遵循着这些思路。

从技术原理上看，分布式拒绝服务攻击主要是指那些借助外界的平台，如客户或者是服务器本身，把不同的计算机系统联合在一起，对其进行攻击，进而加倍地增强拒绝攻击的成果。一般情况，攻击者将分布式拒绝服务攻击的主控程序安装在一个用于控制的计算机上，将受控程序安装部署在因特网的多台计算机上。主控程序可以与受控程序进行通信并控制受控程序的行为，当主控程序发送特定的指令时，受控程序即可根据指令发动攻击。

DDoS 攻击通过大量合法的请求占用大量网络资源，以达到瘫痪网络的目的。这种攻击方式可分为以下几种：

- 通过使网络过载来干扰甚至阻断正常的网络通信。
- 通过向服务器提交大量请求，使服务器超负荷。
- 阻止某一用户访问服务器。
- 阻断某服务与特定系统或个人的通信。

分布式拒绝服务攻击的步骤如下。

第 1 步：攻击者使用扫描工具扫描大量主机以寻找潜在入侵目标，如图 6-13 所示。

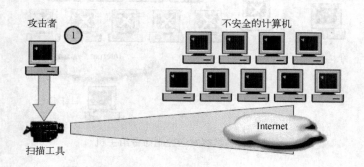

图 6-13　寻找有漏洞的主机

第 2 步：黑客设法入侵有安全漏洞的主机并获取控制权。这些主机将被用于放置后门、守护程序甚至是客户程序，如图 6-14 所示。

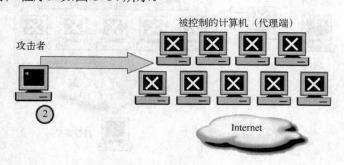

图 6-14　有安全漏洞的控制主机

第 3 步：黑客在得到入侵计算机清单后，从中选出满足建立网络所需要的主机，放置已编译好的守护程序，并对被控制的计算机发送命令，如图 6-15 所示。

75

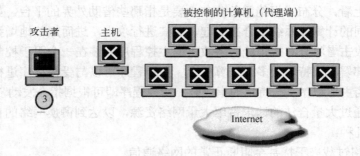

图 6-15 控制选中的计算机

第 4 步：黑客发送控制命令给主机，准备启动对目标系统的攻击，如图 6-16 所示。

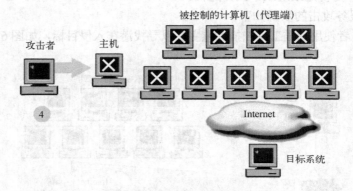

图 6-16 黑客发送控制命令给主机

第 5 步：主机发送攻击信号给被控制计算机开始对目标系统发起攻击，如图 6-17 所示。

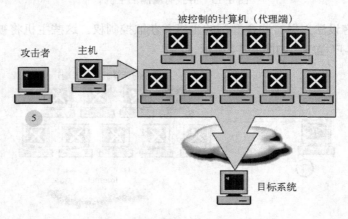

图 6-17 发送攻击信号给被控制计算机

第 6 步：目标系统被无数伪造的请求所淹没，从而无法对合法用户进行响应，DDoS 攻击成功，如图 6-18 所示。

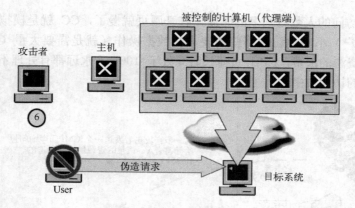

图 6-18　DDoS 攻击成功

　　DDoS 攻击的效果是非常明显的，由于整个过程是自动化的，攻击者能够在 5s 钟内入侵一台主机并安装攻击工具。也就是说，在短短的一小时内可以入侵数千台主机，并使某一台主机可能要遭受 1000MB/s 数据量的攻击，这一数据量相当于 1.04 亿人同时拨打某公司的一部电话号码。

6.3.3　分布式反射拒绝服务攻击

　　分布式反射拒绝服务攻击（DRDoS：Distributed Reflection Denial of Service）是一种较新的资源耗尽型拒绝服务攻击。该攻击最早在 2002 年发现。2002 年 1 月 11 日凌晨两点，www.grc.com 遭到此类攻击，大量的 ACK 应答造成了 www.grc.com 陷于崩溃的边缘。与分布式拒绝服务攻击使用伪造源 IP 地址不同，分布式反射拒绝服务攻击的来源 IP 地址全是真实地址，这些真实的网络节点本身并没有安全漏洞，而是利用 TCP 三次握手来实现的。

　　首先，攻击者通过控制的傀儡机使用受害者 IP 地址作为源地址向任意处于活动状态的网络节点（如核心路由器、域名服务器、大型网站等）发送带有 SYN 标记的数据包，也就是 TCP 三次握手的第一步；处于活动状态的网络节点接收到伪造源 IP 地址的数据包后，将会按照协议要求向受害者进行应答，发送带有 SYN、ACK 标记的应答数据包。当攻击者使用大量傀儡机同时发起攻击时，即完成了一次分布式反射拒绝服务攻击。

　　分布式反射拒绝服务攻击最典型的攻击是 Smurf 攻击，如图 6-19 所示。

　　第一步：攻击者向被利用网络 A 的广播地址发送一个 ICMP 协议的"echo"请求数据报，该数据报源地址被伪造成 10.254.8.9。

　　第二步：网络 A 上的所有主机都向该伪造的源地址返回一个"echo"响应，造成该主机服务中断。

6.3.4　拒绝服务攻击的防范

　　现在的拒绝服务攻击很多都是利用工具自动化完成的。例如 CC 攻击工具就是这样的，如图 6-20 所示为 CC 攻击工具的主界面。

　　CC 攻击的原理就是攻击者控制某些主机不停地发送大量数据包给某服务器，造成服务器资源耗尽，一直到主机崩溃。CC 主要是用来消耗服务器资源的。每个人都有这样的体验：当一个网页访问的人数特别多的时候，打开网页就慢了，CC 就是模拟多个用户（多少线程就是多少用户）不停地访问那些需要大量数据操作（就是需要大量 CPU 时间）的页面，造成服务器资源的浪费，CPU 负荷长时间处于 100%，永远都有处理不完的连接，直至网络拥塞，正常的访问被中止。

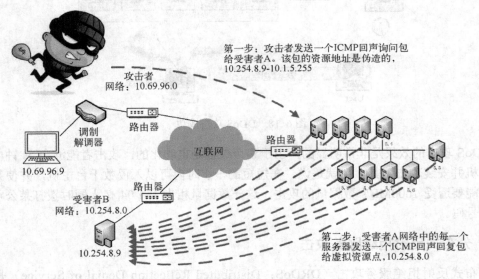

图 6-19　Smurf 攻击原理

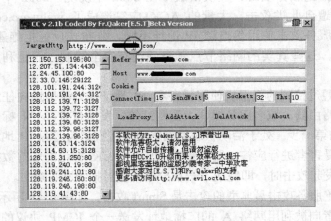

图 6-20　CC 攻击工具的主界面

拒绝服务攻击通常是很难防范的，不过也有一些防护措施。下面介绍一些常用的防范拒绝服务攻击的方法。

1. 加强用户的安全防范意识

对于用户，要不断加强安全技能知识的培训，提高安全意识，降低因个人疏忽造成的不安全因素的入侵和安全危机，如数据的丢失、密码外泄等情况；关闭不必要的网络接口，尤其是明显存在安全漏洞的接口，如 Portmapper 接口等；在使用的计算机上安装防范功能较强的软件，对计算机做定时的安全扫描工作，把安全隐患扼杀在萌芽之中；将安全防范知识做到学以致用。

2. 增加安全防范手段

对于那些可以有效地防治安全漏洞的软件要进行必要的了解和掌握，同时还要对网络中出现的不同安全隐患攻击类型和方法进行了解，以便能够更好地发现网络中出现的问题，并根据具体的问题提出相应的解决措施。当发现有危险的软件运行时，要及时运用检测系统进行必要的检测和拦截；同时还可以使用一些专门的漏洞检查工具进行问题的检测，如网络测试仪、流量测试仪等，及时地找出修复漏洞的方法和措施，减少不必要的损失。

3. 正确运用安全防范工具

在网络系统受到外界攻击时，及时地使用网络检测软件对不安全因素进行检测，同时来判断安全隐患的来源以及是否会对网络系统造成严重的损害；也可以使用那些专门检测网络安全隐患的软件，定期进行检测。其目的主要是为了能够对黑客初期的攻击进行防范，采取适当的措施以避免对网络系统造成重大危害，让站点可以持续地提供服务给所有的请求者。

6.4 木马攻击

特洛伊木马（trojan horse）简称"木马"。这个名称来源于希腊神话《木马屠城记》。古希腊有大军围攻特洛伊城，久久无法攻下。于是有人献计制造一个高大的木马，让士兵藏匿于巨大的木马中，大部队假装撤退而将木马摈弃于特洛伊城下，如图 6-21 所示。城中得知解围的消息后，遂将木马作为战利品拖入城内，全城饮酒狂欢。到午夜时分，全城军民尽入梦乡，匿于木马中的将士开秘门游绳而下，开启城门及四处纵火，城外伏兵涌入，部队里应外合，焚屠特洛伊城。后世称这只大木马为"特洛伊木马"。如今黑客程序借用其名，有"一经潜入，后患无穷"之意。

图 6-21　特洛伊木马

6.4.1 木马的工作原理

特洛伊木马程序可以直接侵入用户的计算机并进行破坏，它常被伪装成工具程序或者游戏等诱使用户打开带有木马程序的邮件附件或从网上直接下载，一旦用户打开了这些邮件的附件或者执行了这些程序之后，它们就会在计算机系统中隐藏一个可以在启动时悄悄执行的程序。这种远程控制工具可以完全控制受害主机，危害极大。

木马程序一般包括两个部分：客户端和服务器端。服务器端安装在被控制的计算机中，它一般通过电子邮件或其他手段让用户在其计算机中运行，以达到控制该用户计算机的目的。客户端程序是控制者所使用的，用于对受控的计算机进行控制。服务器端程序和客户端程序建立起连接就可以实现对远程计算机的控制了。木马运行时，首先服务器端程序获得本地计算机的最高操作权限，当本地计算机连入网络后，客户端程序可以与服务器端程序直接建立起连接，向服务器端程序发送各种基本的操作请求，并由服务器端程序完成这些请求，也就实现对本地计算机的控制了。

因为木马发挥作用必须要求服务器端程序和客户端程序同时存在，所以必须要求本地机器感染服务器端程序。服务器端程序是可执行程序，可以直接传播，也可以隐含在其他的可执行程序中传播，但木马本身不具备繁殖和自动感染的功能。

6.4.2　木马的分类

常见的木马有以下几种。

1．远程访问型木马

它是现在最常见的特洛伊木马，它可以访问受害人的硬盘，并对其进行控制。这种木马用起来非常简单，只要某用户运行一下服务端程序，并获取该用户的 IP 地址，就可以访问该用户的计算机。这种木马可以使远程控制者在本地机器上做任意的事情，比如键盘记录、上传和下载功能、截取屏幕等。这种类型的木马有著名的 BO（Back Office）和国产的冰河等。

2．密码发送型木马

它的目的是找到所有的隐藏密码，并且在受害者不知道的情况下把它们发送到指定的信箱。大多数这类木马不会在 Windows 重启时重启，而且它们大多数使用 25 端口发送 E-mail。

3．键盘记录型木马

这种木马非常简单，它只做一种事情，就是记录受害者的键盘敲击，并且在日志文件里做完整的记录。这种特洛伊木马随着 Windows 的启动而启动。

4．毁坏型木马

这种木马的唯一功能是毁坏并且删除文件。这使它们非常简单，并且很容易使用。它们可以自动删除用户计算机上的所有 DLL、INI 或 EXE 文件。

5．FTP 型木马

这种木马打开用户计算机的 21 端口（FTP 所使用的默认端口），使每一个人都可以用一个 FTP 客户端程序来不用密码连接到该计算机，并且可以进行最高权限的上传、下载。

6.4.3　木马常用欺骗法和隐藏方式

木马要运行通常是非常困难的，因为通常杀毒软件可以把大多数木马杀掉，所以木马要用欺骗的方法运行。常用的木马欺骗方法如下。

（1）捆绑欺骗：如把木马服务端和某个游戏捆绑成一个文件在邮件中发给别人。

（2）危险下载点：攻破一些下载站点后，下载几个下载量大的软件，捆绑上木马，再悄悄放回去让别人下载；或直接将木马改名上传到 FTP 网站上，等待别人下载。

（3）文件夹惯性单击：把木马文件伪装成文件夹图标后，放在一个文件夹中，然后在外面再套三四个空文件夹。

（4）zip 伪装：将一个木马和一个损坏的 zip 包捆绑在一起，然后指定捆绑后的文件显示为 zip 图标。

（5）网页木马法：即通常所说的"网页挂马"。在网页上放置木马程序，等客户运行网页时，木马就自动运行了。

通常木马攻击成功后，需要将自己隐藏起来，以备下次再攻击。常用的木马隐藏方法如下。

- 在任务栏中隐藏。
- 在任务管理器中隐形。
- 悄无声息地启动，如启动组、win.ini、system.ini、注册表等。
- 注意自己的端口。
- 伪装成驱动程序及动态链接库，如 Kernel32.exe，sysexlpr.exe 等。

6.4.4 木马攻击举例

冰河木马开发于 1999 年，跟灰鸽子类似，在设计之初，开发者的本意是编写一个功能强大的远程控制软件。但一经推出，就依靠其强大的功能成为黑客们发动入侵的工具，并结束了国外木马一统天下的局面，与后来的灰鸽子等成为国产木马的标志和代名词。

冰河木马的主要目的是远程访问、控制。冰河的开放端口是 7626。冰河木马目前的版本在 8.0 以上，感兴趣的读者可以在网上下载做实验用，千万不要用它来做坏事。8.0 以前的冰河木马图标如图 6-22 所示。

图 6-22 冰河木马的图标

下面以冰河木马 6.0 版本为例介绍它的功能，其他版本的冰河木马的功能类似。如图 6-23 所示为冰河木马 6.0 的主界面。

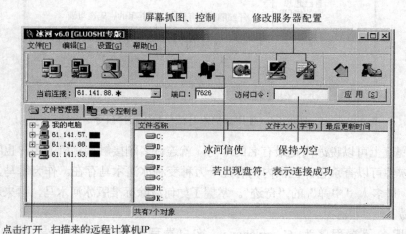

图 6-23 冰河木马 6.0 的主界面

冰河木马的主要功能如下。

（1）自动跟踪目标机屏幕变化，同时可以完全模拟键盘及鼠标输入，即在同步被控端屏幕变化的同时，监控端的一切键盘及鼠标操作将反映在被控端屏幕（局域网适用）。

（2）记录各种口令信息：包括开机口令、屏保口令、各种共享资源口令及绝大多数在对话框中出现过的口令信息。

（3）获取系统信息：包括计算机名、注册公司、当前用户、系统路径、操作系统版本、当前显示分辨率、物理及逻辑磁盘信息等多项系统数据。

（4）限制系统功能：包括远程关机、远程重启计算机、锁定鼠标、锁定系统热键及锁定注册表等多项功能限制。

（5）远程文件操作：包括创建、上传、下载、复制、删除文件或目录、文件压缩、快速浏览文本文件、远程打开文件（提供了 4 种打开方式——正常方式、最大化、最小化和隐藏方式）等多项文件操作功能。

（6）注册表操作：包括对主键的浏览、增删、复制、重命名和对键值的读写等所有注册表操作功能。

（7）发送信息：以 4 种常用图标向被控端发送简短信息。

（8）点对点通信：以聊天室形式同被控端进行在线交谈。

如图 6-24 所示为使用冰河木马截获 QQ 用户口令。

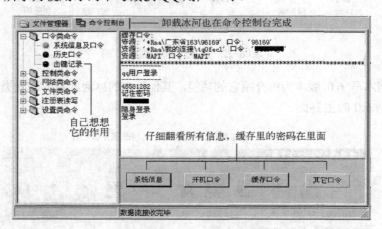

图 6-24　使用冰河木马截获 QQ 用户口令

从一定程度上可以说冰河是最有名的木马，就连许多刚接触计算机的用户也听说过它。虽然许多杀毒软件可以查杀它，但国内仍有几十万种变种冰河木马存在。作为木马，冰河创造了最多人使用、最多人"中弹"的"奇迹"。掌握了如何清除标准版冰河木马，再来对付变种冰河木马就很容易了。

冰河的服务器端程序为 G-server.exe，客户端程序为 G-client.exe，默认连接端口为7626。一旦运行 G-server，该程序就会在 C:\Windows\system 目录下生成 Kernel32.exe 和sysexplr.exe，并删除自身。Kernel32.exe 在系统启动时自动加载运行，sysexplr.exe 和 TXT 文

件关联。即使受害者删除了 Kernel32.exe，只要打开 TXT 文件，sysexplr.exe 就会被激活，它将再次生成 Kernel32.exe，于是冰河又回来了！这就是冰河屡删不止的原因。

冰河木马的清除方法如下。

（1）删除 C:\Windows\system 下的 Kernel32.exe 和 Sysexplr.exe 文件。

（2）冰河会在注册表 HKEY_LOCAL_MACHINE/software/microsoft/windows/CurrentVersion Run 下扎根，键值为 C:/windows/system/Kernel32.exe。删除它。

（3）在注册表的 HKEY_LOCAL_MACHINE/software/microsoft/windows/CurrentVersion/Runservices 下，还有键值为 C:/windows/system/Kernel32.exe 的，也要删除。

（4）最后，修改注册表 HKEY/CLASSES/ROOT/txtfile/shell/open/command 下的默认值，由中木马后的 C:/windows/system/Sysexplr.exe %1 改为正常情况下的 C:/windows/notepad.exe %1，即可恢复 TXT 文件关联功能。

其实冰河木马是一个很古老的程序，现在只要计算机上安装了一般的杀毒软件，这个木马就很难运行。

6.4.5　木马攻击的防范

木马攻击的危害非常大，可以用以下几种方法进行防范。

（1）不要随意打开来历不明的邮件。现在许多木马都是通过邮件来传播的，当用户收到来历不明的邮件时请不要打开，应尽快删除。同时要加强邮件监控系统，拒收垃圾邮件。

（2）不要随意下载来历不明的软件。最好是在一些知名的网站下载软件，不要下载和运行那些来历不明的软件。在安装软件之前最好用杀毒软件查看其是否含有病毒，然后进行安装。

（3）及时修补漏洞并关闭可疑的端口。一些木马都是通过漏洞在系统上打开端口留下后门，以便上传木马文件和执行代码。因此，在把漏洞修补上的同时，需要对端口进行检查，把可疑的端口关闭。

（4）尽量少用共享文件夹。如果必须共享文件夹，则最好设置账号和密码保护。Windows 系统默认情况下将目录设置成共享状态，这是非常危险的，最好取消默认共享。

（5）运行实时监控程序。在上网时最好运行反木马实时监控程序和个人防火墙，并定时对系统进行病毒检查。

（6）经常升级系统和更新病毒库。经常关注微软和杀毒软件厂商网站上的安全公告，这些网站通常都会及时地将漏洞、木马和更新公布出来，并在第一时间发布补丁和新的病毒库等。

（7）安装防火墙。通过防火墙禁止访问不该访问的服务端口，使用 NAT 隐藏内部网络结构。

6.5　SQL 注入攻击

SQL 注入攻击指的是通过构建特殊的输入作为参数传入 Web 应用程序，而这些输入大都是 SQL 语法里的一些组合，通过执行 SQL 语句进而执行攻击者所要的操作，其主要原因是程序没有细致地过滤用户输入的数据，致使非法数据侵入系统。

随着 B/S 模式应用开发的发展，使用这种模式编写应用程序的程序员也越来越多。但是由于程序员的水平参差不齐，相当大一部分程序员在编写代码的时候，没有对用户输入数据的合法性进行判断，使应用程序存在安全隐患。用户可以提交一段数据库查询代码，根据程序返回的结果，获得某些他想得知的数据，这就是所谓的 SQL Injection，即 SQL 注入。SQL注入是从正常的 WWW 端口访问，而且表面看起来跟一般的 Web 页面访问没什么区别，所以目前市面上的防火墙都不会对 SQL 注入发出警报，如果管理员没查看 IIS 日志的习惯，可能被入侵很长时间都不会发觉。

根据相关技术原理，SQL 注入可以分为平台层注入和代码层注入。前者由不安全的数据库配置或数据库平台的漏洞所致；后者主要是由于程序员对输入未进行细致的过滤，从而执行了非法的数据查询。基于此，SQL 注入的产生原因通常表现在以下几方面：①不当的类型处理；②不安全的数据库配置；③不合理的查询集处理；④不当的错误处理；⑤转义字符处理不合适；⑥多个提交处理不当。

SQL 注入攻击会导致的数据库安全风险包括刷库、拖库、撞库。SQL 注入一般存在于形如 HTTP://xxx.xxx.xxx/abc.asp?id=XX 等带有参数的 ASP 动态网页中，有时一个动态网页中可能只有一个参数，有时可能有多个参数，有时是整型参数，有时是字符串型参数，不能一概而论。总之，只要是带有参数的动态网页且此网页访问了数据库，那么就有可能存在SQL 注入。如果 ASP 程序员没有安全意识，不进行必要的字符过滤，存在 SQL 注入的可能性就非常大。

如图 6-25 所示是最常用的 SQL 注入工具 NBSI 的主界面，图 6-26 所示为采用 NBSI 注入攻击并攻击成功的一个界面。

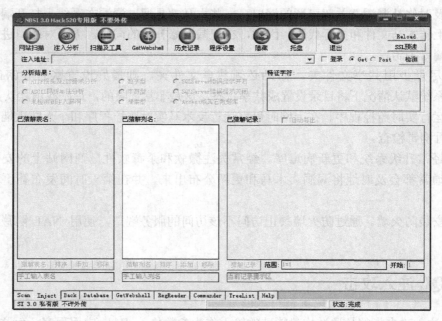

图 6-25　NBSI 主界面

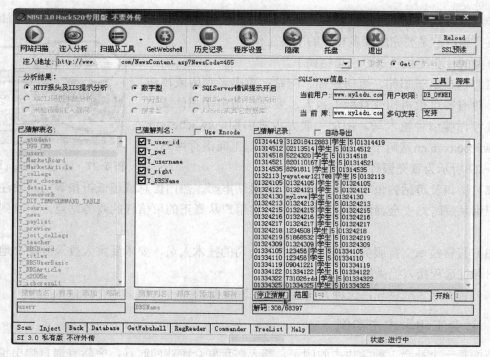

图 6-26　NBSI 攻击成功的界面

SQL 注入攻击属于数据库安全攻击手段之一，可以通过数据库安全防护技术实现有效防护，数据库安全防护技术包括：数据库漏扫、数据库加密、数据库防火墙、数据脱敏、数据库安全审计系统。

6.6　社会工程学攻击

社会工程学（Social Engineering）是一种通过对受害者心理弱点、本能反应、好奇心、信任、贪婪等心理陷阱进行诸如欺骗、伤害等，取得自身利益的手法，近年来已呈迅速上升的趋势。

6.6.1　社会工程学攻击原理

社会工程学不能等同于一般的欺骗手法，它尤其复杂，即使自认为最警惕、最小心的人，一样会被高明的社会工程学手段损害。

2016 年，山东临沂罗庄区高都街道中坦社区的徐玉玉案件就是一个典型的社会工程学攻击。当年徐玉玉以 568 分的成绩被南京邮电大学英语专业录取。2016 年 8 月 21 日，刚接到大学录取通知书的徐玉玉接到诈骗电话，被告人陈文辉等人以发放助学金的名义，骗走了徐玉玉全部学费 9900 元，徐玉玉在报警回家的路上猝死。徐玉玉生前身体健康，并无重大疾病，其家庭贫困，全家人只靠父亲在外打工挣钱。交学费的这 9900 元，也是一家人省吃俭用大半年才凑出来的。可见社会工程学攻击有多厉害，它有可能置人于死地！

在套取到所需要的信息之前，社会工程学的实施者都必须掌握大量的相关知识基础，花时间去从事资料的收集，进行必要的如交谈性质的沟通行为。与其他入侵行为类似，社会工程学在实施以前是要完成很多相关的准备工作。

典型的社会工程攻击方法总结如下。

（1）伪造电子邮件、短信通知、网站：攻击者利用或模仿银行、政府等可信机构或目标干系人，发送伪造电子邮件或消息，进行诈骗或种植木马。例如一般人很难辨别www.icbc.com和www.icbc.com.cn这两个网站到底哪个是中国工商银行网站。如图 6-27 所示为冒充银行系统诈骗。

图 6-27　冒充银行系统诈骗

（2）诱饵及跨站钓鱼攻击：利用人们对最新电影、热门信息或超低折扣等的高关注度，结合应用系统跨站安全漏洞进行钓鱼攻击，将用户从真正的可信任的商务站点，引导到恶意页面。

（3）假冒技术支持服务：冒充技术服务公司的技术人员，要求受害人登录到某个地址或者提出通过远程接入提供技术支持。

（4）冒充名人或领导：这种方式主要是骗取钱财。

6.6.2　社会工程学攻击实例

下面是一个社会工程学攻击的例子。某人在玩联众游戏的时候，突然有消息弹出说你中奖了，中奖信息可以在网站 www.ourgame888.com 上看到。打开这个网站，如图 6-28 所示，界面和真正的联众网站几乎没有任何区别，只是上面多了一个"有奖活动专区"。

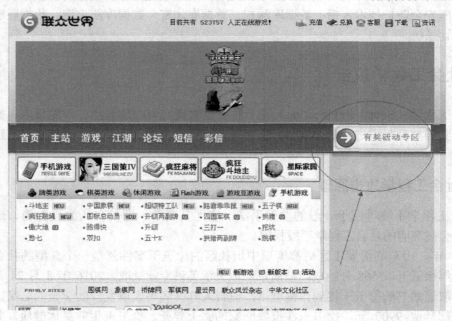

图 6-28　"中奖"网站

打开"有奖活动专区"，上面说明奖品为 8000 元现金和价值 14900 元的 LG 笔记本计算机，如图 6-29 所示。在"领奖说明"中说，要获得这些奖品和资金必须先给承办方 688 元的手续费，如图 6-30 所示。这次活动还有公证人叫"孙世江"，如图 6-31 所示；还有"联众公司网络文化经营许可证"，如图 6-32 所示；最后必须填写反馈信息，如图 6-33 所示。

领奖说明

活动奖品：由联众网络发展有限公司送出惊喜奖金 ￥8000 RMB 以及 LG/LT20/67EC笔记本电脑一部。（支持全国联保 价值￥1,4900RMB）

LT20在外观方面从人体工学的设计角度出发，每一个细节都认真考虑到用户的应用感受，独具匠心的设计四处可见。比如，LT20通过键盘倾斜设计来调节键盘托盘和屏幕的角度，使用户获得舒适的键盘使用感受；个性十足的6色 LED指示灯。使用用户可以轻松获知笔记本的工作状态；外壳静谧黑色与高贵金属银色的和谐搭配，炫酷无比；轻薄的镁合金材质不仅利于机身的散热，同时也增加了机身的强度。

图 6-29 "奖品"

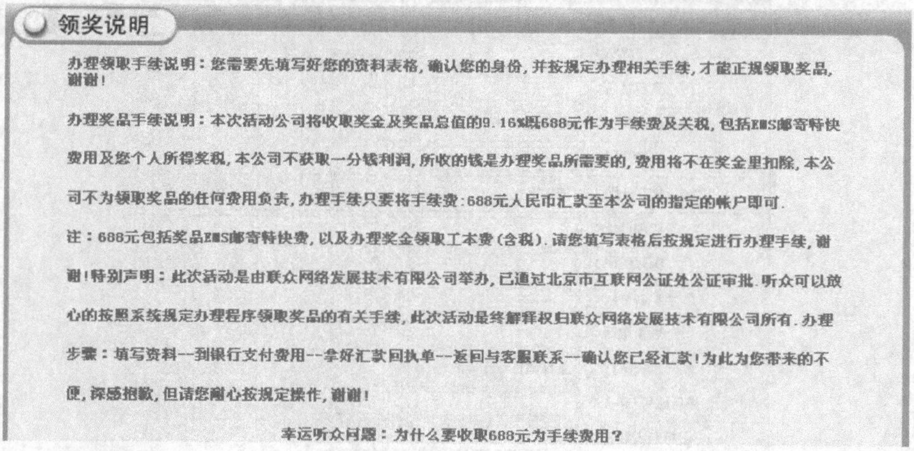

领奖说明

办理领取手续说明：您需要先填写好您的资料表格，确认您的身份，并按规定办理相关手续，才能正规领取奖品，谢谢！

办理奖品手续说明：本次活动公司将收取奖金及奖品总值的9.16%既688元作为手续费及关税，包括EMS邮寄特快费用及您个人所得奖税，本公司不获取一分钱利润，所收的钱是办理奖品所需要的，费用将不在奖金里扣除，本公司不为领取奖品的任何费用负责，办理手续只要将手续费：688元人民币汇款至本公司的指定的帐户即可。

注：688元包括奖品EMS邮寄特快费，以及办理奖金领取工本费(含税)。请您填写表格后按规定进行办理手续，谢谢！特别声明：此次活动是由联众网络发展技术有限公司举办，已通过北京市互联网公证处公证审批。听众可以放心的按照系统规定办理程序领取奖品的有关手续，此次活动最终解释权归联众网络发展技术有限公司所有。办理步骤：填写资料--到银行支付费用--拿好汇款回执单--返回与客服联系--确认您已经汇款！为此为您带来的不便，深感抱歉，但请您耐心按规定操作，谢谢！

幸运听众问题：为什么要收取688元为手续费用？

图 6-30 "领奖说明"

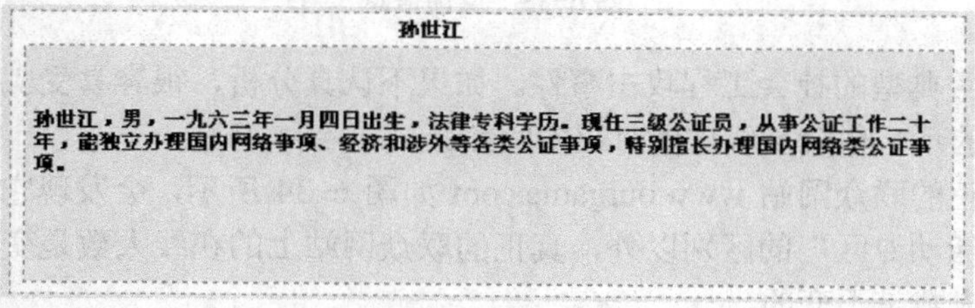

孙世江

孙世江，男，一九六三年一月四日出生，法律专科学历。现在三级公证员，从事公证工作二十年，能独立办理国内网络事项、经济和涉外等各类公证事项，特别擅长办理国内网络类公证事项。

图 6-31 "公证人"

图 6-32 "联众公司网络文化经营许可证"

图 6-33 反馈信息

这是一起非常典型的社会工程攻击事件。如果不认真分析，很容易受骗。下面做一个详细的分析。细心的话，你会发现这里有很多疑点。

（1）打开真正的联众网站 www.ourgame.com 如图 6-34 所示，会发现它和上面的假联众网站除了"有奖活动专区"的区别以外，真正的联众网站上的在线人数是变化的，而假联众网站上在线游戏人数是不变的。

图 6-34 真正的联众网站

（2）图 6-30 所示的"领奖说明"中说要交 688 元手续费，这里我们不禁要问，这 688 元手续费用为何不从 8000 元资金中扣除呢？

（3）图 6-32 所示的"联众公司网络文化经营许可证"中，"单位名称""地址""法定代表人""经济类型""注册资本"等信息的字体大小、字体深浅为什么是不一样的呢？

（4）为什么在"反馈信息"中，要写"银行卡号""身份证信息""真实姓名""持卡人姓名"等信息呢？

这都是一些关于这次活动的疑问。经过分析可以得出：从第 1 点判断出这是一个假网站；通过第 2 点判断出这个活动是在骗取"手续费"；通过第 3 点判断出这个"网络文化经营许可证"是被人改过的、假的证件；通过第 4 点判断出对方想骗取受害者银行卡上的钱。

针对这种社会工程学的攻击防范，关键是计算机用户自己要会分析。要知道天上是不会掉馅饼的，世界上没有免费的午餐。不要轻易相信类似中奖信息，除非得到公安部门的认可。

6.6.3 社会工程学攻击防范

社会工程学攻击防范主要有以下方式。

（1）当心来路不明的服务供应商等人的电子邮件、短信以及电话。在提供任何个人信息之前，验证其可靠性和权威性。

（2）认真阅读电子邮件和短信。不要让攻击者消息中的急迫性阻碍了你的判断。

（3）自学。信息是预防社会工程攻击的最有力的工具。研究如何鉴别和防御网络攻击。

（4）永远不要单击来自未知发送者的电子邮件中的嵌入链接。如果有必要就使用搜索引擎寻找目标网站或手动输入网址。

（5）永远不要在未知发送者的电子邮件中下载附件。如果有必要，可以在保护视图中打开附件，这在许多操作系统中是默认启用的。

（6）拒绝来自陌生人的在线技术帮助，无论他们声称自己是多么正当。

（7）使用防火墙来保护计算机，及时更新杀毒软件，同时提高垃圾邮件过滤器的门槛。

（8）下载软件及操作系统补丁，预防零日漏洞。及时安装软件供应商发布的补丁。

（9）关注网站的 URL。有时骗子对 URL 做了细微的改动，将流量诱导进了自己的诈骗网站。

（10）天上不会掉馅饼，不要幻想不劳而获。如果你从来没有买过彩票，那你永远都不会成为那个中大奖的幸运儿。

6.7 网络攻击的防范

网络攻击的方式很多，要想全部防止几乎是不可能的，但是进行下面的操作可以部分减少被攻击的可能性。

（1）操作系统勤打补丁，同时启用 Windows 自动升级功能。现在许多病毒、木马就是利用 Windows 操作系统的漏洞进行传播的，而微软也会不定期发布相应的补丁程序进行补救。

（2）下载软件及驱动程序应该到官方网站或知名大网站下载，不到一些陌生或是不知名的网站下载，并且最好下载官方版本，不随意使用第三方修改过的版本。

（3）安装软件之前最好先进行病毒扫描，另外在安装过程中将每一个步骤都看仔细，不能随意地一路按〈Enter〉键。

（4）不浏览非法网站，不安装任何网站的插件。对于使用 Windows 操作系统的朋友，应该将所有弹出窗口禁止，这样不仅可以免去弹出窗口的干扰，而且可有效地避免一不小心就安装了某个插件。

（5）不打开陌生人的邮件，不随意打开陌生人邮件中的附件。使用邮件客户端程序时最好不要使用 Outlook，至少也要打补丁。

（6）使用即时通信软件如 QQ、MSN 等，不随意单击对方发过来的网址，也不要随便接收文件，即使接收了，在打开之前也要进行病毒扫描。

（7）在网络中（特别是一些论坛中），尽量避免泄露本单位信息，如单位名称和 Email 地址等。

（8）不要随便执行文件。

（9）密码设置得不要太简单，至少 8 位（数字、字母和符号组合），最好 15 位以上（很难破）。关闭文件共享。

（10）不要使用系统默认值；安装防病毒软件，并经常更新。

（11）计算机里不存储涉密信息。

思考题

1. 如何防范针对口令的攻击？
2. 缓冲区溢出攻击的原理是什么？

3．如何防范缓冲区溢出攻击？

4．拒绝服务攻击的原理是什么？

5．如何防范拒绝服务攻击？

6．木马攻击的原理是什么？

7．木马常用的欺骗法和隐藏方式有哪些？

8．如何防范木马攻击？

9．如何防范社会工程学攻击？

10．通常网络攻击的防范有哪些？

第7章　恶意代码与计算机病毒

本章主要介绍恶意代码和计算机病毒的相关知识，重点介绍几种典型的病毒，如何检查自己的计算机是否有病毒，以及如何清除病毒。

7.1　基本概念

由于很多人容易混淆恶意代码、计算机病毒、恶意软件，所以本小节介绍这几个基本的概念以及它们的联系与区别。

7.1.1　恶意代码的概念

恶意代码是一种程序，它通过把代码在不被察觉、没有授权的情况下镶嵌到另一段程序中，从而达到运行具有入侵性或破坏性的程序、破坏计算机数据的安全性和完整性的目的。

7.1.2　计算机病毒的概念

计算机病毒是指编制或者在计算机程序中插入的破坏计算机功能或者毁坏数据，影响计算机使用，并能自我复制的一组计算机指令或者程序代码。这是我国在 1994 年 2 月 18 日正式颁布实施的《中华人民共和国计算机信息系统安全保护条例》第二十八条中明确定义的。

7.1.3　恶意软件的概念

恶意软件是指在未明确提示用户或未经用户许可的情况下，在用户计算机或其他终端上安装运行，侵犯用户合法权益的软件，但已被我国现有法律法规规定的计算机病毒除外。

恶意软件俗称流氓软件。恶意软件的定义是中国互联网协会于 2006 年定义的，具有一定的权威性。恶意软件具有如下特征。

（1）强制安装：指在未明确提示用户或未经用户许可的情况下，在用户计算机或其他终端上安装软件。

（2）难以卸载：指不提供通用的卸载方式，或在卸载后仍能活动。

（3）浏览器劫持：指未经用户许可，修改用户浏览器或其他相关设置，迫使用户访问特定网站或导致用户无法正常上网。

（4）广告弹出：指未明确提示用户或未经用户许可的情况下，利用安装在用户计算机或其他终端上的软件弹出广告。

（5）恶意收集用户信息：指未明确提示用户或未经用户许可，恶意收集用户信息。

（6）恶意卸载：指未明确提示用户、未经用户许可，或误导、欺骗用户卸载非恶意软件。

（7）恶意捆绑：指在软件中捆绑恶意软件。

（8）其他侵犯用户知情权、选择权的恶意行为。

"流氓软件"是介于病毒和正规软件之间的软件。如果计算机中有流氓软件，可能会出现以下几种情况：用户使用计算机上网时，会有窗口不断跳出；浏览器被莫名修改增加了许多工作条；当用户打开网页时，网页会变成不相干的奇怪画面，甚至是黄色广告。有些流氓软件只是为了达到某种目的，比如广告宣传。这些流氓软件虽然不会影响用户计算机的正常使用，但会在用户启动浏览器的时候多弹出来一个网页，以达到其宣传目的。

在 2006 年以前"流氓软件"非常多，最重要的是其难以卸载，网民很反感。甚至有网民将一些互联网企业状告到法院。下面就是网民状告"流氓软件：很棒小秘书"的一个例子。

2006 年，上海首例网民状告"流氓软件"案在浦东新区法院开庭审理。反流氓软件联盟的核心网友一纸诉状，将上海很棒信息技术有限公司告上法庭，要求对方立即停止制造和传播"很棒小秘书"软件，公开赔礼道歉，并象征性赔偿人民币 94 元。双方都向主审法官出示了证据并对对方证据进行质询。原告律师提交证据证明"很棒小秘书"是一种网络插件，在没有告知网民的情况下强制安装，会经常弹出广告，而且无法彻底删除。为了删除"很棒小秘书"，原告花费 150 元请 IT 维修公司帮忙。被告律师表示，"很棒小秘书"属网民自行安装，不涉及侵犯网民知情权的问题。

现在由于国家出台了很多法律，再加上把防恶意软件技术的提高、IT 公司的自律行为、杀毒软件的普及等，"流氓软件"已经非常少见了。这不是本书的重点内容。

7.1.4　联系与区别

由上面的定义可以看出，恶意代码包含计算机病毒和恶意软件，但是计算机病毒和恶意软件相互之间没有关系。

7.2　计算机病毒的命名

计算机病毒的命名有一定的规律。看到计算机病毒的名字就可以知道它是哪一类病毒了。

1．系统病毒

前缀为 Win32、PE、Win95、W32、W95 等。此类病毒一般是感染 Windows 操作系统的.exe 和.dll 文件，并通过这些文件传播。

2．蠕虫病毒

前缀为 Worm。此类病毒通过网络或系统漏洞传播，这类蠕虫病毒都具有向外发送带毒邮件、阻塞网络的特性，如冲击波（阻塞网络）、小邮差（发带毒邮件）等。

3．木马病毒、黑客病毒

木马病毒前缀为 Trojan，黑客病毒前缀为 Hack。

4．脚本病毒

前缀为 Script。此类病毒使用脚本语言编写，通过网页传播。有的脚本病毒还会有如下前缀：VBS、JS（表明是哪种脚本编写的）。

5．宏病毒

前缀为 Macro。第二前缀是 Word、Excel 其中之一，宏病毒是针对 Office 系列的。

6．后门病毒

前缀为 Backdoor。此类病毒通过网络传播，给系统开后门，给用户的计算机带来安全隐患。

7．病毒种植程序病毒

前缀为 Dropper。此类病毒是运行时从体内释放出一个或几个新的病毒到系统目录下，由释放出来的新病毒产生破坏。

8．破坏性程序病毒

前缀为 Harm。此类病毒本身具有好看的图标来诱惑用户单击，当用户单击时，病毒会对计算机产生破坏。

9．玩笑病毒

前缀为 Joke，也称为恶作剧病毒。此类病毒也是本身具有好看的图标诱惑用户单击，当用户单击时，病毒会假装做出各种破坏操作来吓唬用户，但并没有对计算机产生破坏。

10．捆绑机病毒

前缀为 Binder。此类病毒会使用特定的捆绑程序将病毒与一些应用程序如 QQ、浏览器等捆绑起来，表面上看是正常的文件。当用户运行这些被捆绑的应用程序时，会悄悄地运行捆绑在一起的病毒，从而给用户的计算机造成危害。

7.3 计算机病毒发展简史

最早关于计算机病毒理论的学术工作（“病毒”一词当时并未使用）于 1949 年由约翰·冯·诺伊曼完成。其标志是以“Theory and Organization of Complicated Automata”为题的一场在伊利诺伊大学的演讲。演讲内容后来以“Theory of self-reproducing automata”为题出版。冯·诺伊曼在他的论文中描述一个计算机程序如何复制其自身。

1980 年，Jürgen Kraus 于多特蒙德大学撰写他的学位论文“Self-reproduction of programs”。论文中假设计算机程序可以表现出如同病毒般的行为。“病毒”一词最早用来表达此意是在弗雷德·科恩（Fred Cohen）1983 年的论文《计算机病毒实验》。

1983 年 11 月，在一次国际计算机安全学术会议上，美国学者科恩第一次明确提出计算机病毒的概念，并进行了演示。

1987 年，计算机病毒 C-BRAIN 诞生。由巴斯特（Basit）和阿姆捷特（Amjad）编写。这一时期的计算机病毒主要是引导型病毒，具有代表性的是“小球”和“石头”病毒。

1988 年在财政部的计算机上发现了中国最早的计算机病毒。

1989 年，引导型病毒发展为可以感染硬盘，典型的代表有“石头2”。

1990 年，发展为复合型病毒，可感染 COM 和 EXE 文件。

1992 年，病毒可利用 DOS 加载文件的优先顺序进行工作，具有代表性的是“金蝉”病毒。

1995 年，当解码算法生成器的生成结果为病毒时，就产生了复杂的“病毒生成器”。幽灵病毒流行中国。

1998 年，中国台湾大同工学院学生陈盈豪编制了 CIH 病毒。

2000 年最具破坏力的十种病毒分别是 Kakworm、爱虫、Apology-B、Marker、Pretty、Stages-A、Navidad、Ska-Happy99、WM97/Thus 和 XM97/Jin。

2003 年，中国（除港澳台）发作最多的十种病毒分别是红色结束符、爱情后门、FUNLOVE、QQ 传送者、冲击波杀手、罗拉、求职信、尼姆达 II、QQ 木马、CIH。

2005 年的 1 月到 10 月，金山反病毒监测中心共截获或监测到的病毒达到 50179 个，其中木马、蠕虫、黑客病毒占其中的 91%，以盗取用户有价账号的木马病毒（如网银、QQ、网游）为主，达 2000 多种。

2007 年 1 月，病毒累计感染了中国 80%的用户，其中 78%以上的病毒为木马、后门病毒。这一年"熊猫烧香"病毒肆虐全球。

2010 年，越南全国计算机数量已达 500 万台，其中 93%受过病毒感染，计算机病毒造成损失 59000 万亿越南盾。

2017 年 5 月，一种名为"想哭"的勒索病毒席卷全球，在短短一周时间里，上百个国家和地区受到影响。据美国有线新闻网报道，截至 2017 年 5 月 15 日，大约有 150 个国家和地区受到影响，至少 30 万台计算机被病毒感染。

2018 年还有许多计算机感染勒索病毒，主要勒索"比特币"。

7.4　计算机病毒的特点

第一次病毒入侵网络是在 1988 年 1 月，美国康奈尔大学学生莫里斯将其编写的蠕虫程序输入计算机网络，程序输入后迅速膨胀，几小时内造成网络堵塞，造成 960 万美元的经济损失。可见网络病毒是非常可怕的。一般来说，计算机病毒有以下特点。

1．繁殖性

计算机病毒可以像生物病毒一样进行繁殖，是否具有繁殖、感染的特征是判断某段程序为计算机病毒的首要条件。

2．破坏性

计算机中毒后，可能会导致正常的程序无法运行，计算机内的文件被删除或受到不同程度的损坏。磁盘引导扇区及 BIOS 也会被破坏。

3．传染性

计算机病毒的传染性是指计算机病毒通过修改别的程序将自身的副本或变体传染到其他无毒的对象上，这些对象可以是一个程序，也可以是系统中的某一个部件。

4．潜伏性

计算机病毒的潜伏性是指计算机病毒可以依附于其他媒体寄生的能力，侵入后的病毒潜伏到条件成熟才发作，会使计算机变慢。

5．隐蔽性

计算机病毒具有很强的隐蔽性，变化无常，这类病毒处理起来非常困难。

6．可触发性

编制计算机病毒的人，一般都为病毒程序设定了一些触发条件，例如，某个时间或日期，或系统运行了某些程序等。一旦条件满足，计算机病毒就会"发作"，使系统遭到破坏。

7.5　计算机病毒的分类

究竟世界上有多少种病毒，说法不一。无论多少种，病毒的数量仍在不断增加。据国外统计，计算机病毒以 10 种/周的速度递增。另据我国公安部统计，国内的计算机病毒以 4～6

种/月的速度递增。本节来介绍计算机病毒的分类。

计算机病毒的分类方法有许多种。因此，同一种病毒可能有多种不同的分法。

1．按照计算机病毒攻击的系统分类

（1）攻击 DOS 系统的病毒。这类病毒出现最早、最多，变种也最多，目前我国发现的计算机病毒基本上都是这类病毒，此类病毒占病毒总数的99％。

（2）攻击 Windows 系统的病毒。由于 Windows 的图形用户界面（GUI）和多任务操作系统深受用户的欢迎，Windows 取代 DOS 成为病毒攻击的主要对象。首例破坏计算机硬件的 CIH 病毒就是一个 Windows 95/98 病毒。

（3）攻击 UNIX 系统的病毒。当前，UNIX 系统应用非常广泛，并且许多大型的计算机系统均采用 UNIX 作为其主要的操作系统，所以 UNIX 病毒的出现，对人类的信息处理也是一个严重的威胁。

2．按照病毒的攻击机型分类

（1）攻击微型计算机的病毒。这是世界上传染最为广泛的一种病毒。

（2）攻击小型机的计算机病毒。小型机的应用极为广泛，它既可以作为网络的一个节点机，也可以作为小的计算机网络主机。起初，人们认为计算机病毒只有在微型计算机上才能发作，而小型机不会受到病毒的侵扰，但自 1988 年 11 月份 Internet 网络受到 worm 程序的攻击后，使得人们认识到小型机也同样不能免遭计算机病毒的攻击。

（3）攻击工作站的计算机病毒。近几年，计算机工作站有了较大的进展，并且应用范围也有了较大的发展，所以不难想象，攻击计算机工作站的病毒的出现也是对信息系统的一大威胁。

3．按照计算机病毒的连接方式分类

计算机病毒本身必须有一个攻击对象以实现对计算机系统的攻击。计算机病毒所攻击的对象是计算机系统可执行的部分。

（1）源码型病毒。该病毒攻击高级语言编写的程序，该病毒在高级语言所编写的程序编译前插入源代码中，经编译成为合法程序的一部分。

（2）嵌入型病毒。这种病毒是将自身嵌入现有程序中，把计算机病毒的主体程序与其攻击的对象以插入的方式链接。这种计算机病毒是难以编写的，一旦侵入程序体后也较难消除。如果同时采用多态性病毒技术、超级病毒技术和隐蔽性病毒技术，将给当前的反病毒技术带来严峻的挑战。

（3）外壳型病毒。外壳型病毒将其自身包围在主程序外面，对原来的程序不作修改。这种病毒最为常见，易于编写，也易于发现，一般测试文件的大小即可知。

（4）操作系统型病毒。这种病毒用它自己的程序来意图加入或取代部分操作系统进行工作，具有很强的破坏力，可以导致整个系统的瘫痪。圆点病毒和大麻病毒就是典型的操作系统型病毒。

这种病毒在运行时，用自己的逻辑部分取代操作系统的合法程序模块，根据病毒自身的特点和被替代的操作系统中合法程序模块在操作系统中运行的地位与作用以及病毒取代操作系统的取代方式等，对操作系统进行破坏。

4．按照计算机病毒的破坏情况分类

（1）良性计算机病毒。良性病毒是指其不包含立即对计算机系统产生直接破坏作用的代码。这类病毒为了表现其存在，只是不停地进行扩散，从一台计算机传染到另一台，并不破坏计算机内的数据。有些人对这类计算机病毒的传染不以为然，认为这只是恶作剧，没什么关系。其实良性、恶性都是相对而言的。良性病毒取得系统控制权后，会导致整个系统和应用程序争抢 CPU 的控制权，导致整个系统死锁，给正常操作带来麻烦。有时系统内还会出现几种病毒交叉感染的现象，一个文件反复被几种病毒感染，而且整个计算机系统也由于多种病毒寄生于其中而无法正常工作。因此不能轻视所谓良性病毒对计算机系统造成的损害。

（2）恶性计算机病毒。恶性病毒就是指在其代码中包含损伤和破坏计算机系统的操作，在其传染或发作时会对系统产生直接的破坏作用。这类病毒是很多的，如米开朗基罗病毒（简称"米氏病毒"）。当米氏病毒发作时，硬盘的前 17 个扇区将被彻底破坏，使整个硬盘上的数据无法被恢复，造成的损失是无法挽回的。有的病毒还会对硬盘做格式化等破坏。这些操作代码都是刻意编写进病毒的，这是其本性之一。因此这类恶性病毒是很危险的，应当注意防范。所幸，防病毒系统可以通过监控系统内的这类异常动作识别出计算机病毒的存在与否，或至少发出警报提醒用户注意。

5. 按照计算机病毒的寄生部位或传染对象分类

传染性是计算机病毒的本质属性，根据寄生部位或传染对象分类，即根据计算机病毒传染方式进行分类，有以下几种。

（1）磁盘引导区传染的计算机病毒。磁盘引导区传染的病毒主要是用病毒的全部或部分逻辑取代正常的引导记录，而将正常的引导记录隐藏在磁盘的其他地方。由于引导区是磁盘能正常使用的先决条件，因此，这种病毒在运行的一开始（如系统启动）就能获得控制权，其传染性较大。由于在磁盘的引导区内存储着重要信息，如果对磁盘上的正常引导记录不进行保护，则在运行过程中就会导致引导记录的破坏。引导区传染的计算机病毒较多，例如，"大麻"和"小球"病毒就是这类病毒。

（2）操作系统传染的计算机病毒。操作系统是一个计算机系统得以运行的支持环境。操作系统传染的计算机病毒就是利用操作系统中所提供的一些程序及程序模块寄生并传染的。通常，这类病毒把自己变成操作系统的一部分，只要计算机开始工作，病毒就处在随时被触发的状态。而操作系统的开放性和不绝对完善性给这类病毒的传染提供了方便。操作系统传染的病毒目前已广泛存在，"黑色星期五"即为此类病毒。

（3）可执行程序传染的计算机病毒。可执行程序传染的病毒通常寄生在可执行程序中，一旦程序执行，病毒也就被激活，病毒程序首先执行，并将自身驻留内存，然后设置触发条件，进行传染。

以上三种病毒实际上可以归纳为两大类：一类是引导区型传染的计算机病毒；另一类是可执行文件型传染的计算机病毒。

6. 按照计算机病毒激活的时间分类

按照计算机病毒激活的时间可以将其分为定时的和随机的。定时病毒仅在某一特定时间才发作，而随机病毒一般不是由时钟来激活的。

7. 按照传播媒介分类

按照计算机病毒的传播媒介来分类，可分为单机病毒和网络病毒。

（1）单机病毒。单机病毒的载体是磁盘，常见的是病毒从 U 盘传入硬盘，感染系统，然后再传染其他 U 盘，U 盘又传染其他系统。

（2）网络病毒。网络病毒的传播媒介不再是移动式载体，而是网络，这种病毒的传染能力更强，破坏力更大。

8. 按照寄生方式和传染途径分类

计算机病毒按其寄生方式大致可分为两类，一是引导型病毒，二是文件型病毒；它们再按其传染途径又可分为驻留内存型和不驻留内存型，驻留内存型按其驻留内存方式又可细分。

混合型病毒集引导型和文件型病毒特性于一体。

引导型病毒会改写（即一般所说的"感染"）磁盘上的引导扇区（BOOT SECTOR）的内容，U盘或硬盘都有可能感染病毒；或者改写硬盘上的分区表（FAT）。如果用已感染病毒的U盘来启动的话，则会感染硬盘。

引导型病毒是一种在ROM BIOS之后，系统引导时出现的病毒，它先于操作系统运行，依托的环境是BIOS中断服务程序。引导型病毒是利用操作系统的引导模块放在某个固定的位置，并且控制权的转交方式是以物理地址为依据，而不是以操作系统引导区的内容为依据，因而病毒占据该物理位置即可获得控制权，而将真正的引导区内容转移或替换，待病毒程序被执行后，将控制权交给真正的引导区内容，使得这个带病毒的系统看似正常运转，而病毒已隐藏在系统中伺机传染、发作。

有的病毒会潜伏一段时间，等到它所设置的特定日期到达时才发作。有的病毒则会在发作时在屏幕上显示一些带有"宣示"或"警告"意味的信息。这些信息要么是让用户不要非法复制软件，要么显示特定图形，要么放一段音乐给您听。病毒发作后，不是摧毁分区表，导致无法启动，就是直接格式化硬盘。也有一部分引导型病毒的"手段"没有那么狠，不会破坏硬盘数据，只是搞些"声光效果"让用户虚惊一场。

引导型病毒几乎都会常驻在内存中，差别只在于内存中的位置。所谓"常驻"，是指应用程序把要执行的部分在内存中驻留一份。这样就不必在每次要执行它的时候都到硬盘中搜寻，以提高效率。

引导型病毒按其寄生对象的不同又可分为两类，即MBR（主引导区）病毒、BR（引导区）病毒。MBR病毒也称为分区病毒，将病毒寄生在硬盘分区主引导程序所占据的硬盘0头0柱面第1个扇区中。典型的病毒有大麻（Stoned）、2708等。BR病毒是将病毒寄生在硬盘逻辑0扇区或U盘逻辑0扇区（即0面0道第1个扇区）。典型的病毒有Brain、小球病毒等。

文件型病毒主要以感染文件扩展名为.com、.exe和.ovl等可执行程序为主。它的安装必须借助于病毒的载体程序，即要运行病毒的载体程序，方能把文件型病毒引入内存。已感染病毒的文件执行速度会减缓，甚至完全无法执行。有些文件遭感染后，一执行就会遭到删除。大多数的文件型病毒都会把它们自己的代码复制到其宿主的开头或结尾处。这会造成已感染病毒文件的长度变长，但用户不一定能用DIR命令列出其感染病毒前的长度。也有部分病毒是直接改写"受害文件"的程序码，因此感染病毒后文件的长度仍然维持不变。

感染病毒的文件被执行后，病毒通常会趁机再对下一个文件进行感染。高明一点的病毒，会在每次进行感染的时候，针对其新宿主的状况而编写新的病毒码，然后才进行感染。因此，这种病毒没有固定的病毒码——以扫描病毒码的方式来检测病毒的查毒软件，遇上这种病毒可就一点用都没有了。但反病毒软件随病毒技术的发展而发展，针对这种病毒现在也有了有效手段。

大多数文件型病毒都是常驻在内存中的。

文件型病毒分为源码型病毒、嵌入型病毒和外壳型病毒。源码型病毒是用高级语言编写的，若不进行汇编、链接则无法传染扩散。嵌入型病毒是嵌入在程序的中间，它只能针对某个具体程序，如 dBASE 病毒。这两类病毒受环境限制尚不多见。目前流行的文件型病毒几乎都是外壳型病毒，这类病毒寄生在宿主程序的前面或后面，并修改程序的第一个执行指令，使病毒先于宿主程序执行，这样随着宿主程序的使用而传染扩散。

混合型病毒综合了系统型和文件型病毒的特性，它的"性情"也就比系统型和文件型病毒更为"凶残"。这种病毒通过这两种方式来感染，更增加了病毒的传染性以及存活率。无论以哪种方式传染，只要中毒就会经开机或执行程序而感染其他的磁盘或文件，此种病毒也是最难杀灭的。

引导型病毒相对文件型病毒来讲，破坏性较大，但为数较少，直到 20 世纪 90 年代中期，文件型病毒还是最流行的病毒。但近几年情形有所变化，宏病毒后来居上。宏病毒是一种寄存于文档或模板的宏中的计算机病毒。一旦打开这样的文档，宏病毒就会被激活，转移到计算机上，并驻留在 Normal 模板上。从此以后，所有自动保存的文档都会"感染"上这种宏病毒，而且如果其他用户打开了感染病毒的文档，宏病毒又会转移到他的计算机上。据美国国家计算机安全协会统计，这位"后起之秀"已占目前全部病毒数量的 80% 以上。另外，宏病毒还可衍生出各种变形病毒，这种"父生子，子生孙"的传播方式实在让许多系统防不胜防，这也使宏病毒成为威胁计算机系统的"第一杀手"。

7.6 典型的计算机病毒介绍

7.6.1 U 盘病毒

U 盘病毒，顾名思义，就是通过 U 盘传输的病毒。通常使用 U 盘时会出现如图 7-1 所示的提示 U 盘有病毒的消息。

图 7-1 U 盘病毒警告

这时打开 U 盘，就会看到里面有一些莫名其妙的隐藏文件，如图 7-2 所示。这些隐藏文件里面都是病毒。

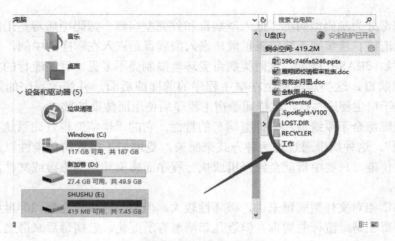

图 7-2 U 盘里的病毒

随着 U 盘、移动硬盘、存储卡等移动存储设备的普及，U 盘病毒已经成为比较流行的计算机病毒之一。下面来看看几种 U 盘病毒及其清除方法。

1．runauto..文件夹

经常在计算机硬盘里会发现名为"runauto.."的一个文件夹，在正常模式或安全模式下都无法删除。如图 7-3 所示为 runauto..文件夹。

假设这个文件夹在 C:盘，则删除办法是：在桌面单击"开始"→"运行"，输入"cmd"，再输入"C:"，接着输入"rd/s/q runauto...\"就可以了。如图 7-4 所示为删除 runauto..文件夹的方法。

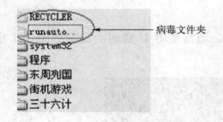

图 7-3   runauto..文件夹

图 7-4   删除 runauto...文件夹

2．autorun.inf 文件病毒

目前几乎所有 U 盘类的病毒的最大特征都是利用 autorun.inf 来侵入的，而事实上 autorun.inf 相当于一个传染途径，经过这个途径入侵的病毒，理论上可以是任何病毒。因此大家可以在网上发现，当搜索到 autorun.inf 之后，附带的病毒往往有不同的名称。因此目前无法单纯说 U 盘病毒就是什么病毒，也因此导致在查杀上会存在混乱，因为 U 盘病毒不止一种或几十种，详细的数字应该没人统计。

autorun.inf 这个文件是很早就存在的，在 WinXP 以前的其他 Windows 系统（如 Win98 和 Win2000 等），需要让光盘、U 盘插入到机器自动运行的话，就要靠 autorun.inf。这个文件是保存在驱动器的根目录下的，是一个隐藏的系统文件。它保存着一些简单的命令，告诉系统这个新插入的光盘或硬件应该自动启动什么程序，也可以告诉系统，让系统将它的盘符图标改成某个路径下的图标。所以，这本身是一个常规且合理的文件。

但上面反复提到的"自动"是关键。病毒作者可以利用这一点，让移动设备在用户系统完全不知情的情况下，"自动"执行任何命令或应用程序。因此，通过这个 autorun.inf 文件，可以放置正常的启动程序，如经常使用的各种教学光盘，一插入计算机就自动安装或自动演示；也可以通过此种方式，放置任何可能的恶意内容。

有了启动方法，病毒作者肯定需要将病毒主体放进光盘或者 U 盘里才能让其运行，但是堂而皇之地放在 U 盘里肯定会被用户发现而删除（即使不知道其是病毒，不是自己的不知名文件也会删除吧），所以，病毒肯定会隐藏起来存放在一般情况下看不到的地方。

一种是假回收站方式：病毒通常在 U 盘中建立一个名为"RECYCLER"的文件夹，然后把病毒藏在里面很深的目录中，一般人以为这就是回收站，而事实上，回收站的名称是"Recycled"，而且两者的图标是不同的，如图 7-5 所示。

另一种是假冒杀毒软件方式：病毒在 U 盘中放置一个程序，名为"RavMonE.exe"，这很容易让人以为是瑞星的程序，其实是病毒。

也许有人会问，为什么在有的计算机上能看到上面的文件，而有的计算机上看不到呢？这是因为通常的系统安装，默认是会隐藏一些文件夹和文件的，病毒就会将自己改造成系统文件夹、隐藏文件等，一般情况下当然就看不到了。可以按照下面的方法看到隐藏的文件。打开"我的电脑"，在菜单栏上单击"工具"→"文件夹选项"，出现一个对话框，选择"查看"标签，然后将"隐藏受保护的操作系统文件（推荐）"选项前面的"√"去掉，再将"显示所有文件和文件夹"选项选中，如图 7-6 所示。

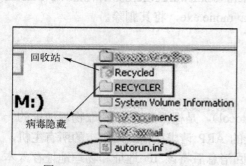

图 7-5 "RECYCLER"文件夹

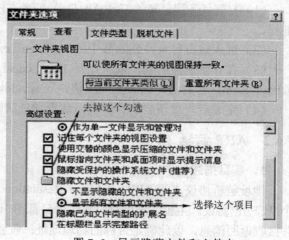

图 7-6 显示隐藏文件和文件夹

如果 U 盘带有上述病毒，还会出现一个现象：当你单击 U 盘时，会多了一些东西，如图 7-7 所示。图左侧是带病毒的 U 盘，右键菜单多了"自动播放""Open""Browser"等项目；右侧是杀毒后的，没有这些项目。

这里说明一下：凡是带 autorun.inf 的移动媒体，包括光盘，右键都会出现"自动播放"的菜单，这是正常的功能。

对于 autorun.inf 病毒的解决方案如下。

（1）如果发现 U 盘有 autorun.inf，且不是你自己创建生成的，请删除它，并且尽快查毒。

（2）如果有貌似回收站、瑞星文件等文件，而你又能通过对比硬盘上的回收站名称、正版的瑞星名称，同时确认该内容不是你创建生成的，请删除它。

（3）一般建议插入 U 盘时，不要双击 U 盘，另外有一个更好的技巧：插入 U 盘前，按住〈Shift〉键，然后插入 U 盘，建议按键的时间长一点。插入后，用右键单击 U 盘，选择"资源管理器"来打开 U 盘。

3．U 盘 RavMonE.exe 病毒及清除方法

经常有人发现自己的 U 盘有病毒，杀毒软件报告一个 RavMonE.exe 病毒文件，这也是一个经典的 U 盘病毒。如图 7-8 所示为 RavMonE.exe 病毒运行后出现在进程里。

图 7-7 U 盘属性   图 7-8 进程里的 RavMonE.exe

RavMonE.exe 病毒运行后，会出现同名的一个进程，该程序貌似没有显著危害。程序大小为 3.5MB，一般会占用 19～20MB 左右资源，在 Windows 目录内隐藏为系统文件，且自动添加到系统启动项内。其生成的 Log 文件常含有不同的 6 位数字，估计可能有窃取账号、密码之类的危害。

RavMonE.exe 病毒清除方法如下。

（1）打开任务管理器（〈Ctrl+Alt+Del〉或者在任务栏右键单击也可），终止所有 RavMonE.exe 进程。

（2）进入病毒目录，删除其中的 RavMonE.exe。

（3）打开系统注册表，依次点开 HK_Loacal_Machine\software\Microsoft\windows\Current Version\Run\，在右边可以看到一项值是 c:\windows\ravmone.exe，将其删除。

（4）完成后，重新启动计算机，病毒就被清除了。

7.6.2　ARP 病毒

1．病毒描述

地址解析协议，即 ARP（Address Resolution Protocol），是根据 IP 地址获取物理地址的一个 TCP/IP 协议。主机发送信息时将包含目标 IP 地址的 ARP 请求广播到网络上的所有主机，并接收返回消息，以此确定目标的物理地址；收到返回消息后将该 IP 地址和物理地址存入本机 ARP 缓存中并保留一定时间，下次请求时直接查询 ARP 缓存以节约资源。地址解析协议是建立在网络中各个主机互相信任的基础上的，网络上的主机可以自主发送 ARP 应答消息，其他主机收到应答报文时不检测该报文的真实性就将其记入本机 ARP 缓存。由此攻击者就可以向某一主机发送伪 ARP 应答报文，使该主机发送的信息无法到达预期的主机或到达错误的主机，这就构成了一个 ARP 欺骗。ARP 命令可用于查询本机 ARP 缓存中 IP 地址和 MAC 地址的对应关系、添加或删除静态对应关系等。相关协议有 RARP、代理 ARP。

ARP 病毒并不是某一种病毒的名称，而是对利用 ARP 协议的漏洞进行传播的一类病毒的总称。ARP 欺骗方式共分为两种：一种是对路由器 ARP 表的欺骗，该种攻击截获网关数据。向路由器发送一系列错误的内网 MAC 地址，并按照一定的频率不断进行，使真实的地址信息无法通过更新保存在路由器中，结果路由器的所有数据只能发送给错误的 MAC 地址，造成正常 PC 无法收到信息，导致上网时断时通或上不了网；另一种是对内网 PC 的网关欺骗，仿冒网关的 MAC 地址，发送 ARP 包欺骗别的客户端，让被它欺骗的 PC 向假网关发数据，而不是通过正常的路由器途径上网，造成上网时断时通或上不了网。

ARP 病毒发作的时候会向全网发送伪造的 ARP 数据包，干扰全网的运行，因此它的危害比一些蠕虫病毒还要严重。该病毒位居 2007 年病毒排行榜第二位。

该病毒通过伪造 IP 地址和 MAC 地址实现 ARP 欺骗，能够在网络中产生大量的 ARP 通信量使网络阻塞或者实现"中间人攻击"进行 ARP 重定向和嗅探攻击。用伪造源 MAC 地址发送 ARP 响应包，进行 ARP 高速缓存机制。当局域网内某台主机运行 ARP 欺骗的木马程序时，会欺骗局域网内所有主机和路由器，让所有上网的流量必须经过病毒主机。其他用户原来直接通过路由器上网现在转由通过病毒主机上网，切换的时候用户会断一次线。切换到病毒主机上网后，如果用户已经登录了服务器，病毒主机就会经常伪造断线的假象，那么用户就得重新登录传奇服务器，这样病毒主机就可以盗号了。如图 7-9 所示为 360ARP 防火墙中的 ARP 病毒记录。

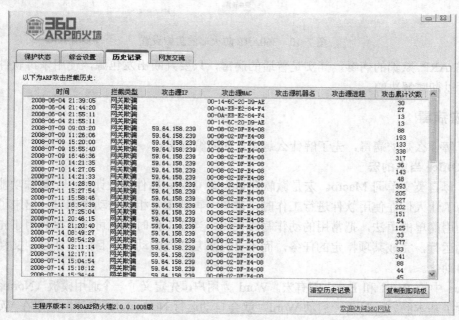

图 7-9　360ARP 防火墙中的 ARP 病毒记录

2．解决方法

针对 ARP 病毒的入侵有以下解决办法。

（1）在遭到 ARP 欺骗的本机上，在桌面单击"开始"→"运行"，输入"cmd"，再通过命令行窗口输入"arp -a"命令，查看 ARP 列表，会发现该 MAC 已经被替换成攻击机器的 MAC，记下该 MAC 记录（以备查找），然后根据此 MAC 找出中病毒的计算机。

（2）借助第三方抓包工具（如 sniffer 或 antiarp）查找局域网中发 ARP 包最多的 IP 地址，也可判断出中病毒的计算机。

（3）可以使用 360ARP 防火墙，这个防火墙可以在 http://www.360.cn 上下载。安装完成后，可以在综合设置里面设置对 ARP 病毒的防护，如图 7-10 所示。

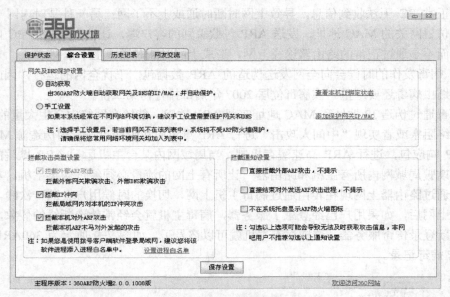

图 7-10   360ARP 防火墙的防护设置

造成 ARP 欺骗的病毒，其实是普通的病毒，只要判断出发包源，使用杀毒软件进行清查，是可以彻底解决的。

7.6.3   宏病毒

要了解什么是宏病毒，先了解什么是宏，如何编辑宏。

1．Office 当中的宏

宏，译自英文单词 Macro。宏是微软公司为其 Office 软件包设计的一个特殊功能。软件设计者为了让人们在使用软件进行工作时，避免一再地重复相同的动作而设计出来了一种工具。它利用简单的语法，把常用的动作写成代码，当在工作时，就可以直接利用事先编好的代码自动运行，完成某项特定的任务，而不必再重复相同的动作，目的是让用户文档中的一些任务自动化。

Office 中的 Word 和 Excel 都有宏。Word 为用户事先定义了一个通用模板（Normal.dot），里面包含了基本的宏。只要一启动 Word，就会自动运行 Normal.dot 文件。如果在 Word 中重复进行某项工作，可用宏使其自动执行。以下是宏的一些典型应用。

● 加速日常编辑和格式设置。

● 组合多个命令，例如插入具有指定尺寸和边框、指定行数和列数的表格。

● 使对话框中的选项更易于访问。

● 自动执行一系列复杂的任务。

Word 提供了两种创建宏的方法：宏录制器和 Visual Basic 编辑器。宏将一系列的 Word 命令和指令组合在一起，形成一个命令，以实现任务执行的自动化。在默认的情况下，Word 将宏保存在 Normal 模板中，以便所有的 Word 文档均能使用，这一特点几乎为所有的宏病毒所利用。宏实际上是一系列 Word 命令的组合，用户可以在 Visual Basic 编辑器中打开宏并进行编辑和调试，删除录制过程中录进来的一些不必要的步骤，或添加无法在 Word 中录制的指令。创建宏的具体步骤如下。

（1）选择"工具"菜单中的【宏】命令，从级联菜单中单击"宏"命令，出现"宏"对话框。

（2）在"宏名"列表框中选定要编辑或调试的宏的名称。如果该宏没有出现在列表中，请选定"宏的位置"框中的其他宏列表。

（3）单击"编辑"按钮，出现 Visual Basic 编辑器窗口，可以在这里对宏进行编辑和调试。

（4）编辑完成后，选择"文件"菜单中的"关闭并返回到 Microsoft Word"命令返回Word 窗口中。

2．宏病毒

宏病毒是一种寄生在文档或模板的宏中的计算机病毒。一旦打开这样的文档，其中的宏就会被执行，于是宏病毒就会被激活，转移到计算机上，并驻留在 Normal 模板上。从此以后，所有自动保存的文档都会"感染"上这种宏病毒，而且如果其他用户打开了感染病毒的文档，宏病毒又会转移到他的计算机上。宏病毒的主要特点如下。

（1）传播快。Office 宏病毒通过.doc 文档及.dot 模板进行自我复制及传播。人们大多重视保护自己计算机的引导部分和可执行文件不被病毒感染，而对外来的文档、文件基本是直接浏览使用，这给 Word 宏病毒传播带来更多便利。

（2）制作和变种方便。以往病毒是以二进制的计算机器码形式出现的，而宏病毒则是以人们容易阅读的源代码宏语言 Word basic 形式出现，所以编写和修改宏病毒比以往的病毒更容易。

（3）破坏极大。由于宏病毒用 Word basic 语言编写，而 Word basic 语言提供了许多系统底层调用，如直接使用 DOS 命令，调用 Windows API，因此破坏极大。以上这些操作可能对系统直接构成威胁，而 Word 在指定安全性、完整性上检测能力很弱，所以破坏系统的指令很容易被执行。

（4）多平台交叉感染。宏病毒突破了以往病毒在单一平台上传播的局限，当 Word、Excel 这些应用软件在不同平台上运行时，会被宏病毒交叉感染。

3．宏病毒举例：台湾一号病毒

台湾一号病毒会在每月的 13 日影响用户正常使用 Word 文档和编辑器。它包含以下病毒宏：AutoClose，AutoNew，AutoOpen，这些宏是可编辑宏。在病毒宏中含有如下的语句：If Day(Now())=13 Then...这条语句与 13 日有关。台湾一号病毒造成的危害是：在每月 13 日，若用户使用 Word 打开一个带毒的文档（模板）时，病毒会被激发。激发时的现象是：在屏幕正中央弹出一个对话框，该对话框提示用户做一个心算题，如做错，它将会无限制地打开文件，直至 Word 内存不够，Word 出错为止；如心算题做对，会提示用户"什么是巨集病毒（宏病毒）？"回答"我就是巨集病毒"，再提示用户"如何预防巨集病毒？"回答是"不要看我"。

4．判断是否感染了宏病毒

虽然不是所有包含宏的文档都包含了宏病毒，但当有下列情况之一时，可以百分之百地断定 Office 文档或 Office 系统中有宏病毒。

（1）在打开"宏病毒防护功能"的情况下，当打开一个自己写的文档时，系统会弹出相应的警告框。而你清楚自己并没有在其中使用宏或并不知道宏到底怎么用，那么你可以完全肯定你的 Office 文档已经感染了宏病毒。

（2）同样是在打开"宏病毒防护功能"的情况下，您的 Office 文档中一系列的文件都在打开时给出宏警告。由于在一般情况下很少使用到宏，所以当您看到成串的文档有宏警告时，可以肯定这些文档中有宏病毒。

（3）软件中的宏病毒防护选项启用后，不能在下次开机时依然保存。Word 中一般都提供了对宏病毒的防护功能，它可以在"文件/选项/信任中心设置/宏设置"中进行设定。但有些宏病毒为了对付 Office 中提供的宏警告功能，在感染系统（这通常只有在你关闭了宏病毒防护选项或者出现宏警告后你不留神选取了"启用宏"才有可能）后，会在你每次退出 Office 时自动屏蔽宏病毒防护选项。因此你一旦发现自己的计算机中设置的宏病毒防护功能选项无法在两次启动 Word 之间保持有效，则你的系统一定已经感染了宏病毒。也就是说一系列 Word 模板特别是 Normal.dot 已经被感染。

鉴于绝大多数人都不需要或者不会使用"宏"这个功能，可以得出一个相当重要的结论：如果你的 Office 文档在打开时，系统给出一个宏病毒警告框，那么你应该对这个文档保持高度警惕，它已被感染的概率极大。注意：简单地删除被宏病毒感染的文档并不能清除 Office 系统中的宏病毒。

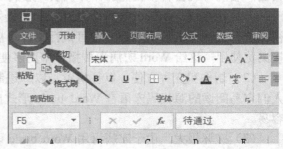

图 7-11 "文件"菜单

5. 在 Office 文件当中禁止宏

以 Excel 为例（Word 是一样的），方法是打开任何一个 Excel 文件，选择"文件"菜单，如图 7-11 所示。

选择"选项"，如图 7-12 所示。

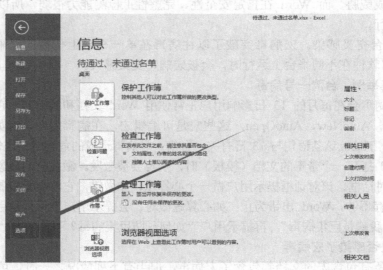

图 7-12 选项

选择"信任中心"，再单击"信任中心设置"，如图 7-13 所示。

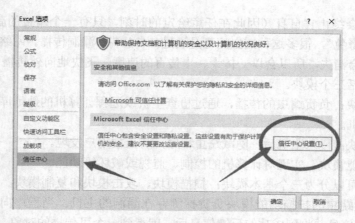

图 7-13　信任中心设置

选择"宏设置",再单击选项"禁用所有宏,并发出通知"选项,如图 7-14 所示。

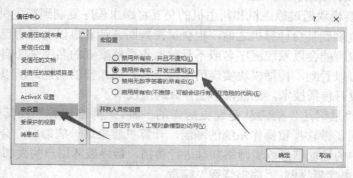

图 7-14　禁用所有宏

做完上面的步骤以后,计算机就不会有宏病毒了。如果有地方用到宏,系统会提示。如果你确定所使用的宏是有用的,启用即可。

6．使用杀毒软件查杀宏病毒

除了常用的 360、瑞星、江民等通用杀毒软件能查杀宏病毒外,还有一些 Office 宏病毒专杀工具（如 CleanMacro）也可以使用。使用反病毒软件是一种高效、安全和方便的清除方法,也是一般计算机用户的首选方法。

7.6.4　蠕虫病毒

1．蠕虫病毒的原理

蠕虫病毒是一种常见的计算机病毒。它利用网络进行复制和传播,传染途径是通过网络和电子邮件。最初定义为蠕虫病毒是因为在 DOS 环境下,病毒发作时会在屏幕上出现一条类似虫子的东西,胡乱吞吃屏幕上的字母。

蠕虫病毒是自包含的程序（或是一套程序）,它能传播自身的副本或自身的某些部分到其他的计算机系统中（通常是经过网络连接）。与一般的病毒不同,蠕虫不需要将其自身附着到宿主程序。有两种类型的蠕虫:主机蠕虫与网络蠕虫。主机蠕虫完全包含在它们运行的计算机中,并且使用网络仅将自身复制到其他计算机中。主机蠕虫在将其自身的副本加入另外的主机后，就会终止它自身（因此在任意给定的时刻，只有一个蠕虫的副本运行）。这种蠕虫有时也叫"野兔"，很多这种蠕虫病毒是通过 1434 端口漏洞传播。网络蠕虫在传播自身的同时，自身不会消失，所以会以一传十、十传百的速度，飞快地向外传播。

蠕虫一般包括三个模块。

（1）传播模块：负责蠕虫的传播，通过检查主机或远程计算机的地址库，找到可进一步传染的其他计算机。

（2）隐藏模块：侵入主机后，隐藏蠕虫程序，防止被用户发现。

（3）目的功能模块：实现对计算机的控制、监视或破坏等功能。

传播模块又可以分为三个基本模块：扫描模块、攻击模块和复制模块。

● 扫描：由蠕虫的扫描功能模块负责探测存在漏洞的主机。当程序向某个主机发送探测漏洞的信息并收到成功的反馈信息后，就得到一个可传播的对象。

● 攻击：攻击模块按漏洞攻击步骤自动攻击找到的对象，取得该主机的权限（一般为管理员权限），获得一个 shell。

● 复制：复制模块通过原主机和新主机的交互将蠕虫程序复制到新主机并启动。

蠕虫将自身复制到某台计算机之前，也会试图判断该计算机以前是否已被感染过。在分布式系统中，蠕虫可能会以系统程序名或不易被操作系统察觉的名字来为自己命名，从而伪装自己。同时，可以看到，传播模块实现的实际上是自动入侵的功能。所以，传播技术是蠕虫的首要技术，没有传播技术，也就谈不上什么蠕虫技术了。

危害很大的"尼姆达"病毒就是蠕虫病毒的一种，"熊猫烧香"及其变种也是蠕虫病毒。这一病毒利用了微软视窗操作系统的漏洞，计算机感染这一病毒后，会不断自动拨号上网，并利用文件中的地址信息或者网络共享进行传播，最终破坏用户的大部分重要数据。

2．典型的蠕虫病毒举例："熊猫烧香"病毒

2006 年底，中国互联网上大规模爆发"熊猫烧香"病毒及其变种，这种病毒将感染的所有程序文件图标改成熊猫举着三根香的模样，如图 7-15 所示。它还具有盗取用户游戏账号、QQ 账号等功能。有上百万个人用户、网吧及企业局域网用户遭受感染和破坏，引起社会各界高度关注，被称为 2006 年中国大陆地区的"毒王"。

图 7-15　"熊猫烧香"病毒图标

"熊猫烧香"病毒是一款拥有自动传播、自动感染硬盘能力和强大破坏能力的病毒，它不但能感染系统中的 exe、com、pif、src、html、asp 等文件，还能中止大量的反病毒软件进程并且会删除扩展名为 gho 的文件。如图 7-16 所示为被"熊猫烧香"病毒感染后的文件。

这款病毒的传播极为迅速，具有十分强大的破坏力。中毒的计算机会立即出现蓝屏，并且频繁重启，系统硬盘中的数据会被全部破坏。

该病毒会在中毒计算机中所有的网页文件尾部添加病毒代码。一些网站编辑人员的计算机如果被该病毒感染，其上传网页到网站后，就会导致用户浏览这些网站时也被病毒感染。多家著名网站已经遭到此类攻击而相继被植入病毒。由于这些网站的浏览量非常大，致使"熊猫烧香"病毒的感染范围非常广，中毒企业和政府机构已经超过千家，其中不乏金融、税务、能源等关系到国计民生的重要单位。

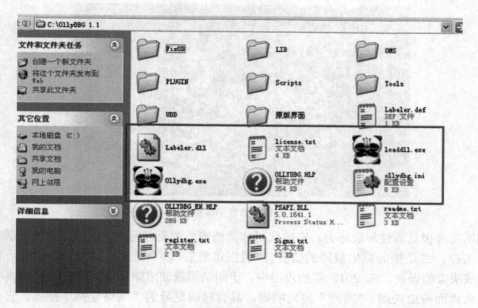

图 7-16 被 "熊猫烧香" 病毒感染后的文件

湖北省公安厅 2007 年 2 月 12 日宣布, 根据统一部署, 湖北网监在浙江、山东、广西、天津、广东、四川、江西、云南、新疆、河南等地公安机关的配合下, 一举侦破了制作传播 "熊猫烧香" 病毒案, 抓获病毒作者李俊 (男, 25 岁, 武汉新洲区人), 如图 7-17 所示。他于 2006 年 10 月 16 日编写了 "熊猫烧香" 病毒并在网上广泛传播, 并且还以自己出售和由他人代卖的方式, 在网络上将该病毒销售给 120 余人, 非法获利 10 万余元。

图 7-17 "熊猫烧香" 病毒作者李俊

2007 年 9 月 24 日, "熊猫烧香" 计算机病毒制造者及主要传播者李俊等 4 人受审。湖北省仙桃市人民法院以破坏计算机信息系统罪判处李俊有期徒刑四年、王磊有期徒刑二年六个月、张顺有期徒刑二年、雷磊有期徒刑一年, 并判决李俊、王磊、张顺的违法所得予以追缴, 上缴国库。

"熊猫烧香" 病毒利用了操作系统早期的一些漏洞, 现在这些漏洞都已经打上补丁了, 所以不用怕被这个病毒再次感染。但是一些和 "熊猫烧香" 病毒类似的病毒相继出现, 值得警惕。

7.6.5 震网病毒

2010 年 9 月, 伊朗布舍尔核电站遭到震网病毒 Stuxnet 攻击, 导致核电设施推迟启用。如图 7-18 所示为布舍尔核电站。震网病毒是第一个专门定向攻击真实世界中基础 (能源) 设施 (比如核电站、水坝和国家电网) 的蠕虫病毒。

图 7-18　布舍尔核电站

震网病毒极具毒性和破坏力。它的代码非常精密，主要有两个功能，一是使伊朗的离心机运行失控，二是掩盖发生故障的情况，"谎报军情"，以"正常运转"记录回传给管理部门，造成决策的误判。在 2010 年的攻击中，伊朗纳坦兹铀浓缩基地至少有 1/5 的离心机因感染该病毒而被迫关闭。"震网"定向明确，具有精确制导的"网络导弹"能力。它是专门针对工业控制系统编写的恶意病毒，能够利用 Windows 系统和西门子 SCADA 系统的多个漏洞进行攻击，根据指令，定向破坏伊朗离心机等要害目标。

震网病毒主要通过 U 盘的方式传播，针对微软操作系统中的 MS10-046 漏洞（Lnk 文件漏洞）、MS10-061（打印服务漏洞）、MS08-067 等多种漏洞，使用伪造的数字签名，利用一套完整的入侵传播流程，突破工业专用局域网的物理限制，对西门子的 SCADA 软件进行特定攻击，如图 7-19 所示。

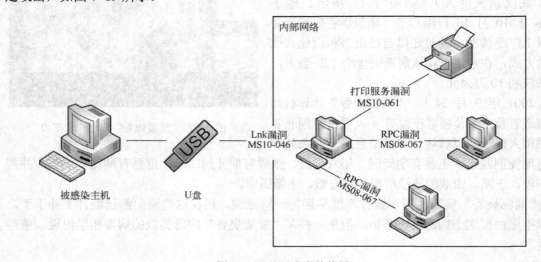

图 7-19　震网病毒的传播

震网病毒传播的过程是首先感染外部主机，然后感染 U 盘，利用快捷方式文件解析漏洞，传播到内部网络；在内网中，通过快捷方式解析漏洞、RPC 远程执行漏洞、打印机后台程序服务漏洞，实现联网主机之间的传播；最后抵达安装了西门子 Win CC 软件的主机，展开攻击。

震网病毒的复杂程度远超一般计算机黑客的能力。震网病毒于 2010 年 6 月首次被检测出来。在许多人的观念中，电视机、冰箱、空调这样的硬件设备和计算机病毒是没什么关系的。再厉害的计算机病毒，最多也就是把自己计算机中的所有文件都破坏。用户只需要拿起鼠标进行简单操作，许多软件都可以在重新还原系统后继续使用。

这也是震网病毒能迅速引发关注的原因。它所针对的，就是那些看似没有病毒威胁的工业基础设备。传统的工业控制系统是一种"史前"技术，隔离网络、规模庞大、通信单一，这样的设置就是为了完全隔离任何外界可能进行的攻击。要针对这样的系统进行攻击，传统的互联网理论是行不通的。因为与攻破一台连接到互联网的计算机不同，想要攻击工控设施的黑客被隔离在外，根本没办法对其进行破坏。

震网病毒攻击了不止伊朗一个国家，全球范围内，至少有数十万台计算机受到感染。震网病毒被制造出的目的与普通病毒有着根本性的不同，它拥有与武器类似的目标，那就是破坏。而正因为它的打击对象是全球各地的重要目标，因此被一些专家定性为全球首个投入实战的"网络武器"，而且无需借助网络连接进行传播。这种病毒可以破坏世界各国的化工、发电和电力传输企业所使用的核心生产控制计算机软件，并且代替控制系统对工厂其他计算机"发号施令"。

震网病毒利用了微软视窗操作系统之前未被发现的 4 个漏洞。通常意义上的黑客会利用这些漏洞盗取银行和信用卡信息来获取非法收入。而震网病毒不像一些恶意软件那样可以赚钱，它需要花钱研制。这是专家们相信震网病毒出自情报部门的一个原因。

据全球最大网络保安公司赛门铁克（Symantec）和微软（Microsoft）公司的研究，近 60% 的感染发生在伊朗，其次为印度尼西亚（约 20%）和印度（约 10%），阿塞拜疆、美国与巴基斯坦等地亦有小量个案。

工业控制系统安全非常重要，我们国家也非常重视。2014 年 12 月 1 日，中国电子信息产业集团有限公司第六研究所（简称"电子六所"）举办了"工业控制系统信息安全技术国家工程实验室"揭牌暨理事会和技术委员会成立大会。工业控制系统信息安全技术国家工程实验室是经国家发展和改革委员会批复，由电子六所承担建设的实验室，旨在解决工控领域信息安全相关问题。

目前，工业控制系统已广泛应用于我国电力、轨道交通、石油化工、高新电子、航空航天、核工业、医药、食品制造等工业领域，其中超过 80%涉及国计民生的关键基础设施依靠工业控制系统来实现自动化作业。工业控制系统已经成为国家关键基础设施的重要组成部分，工业控制系统的安全关系到国家的战略安全。

7.6.6　勒索病毒

1．勒索病毒简介
勒索病毒是黑客通过锁屏、加密等方式劫持用户设备或文件，并以此敲诈用户钱财的恶意软件。黑客利用系统漏洞或通过网络钓鱼等方式，向受害计算机或服务器植入病毒，加密硬盘上的文档乃至整个硬盘，然后向受害者索要数额不等的赎金后才予以解密。如果用户未在指定时间缴纳黑客要求的金额，被锁文件将无法恢复。

2．勒索病毒发展史
（1）勒索病毒第一阶段：不加密数据，提供赎金解锁设备。2008 年以前，勒索病毒通常不加密用户数据，只锁住用户设备，阻止用户访问，需提供赎金才能解锁。期间以 LockScreen 家族占主导地位，如图 7-20 所示。由于它不加密用户数据，所以只要清除病毒就不会给用户造成任何损失。由于这种病毒带来的危害都能被很好地解决，所以该类型的勒索软件只是昙花一现，很快便消失了。

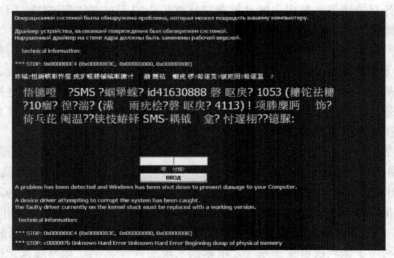

图 7-20   LockScreen 勒索病毒

（2）勒索病毒第二阶段：加密数据，提供赎金解锁文件。2013 年，以加密用户数据为手段勒索赎金的勒索软件逐渐出现。由于这类勒索软件采用了一些高强度的对称和非对称的加密算法对用户文件加密，在无法获取私钥的情况下要对文件进行解密，以目前的计算水平几乎是不可能完成的事情。正是因为这一点，该类型的勒索软件能够带来很大利润，各种类似软件纷纷出现，比较著名的有 CTB-Locker、TeslaCrypt、Cerber 等。如图 7-21 所示为 Telsa 勒索病毒。

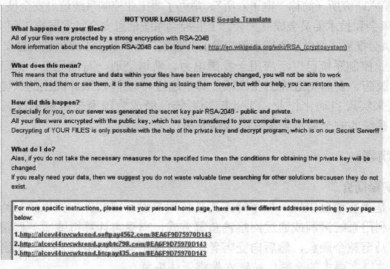

图 7-21   TelsaCrypt 勒索病毒

（3）勒索病毒第三阶段：蠕虫化传播，攻击网络中其他机器。2017 年，勒索病毒已经不仅仅满足于只加密单台设备，而是通过漏洞或弱口令等方式攻击网络中的其他机器，WannaCry 就属于此类勒索软件，短时间内造成全球大量计算机被加密，其影响延续至今。另一个典型代表是 Satan 勒索病毒。该病毒不仅使用了永恒之蓝（Eternal Blue）漏洞传播，还内置了多种 Web 漏洞的攻击功能，相比传统的勒索病毒传播速度更快。虽然该病毒已经被解密，但是其利用的传播手法非常危险。如图 7-22 所示为 Satan 勒索病毒释放的永恒之蓝攻击工具包。

📄 blue.exe	2018/7/5 17:14	应用程序	126 KB
📄 blue.fb	2018/7/5 17:14	FB 文件	1 KB
📄 blue.xml	2018/7/5 17:14	XML 文档	8 KB
📄 cnli-1.dll	2018/7/5 17:14	应用程序扩展	99 KB
📄 coli-0.dll	2018/7/5 17:14	应用程序扩展	15 KB
📄 crli-0.dll	2018/7/5 17:14	应用程序扩展	17 KB
📄 dmgd-4.dll	2018/7/5 17:14	应用程序扩展	469 KB
📄 down64.dll	2018/7/5 17:14	应用程序扩展	5 KB
📄 exma-1.dll	2018/7/5 17:14	应用程序扩展	10 KB
📄 libeay32.dll	2018/7/5 17:14	应用程序扩展	882 KB
📄 libxml2.dll	2018/7/5 17:14	应用程序扩展	807 KB
📄 mmkt.exe	2018/7/5 17:14	应用程序	1,282 KB
📄 posh-0.dll	2018/7/5 17:14	应用程序扩展	11 KB
📄 ssleay32.dll	2018/7/5 17:14	应用程序扩展	180 KB
📄 star.exe	2018/7/5 17:14	应用程序	45 KB

图 7-22　Satan 勒索病毒释放的永恒之蓝攻击工具包

3．典型的勒索病毒举例：WannaCry 勒索病毒

2017 年 5 月，一款名为 WannaCry 的勒索病毒席卷全球，我国部分高校内网、大型企业内网和政府机构专网遭受攻击较为严重。勒索软件利用的是微软 SMB 远程代码执行漏洞 CVE-2017-0144，微软已在 2017 年 3 月发布了该漏洞补丁。2017 年 4 月黑客组织影子经纪人（The Shadow Brokers）公布的方程式组织（Equation Group）使用的"EternalBlue"中包含了该漏洞利用程序，而该勒索软件的攻击者在借鉴了"EternalBlue"后发起了这次全球性大规模勒索攻击。

WannaCry 勒索病毒通过永恒之蓝漏洞传播，短时间内对整个互联网造成非常大的影响。受害者文件被加上 .WNCRY 后缀，并弹出勒索窗口，要求支付赎金，才可以解密文件，如图 7-23 所示。为了安全起见，黑客要求赎金为比特币。由于网络中仍存在不少未打补丁的机器，此病毒至今仍然有非常大的影响。

图 7-23　WannaCry 勒索病毒

4. 勒索病毒爆发原因

（1）加密手段复杂，解密成本高。勒索软件都采用成熟的密码学算法，使用高强度的对称和非对称加密算法对文件进行加密。除非在实现上有漏洞或密钥泄密，不然在没有私钥的情况下几乎没有可能解密。在受害者的数据非常重要又没有备份的情况下，除了支付赎金没有什么别的方法恢复数据。正是因为这点，勒索者能源源不断地获取高额收益，推动了勒索软件的爆发增长。

互联网上也流传着一些被勒索软件加密后的修复软件，但这些都是利用了勒索软件实现上的漏洞或私钥泄露才能够完成的。如 Petya 和 Cryptxxx 家族恢复工具利用了开发者软件实现上的漏洞，TeslaCrypt 和 CoinVault 家族数据恢复工具是利用了私钥的泄露来实现的。

（2）使用电子货币支付赎金，变现快追踪难。几乎所有勒索软件支付赎金的手段都是采用比特币来进行的。比特币因为其一些特点（匿名、变现快、追踪困难），再加上比特币名气大，大众比较熟知，支付起来不是很困难而被攻击者大量使用。可以说，比特币"很好"地帮助了勒索软件解决赎金的问题，进一步推动了勒索软件的发展。

（3）勒索软件服务化。开发者提供整套勒索软件解决方案，从勒索软件的开发、传播到赎金收取都提供完整的服务。攻击者不需要任何知识，只要支付少量的租金就可以开展勒索软件的非法勾当，这大大降低了勒索软件的门槛，推动了勒索软件大规模爆发。

5. 勒索病毒常见的攻击方式

攻击者将病毒伪装为盗版软件、外挂软件、播放器等，诱导受害者下载运行病毒，运行后加密受害者机器。此外，勒索病毒也会通过钓鱼邮件和系统漏洞进行传播。勒索病毒针对个人用户的攻击流程如图 7-24 所示。

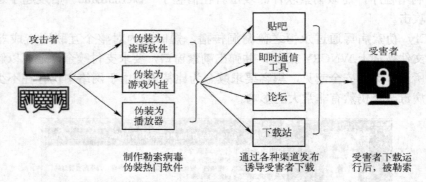

图 7-24　勒索病毒针对个人用户的攻击流程

6. 勒索病毒的防范

- 浏览网页时提高警惕，不下载可疑文件，警惕伪装为浏览器更新或者 flash 更新的病毒。
- 安装杀毒软件，保持监控开启，及时升级病毒库。
- 安装防勒索软件，防御未知勒索病毒。
- 不打开可疑邮件附件，不单击可疑邮件中的链接。
- 及时更新系统补丁，防止受到漏洞攻击。
- 备份重要文件，建议采用本地备份+脱机隔离备份+云端备份。

7.6.7 QQ、MSN 病毒

目前，网上利用 QQ、MSN 等聊天工具，进行病毒传播时有发生。如图 7-25 所示为通过 QQ 自动传播的病毒。另外还有黑客给 QQ、MSN 加木马，以盗取 QQ、MSN 的密码等信息。

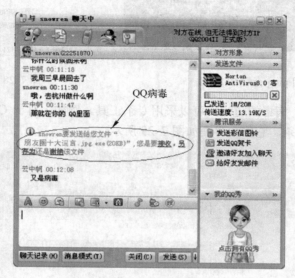

图 7-25　用 QQ 传播病毒文件

如图 7-26 所示为通过 MSN 传播的网页病毒。

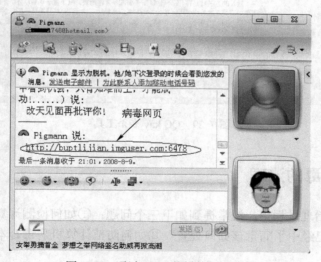

图 7-26　通过 MSN 传播的网页病毒

图中的网址很可怕，因为它的后面加了一个端口号。可以 ping 一下它的网址，如图 7-27 所示。通过这种方式可以看到它的 IP 地址为 121.54.173.87，然后再到 www.ip.cn 网站上查找一下就会发现这个网站实际上在香港，如图 7-28 所示。病毒会向 MSN 联系人发送文字信息，夹带毒包欺骗用户打开。

图 7-27　用 ping 查看 IP 地址　　　　　　　　　　图 7-28　查看 IP 所在地区

对于 QQ 和 MSN 病毒的防治，可以采用专杀工具。例如，对于 QQ 病毒可以下载 QQ kav 专杀工具，进行查杀。它的主界面如图 7-29 所示。

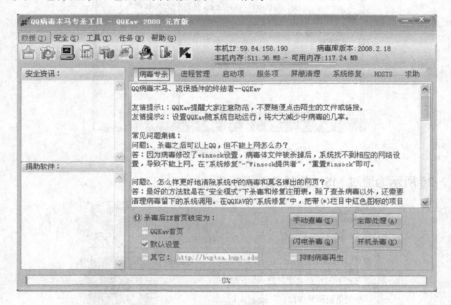

图 7-29　QQ kav 专杀工具

7.7　计算机病毒的治理

在计算机病毒治理过程中，经常提到如下三个问题：①如何检测计算机是否已经中了病毒？②如果计算机已经中了病毒该如何处置？③如何防范计算机病毒？本小节来解答这三个问题。

7.7.1　如何检测计算机是否已经感染病毒

1. 查看进程

首先排查的就是进程了，方法简单，开机后，什么都不要启动！

第一步：按〈Ctrl+Alt+Delete〉三个键，直接打开任务管理器，如图 7-30 所示，查看有没有可疑的进程，不认识的进程可以上网查询一下。

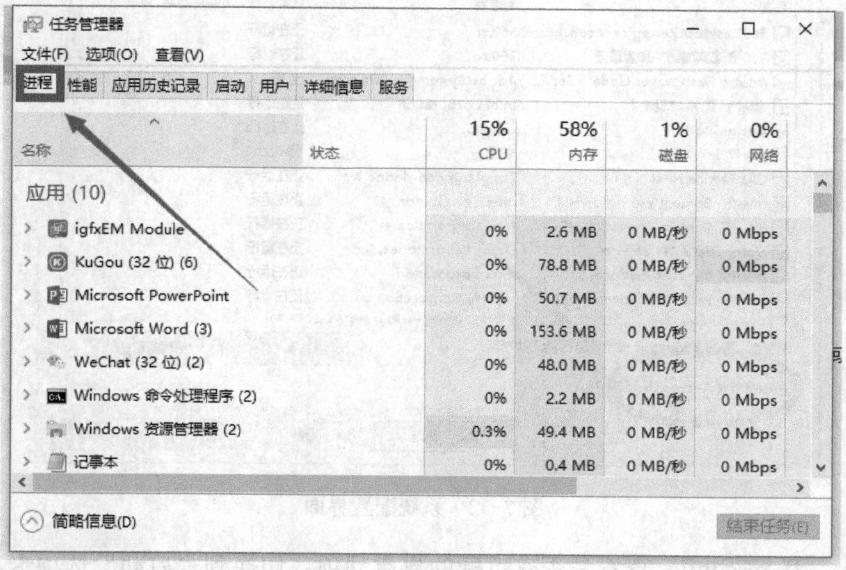

图 7-30　系统进程

第二步：打开"冰刃"等软件，先查看有没有隐藏进程（"冰刃"中以红色标出），然后查看系统进程的路径是否正确。

第三步：如果进程全部正常，则利用Wsyscheck等工具，查看是否有可疑的线程注入正常进程中。

2. 检查自启动项目

进程排查完毕，如果没有发现异常，则开始排查启动项。

第一步：用 msconfig 查看是否有可疑的服务。方法是单击"开始"，在搜索框里输入"CMD"进入 DOS 状态，输入"msconfig"，如图 7-31 所示。

图 7-31　DOS 状态输入"msconfig"

这时出现如图 7-32 所示的系统配置界面。切换到"服务"选项卡，勾选"隐藏所有Microsoft 服务"复选框，然后逐一确认剩下的服务是否正常（可以凭经验识别，也可以利用搜索引擎）。

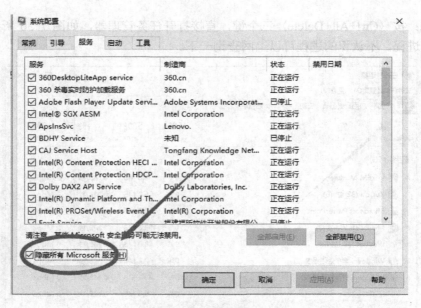

图 7-32　系统配置界面

第二步：用 msconfig 查看是否有可疑的自启动项。切换到"启动"选项卡，逐一排查即可，如图 7-33 所示。

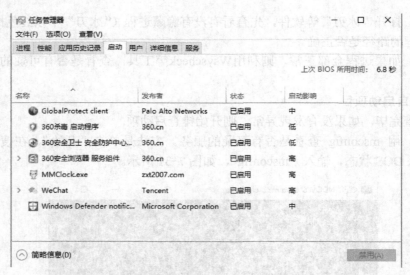

图 7-33　"启动"选项卡

3. 查看 CPU 时间

如果开机以后，系统运行缓慢，还可以用 CPU 时间做参考，找到可疑进程。方法如下：

打开任务管理器，切换到"进程"选项卡，在菜单中点"查看"，勾选"CPU 时间"，然后确定，单击 CPU 时间的标题，进行排序，寻找除了 SystemIdleProcess 和 SYSTEM 以外，CPU 时间较大的进程，这个进程需要引起一定的警惕。如图 7-34 所示为查看 CPU 时间。

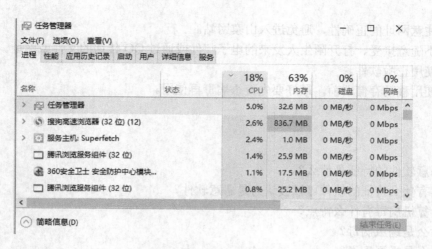

图 7-34　查看 CPU 时间

7.7.2　感染病毒该如何处置

发现计算机病毒应立即清除，将病毒危害减少到最低限度。发现计算机病毒后的解决方法如下。

（1）关闭计算机所有外部连接，包括拔掉网线、关掉无线连接等。

（2）在清除病毒之前，要先备份重要的数据文件。

（3）启动最新的反病毒软件，对整个计算机系统进行病毒扫描和清除，使系统或文件恢复正常。

（4）发现病毒后，一般应利用反病毒软件清除文件中的病毒。如果可执行文件中的病毒不能被清除，一般应将其删除，然后重新安装相应的应用程序。

（5）某些病毒在 Windows 状态下无法被完全清除，此时应用事先准备好的干净的系统引导盘引导系统，然后在 DOS 下运行相关杀毒软件进行清除。

（6）如果清除不了病毒，最好找专业的安全管理人员处理。

（7）如果病毒已经把文件删除，最好不要动计算机，直接关机，把计算机带到专业的数据恢复公司进行数据恢复。

7.7.3　如何防范计算机病毒

提高系统的安全性是防病毒的一个重要方面，但完美的系统是不存在的，过于强调提高系统的安全性将使系统多数时间用于病毒检查，系统失去了可用性、实用性和易用性。防范计算机病毒还应加强内部网络管理人员以及使用人员的安全意识。

（1）杀毒软件经常更新，以快速检测到可能入侵计算机的新病毒或者变种。

（2）使用安全监视软件（如 360 安全卫士、瑞星卡卡），主要防止浏览器被异常修改、插入钩子程序、安装恶意插件。

（3）使用防火墙或者杀毒软件自带的防火墙。

（4）关闭计算机自动播放，并对计算机和移动储存工具进行常见病毒查杀。

（5）定时进行全盘病毒扫描。

（6）注意网址的正确性，避免进入山寨网站。

（7）不随意接受、打开陌生人发来的电子邮件或通过 QQ 传递的文件或网址。

（8）使用正版软件。

（9）使用移动存储器前，最好要先查杀病毒再使用。

思考题

1. 恶意软件的特征是什么？
2. 具有什么特征的软件可以被认为是恶意软件？
3. 计算机病毒有什么特点？
4. 什么是蠕虫病毒？
5. 什么是震网病毒？
6. 勒索病毒爆发的原因是什么？
7. 如何检测计算机是否已经感染病毒？
8. 如果计算机已经中病毒该如何处置？
9. 如何防范计算机病毒？

第8章 计算机网络环境安全

计算机网络环境的安全非常重要。试想如果网络设备、计算机或交换机被小偷偷走的后果，就更不用说计算机中存储的数据了。本章的内容虽然不多，但是非常重要。本章主要简单讲解计算机网络环境的安全，内容主要包括网络环境安全防护方法和互联网上网安全管理。

网络环境安全面临的风险主要指由于网络周边环境和物理特性引起的网络设备和线路的不可用，而造成计算机网络系统的不可用，如设备被盗、设备老化、意外故障、无线电磁辐射泄密等。互联网上网安全管理主要介绍如何对上网行为进行安全管理。

8.1 网络环境安全防护方法

本节主要从网络环境防护技术与方法方面讲述网络环境安全。

8.1.1 网络机房物理位置的选择

计算机网络机房的物理位置选择应该遵循以下原则：

- 机房应选择在具有防震、防风和防雨等能力的建筑内。
- 机房的承重应满足设计要求。
- 机房场地应避免设在建筑物的高层或地下室，以及用水设备的下层或隔壁。一般计算机网络机房设在高层楼宇的 2 或 3 层为好。
- 机房场地应当避开强电场、强磁场、强震动源、强噪声源、重度环境污染，易发生火灾、水灾，易遭受雷击的地区。

8.1.2 物理访问控制

对计算机网络机房的访问应该遵循以下原则：

- 有人值守机房出入口应有专人值守，鉴别进入的人员身份并登记在案。
- 无人值守的机房门口应具备告警系统。
- 应批准进入机房的来访人员，限制和监控其活动范围。
- 应对机房划分区域进行管理，区域和区域之间设置物理隔离装置，在重要区域前设置交付或安装等过渡区域。
- 应对重要区域配置电子门禁系统，鉴别和记录进入的人员身份并监控其活动，并且门禁可以是带考勤的，这样就不用考勤卡了。可以考虑每个员工进入公司时，有一个身份卡，这样出了安全问题后，容易找到当事人。
- 服务器应该安放在安装了监视器的隔离房间内，并且监视器要保留 15 天以上的摄像记录。

机房里安装监控摄像头时，最好安装两个以上，并且成对角线安装，这主要是为了防止监控盲区。如图 8-1 所示为房间里安装监控摄像头。

图 8-1　房间里安装监控摄像头

8.1.3　防盗窃和防破坏

为了防止计算机网络机房被盗窃和破坏，应该做到以下事情：

- 应将相关服务器放置在物理受限的范围内。
- 应利用光、电等技术设置机房的防盗报警系统，以防进入机房的盗窃和破坏行为。
- 应对机房设置监控报警系统。
- 机箱、键盘、计算机桌抽屉要上锁，以确保旁人即使进入房间也无法使用计算机，钥匙要放在安全的地方。
- 在自己的办公桌上安上笔记本计算机安全锁，以防止笔记本计算机的丢失。图 8-2 所示为笔记本计算机安全锁。

图 8-2　笔记本计算机安全锁

8.1.4　防雷击

- 机房建筑应设置避雷装置。
- 应设置防雷保安器，防止感应雷；应设置交流电源地线。

8.1.5 防火

● 应设置火灾自动消防系统，自动检测火情，自动报警，并自动灭火。还应考虑自动防火措施失效时，用灭火器灭火，所以在一些公共场合应该放置多个灭火器。
● 机房及相关的工作房间和辅助房，其建筑材料应具有耐火等级。

8.1.6 防水和防潮

● 水管安装不得穿过屋顶和活动地板下。
● 应对穿过墙壁和楼板的水管增加必要的保护措施，如设置套管。
● 应采取措施防止雨水通过屋顶和墙壁渗透。
● 应采取措施防止室内水蒸气结露和地下积水的转移与渗透。

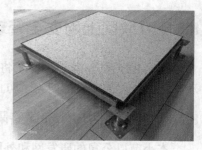

8.1.7 防静电

● 应采用必要的接地等防静电措施。
● 应采用防静电地板，如图 8-3 所示。

8.1.8 温湿度控制

图 8-3　防静电地板

应设置恒温恒湿系统，使机房温、湿度的变化在设备运行所允许的范围之内。

国家把计算机机房一般分为 A 类、B 类和 C 类，对三类机房的要求不一样，标准依次降低。针对温湿度，A 类和 B 类机房要求一样，温度都是 23±1℃，湿度均为 40%～55%。C 类机房的温度为 18～28℃，湿度为 35%～75%。

8.1.9 电力供应

● 机房供电应与其他市电供电分开。
● 应设置稳压器和过电压防护设备。
● 应提供短期的备用电力供应（如 UPS 设备）。
● 应建立备用供电系统（如备用发电机），以备常用供电系统停电时启用。

UPS（Uninterruptible Power System/Uninterruptible Power Supply），即不间断电源，是将蓄电池（多为铅酸免维护蓄电池）与主机相连接，通过主机逆变器等模块电路将直流电转换成市电的系统设备，主要用于给单台计算机、计算机网络系统或其他电力电子设备如电磁阀、压力变送器等提供稳定、不间断的电力供应。当市电输入正常时，UPS 将市电稳压后供应给负载使用，此时的 UPS 就是一台交流式电稳压器，同时它还向机内电池充电；当市电中断（事故停电）时，UPS 立即将电池的直流电能，通过逆变器切换转换的方法向负载继续供应 220V 交流电，使负载维持正常工作并保护负载软、硬件不受损坏。UPS 设备通常对电压过高或电压过低都能提供保护。如图 8-4 所示为 UPS 设备。

图 8-4　UPS 设备

8.1.10　电磁防护要求

● 应采用接地方式防止外界电磁干扰和相关服务器寄生耦合干扰。
● 电源线和通信线缆应隔离，避免互相干扰。

8.1.11　其他防护措施

● 防尘和有害气体控制。
● 机房中应无爆炸、导电、导磁性及腐蚀性尘埃。
● 机房中应无腐蚀金属的气体；机房中应无破坏绝缘的气体。

8.2　互联网上网安全管理

通常由于安全需要，要求将上网的计算机与不能上网的计算机（如保密机）分开来管理。有些公司的研发部门为了防止秘密信息外泄，有时也有这样的需求。

8.2.1　内部网络与外部网络隔离管理

本小节以公司的研发网和外面的因特网需要隔离为例子，讲解如何将内部网络与外部网络隔离管理。

公司内部的研发网与外面的因特网是完全从物理上隔离的（没有网线直接相接）。这样从物理上隔离可以防止公司的核心代码被外网上的黑客盗用，也可以防止公司内部人员将公司代码"偷"出去，还最大限度地防止了来自外部的入侵行为（如网上的病毒等）。如图8-5所示。有些单位需要将保密机器与互联网隔离，也可以采用这种方法。

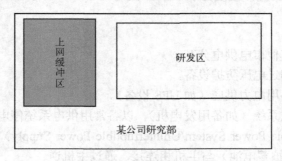

图8-5　划分区域上网

（1）如图 8-5 所示，设置专门的上网区域（在研发区以外），称作上网缓冲区。在上网缓冲区可以自由地上因特网来查找资料，供需要上因特网的研发员工上网。但是，上网缓冲区与研发区是物理隔离的，没有任何形式的连接。

（2）给重要员工配置笔记本，让其通过无线方式上因特网来查找资料。

8.2.2　内部网络的安全管理

研发区与因特网是物理隔离的，所以为了进一步的安全考虑，控制研发区里的传输介质就显得尤其重要了。在研发区里，对传输介质的控制，采用的是多层次、多方面的措施，这样可以最大限度地防止公司核心成果的外漏，特别是防止公司内部人员将公司机密泄漏。

（1）禁止公司员工将自己的笔记本计算机、U 盘和 MP3 等传输介质带入公司，一经发现，严肃处理。如果非要使用 U 盘等传输介质来传输文件，则必须通过公司的专门人员完成（比如公司安全管理员）。禁止员工将公司的笔记本计算机带回家。

（2）对于研发网机器上的 U 盘接口、串口、并口等采用带有公司公章的封条封上。封条封的时候要注意，要选择那种一碰就容易破的纸。并且在封之前，最好再给里面塞满纸。这样做，如果有人想要往里插线，则须将里面的纸取出，这时外面的封条早就破了。

（3）将研发网机器内部 U 盘接口、串口和并口等的接口线拔掉。

（4）将机箱上锁。

（5）在机器 BIOS 设置里将 U 盘接口、串口和并口等关闭。

（6）如果员工要从内部向外部，或从外部向内部复制资料，则必须通过专门的安全管理人员。

（7）最好不用常规的文件删除技术，而用文件粉碎或擦除技术。

（8）将计算机上的 IP 地址与 MAC 地址绑定，这一点可以通过交换机来实现。除此之外，还要将计算机上的网线用带有公司公章的封条封上，以防止非法人员将网线拔掉，而插入别的计算机。

（9）所有从内网到外网要传输的资料，都要经过部门主管人员的审批。

（10）可传输的资料经主管人员审批后，交给管理员杀病毒，管理员再放到内网的 FTP 服务器上，供需要的人员下载。

思考题

1. 计算机网络机房的选址应该遵循哪些原则？
2. 如何防止笔记本计算机被盗？
3. 机房的温度和湿度应该保持在多少？
4. 如何将单位的保密局域网与外网隔离开来？

第 9 章　防火墙技术

本章详细讲述防火墙技术，主要包括防火墙的概念、防火墙的类型、防火墙的基本特性、防火墙的关键技术、防火墙的体系结构、防火墙实现的架构、Windows 防火墙、分布式防火墙等。

9.1　防火墙概述

防火墙（Firewall）是设置在被保护网络和外部网络之间的一道屏障，实现网络的安全保护，以防止发生不可预测的、潜在破坏性的侵入，如图 9-1 所示。防火墙本身具有较强的抗攻击能力，它是提供信息安全服务、实现网络和信息安全的基础设施。如图 9-2 所示为一个典型的硬件防火墙。

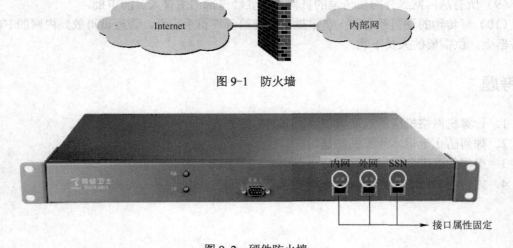

图 9-1　防火墙

图 9-2　硬件防火墙

防火墙，也称防护墙，由 Check Point 公司创立者 Gil Shwed 于 1993 年发明并引入互联网。防火墙是位于内部网和外部网之间的屏障，它按照系统管理员预先定义好的规则来控制数据包的进出。防火墙是系统的第一道防线，其作用是防止非法用户的进入。

防火墙是一种计算机硬件和软件的结合，使 Internet 与 Intranet 之间建立起一个安全网关，从而保护内部网免受非法用户的侵入，如图 9-3 所示。

防火墙也可以应用于企业内部不同安全级别的网络之间，进行安全防护，如图 9-4 所示。防火墙主要由服务访问规则、验证工具、包过滤组成。防火墙就是一个位于计算机和它所连接的网络之间的软件或硬件。该计算机流入流出的所有网络通信和数据包均要经过此防火墙。

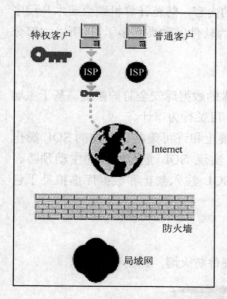

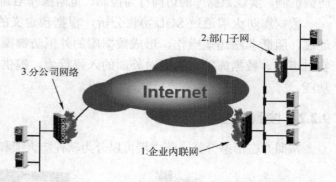

图 9-3　Internet 与 Intranet 之间的防火墙　　　　图 9-4　企业内部不同部门之间的防火墙

9.2　防火墙的分类

9.2.1　按照所在的层次和作用分类

　　按照防火墙所在的层次和作用分类，可以将防火墙分为网络层防火墙、应用层防火墙和数据库防火墙三种。

　　1. 网络层防火墙

　　网络层防火墙可视为一种 IP 封包过滤器，运作在底层的 TCP/IP 协议栈上。可以以枚举的方式，只允许符合特定规则的封包通过，其余的一概禁止穿越防火墙（病毒除外，防火墙不能防止病毒侵入）。这些规则通常可以由管理员定义或修改，不过某些防火墙设备只能套用内置的规则。也能以另一种较宽松的角度来制定防火墙规则，只要封包不符合任何一项"否定规则"就予以放行。操作系统及网络设备大多已内置防火墙功能。较新的防火墙能利用封包的多样属性来进行过滤，如来源 IP 地址、来源端口号、目的 IP 地址或端口号、服务类型（如 HTTP 或 FTP），也能由通信协议、TTL 值、来源的网域名称或网段等属性来过滤。

　　2. 应用层防火墙

　　应用层防火墙是在 TCP/IP 栈的"应用层"上运作，使用浏览器时所产生的数据流或使用 FTP 等应用层协议时的数据流都属于这一层。应用层防火墙可以拦截进出某应用程序的所有封包，并且封锁其他的封包（通常是直接将封包丢弃）。理论上，这类防火墙可以完全阻绝外部的数据流进到受保护的机器里。

防火墙可以通过监测所有的封包并找出不符合规则的内容，防范计算机蠕虫或木马程序的快速蔓延。不过就实现而言，这个方法既繁且杂（因为软件的种类太多了），所以大部分的防火墙都不会考虑以这种方法设计。

3. 数据库防火墙

数据库防火墙是一种基于数据库协议分析与控制技术的数据库安全防护系统。基于主动防御机制，实现数据库的访问行为控制、危险操作阻断、可疑行为审计。

数据库防火墙通过 SQL 协议分析，根据预定义的禁止和许可策略让合法的 SQL 操作通过，阻断非法违规操作，形成数据库的外围防御圈，实现 SQL 危险操作的主动预防、实时审计。数据库防火墙面对外部的入侵行为，提供 SQL 注入禁止和数据库虚拟补丁包功能。

9.2.2 按照存在形态分类

按照存在形态分类，防火墙可以分为软件防火墙和硬件防火墙，如图 9-5 所示。

软件防火墙　　　　　　　　　　　　　硬件防火墙

图 9-5　防火墙的形态

软件防火墙的特点如下：
- 主要使用独立的软件实现防火墙的功能，需要准备额外的操作系统平台。
- 安全性依赖低层的操作系统。
- 网络适应性弱（主要以路由模式工作）。
- 稳定性高。
- 软件分发、升级比较方便。

硬件防火墙的特点如下：
- 使用专用的硬件和软件实现，不用准备额外的操作系统平台。
- 安全性完全取决于专用的操作系统。
- 网络适应性强（支持多种接入模式）。
- 稳定性较高。
- 升级、更新不太灵活。

9.2.3 按照保护对象分类

按照保护对象分类，防火墙可以分为单机防火墙（如图 9-6 所示）和网络防火墙（如图 9-7 所示）。

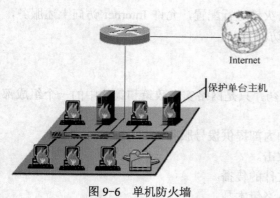

图 9-6　单机防火墙　　　　　　　　　　图 9-7　网络防火墙

9.3　防火墙的作用与局限性

9.3.1　防火墙的作用

防火墙主要有 5 个作用。

1．过滤进出网络数据

防火墙允许网络管理员定义一个中心"扼制点"来防止非法用户,如黑客、网络破坏者等进入内部网络。禁止存在安全脆弱性的服务进出网络,并抗击来自各种路线的攻击。Internet 防火墙能够简化安全管理,网络安全性是在防火墙系统上得到加固,而不是分布在内部网络的所有主机上。

2．监视网络的安全性

在防火墙上可以很方便地监视网络的安全性,并产生报警。应该注意的是:对一个内部网络已经连接到 Internet 上的机构来说,重要的问题并不是网络是否会受到攻击,而是何时会受到攻击。网络管理员必须审计并记录所有通过防火墙的重要信息。如果网络管理员不能及时响应报警并审查常规记录,防火墙就形同虚设。在这种情况下,网络管理员永远不会知道防火墙是否受到攻击。

3．部署网络地址变换

Internet 防火墙可以作为部署 NAT(Network Address Translator,网络地址变换)的逻辑地址。因此,防火墙可以用来缓解地址空间短缺的问题,并消除机构在变换 ISP 时带来的重新编址的麻烦。

4．审计和记录网络流量

Internet 防火墙是审计和记录 Internet 使用量的一个最佳地方。网络管理员可以在此向管理部门提供 Internet 连接的费用情况,查出潜在的带宽瓶颈的位置,并能够根据机构的核算模式提供部门级的计费。

防火墙还有日志功能,一般包括系统日志、流量日志、告警日志等。另外,根据管理的需要,防火墙可以对每一个进出网络的数据包作简单或详细的记录,包括数据的来源、目的、使用的协议、时间甚至数据的内容等。

5．发布服务信息

Internet 防火墙也可以成为向客户发布信息的地点。Internet 防火墙作为部署 WWW 服务器和 FTP 服务器的地点非常理想。还可以对防火墙进行配置，允许 Internet 访问上述服务，而禁止外部对受保护的内部网络上其他系统的访问。

9.3.2 防火墙的局限性

防火墙不是解决所有网络安全问题的万能药，只是网络安全政策和策略中的一个组成部分。防火墙不能防范以下攻击：

- 防火墙不能防范绕过防火墙的攻击，如内部提供拨号服务。
- 防火墙不能防范来自内部人员恶意的攻击。
- 防火墙不能阻止被病毒感染的程序或文件的传播。
- 防火墙不能防止数据驱动式攻击，如特洛伊木马。

如图 9-8 所示，如果有人绕过防火墙通过 Modem 上因特网的话，那么防火墙是不能保护内部网络安全的。

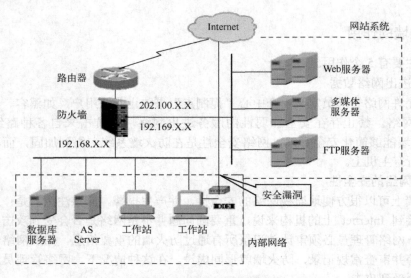

图 9-8　绕过防火墙的漏洞

9.4　防火墙的基本特性

9.4.1　数据流过滤

内部网络和外部网络之间的所有网络数据流都必须经过防火墙。这是防火墙所处网络位置的特性，同时也是一个前提。因为只有当防火墙是内、外部网络之间通信的唯一通道，才可以全面、有效地保护企业网内部网络不受侵害。

根据美国国家安全局制定的《信息保障技术框架》，防火墙适用于用户网络系统的边界，属于用户网络边界的安全保护设备。所谓网络边界即是采用不同安全策略的两个网络连接处，比如用户网络和互联网之间连接、与其他业务往来单位的网络连接、用户内部网络不同部门之间的连接等。防火墙的目的就是在网络连接之间建立一个安全控制点，通过允许、拒绝或重新定向经过防火墙的数据流，实现对进、出内部网络的服务和访问的审计和控制。

典型的防火墙体系网络结构如图 9-9 所示。从图 9-9 中可以看出，防火墙的一端连接企事业单位内部的局域网，而另一端则连接着互联网。所有的内、外部网络之间的通信都要经过防火墙。

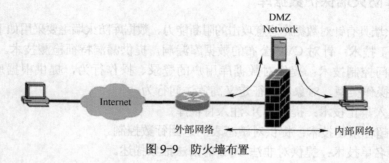

图 9-9　防火墙布置

9.4.2　通过安全策略过滤

只有符合安全策略的数据流才能通过防火墙。防火墙最基本的功能是确保网络流量的合法性，并在此前提下将网络的流量快速地从一条链路转发到另外的链路上去。最早的防火墙是一台"双穴主机"，即具备两个网络接口，同时拥有两个网络层地址。防火墙将网络上的流量通过相应的网络接口接收上来，按照 OSI 协议栈的七层结构顺序上传，在适当的协议层进行访问规则和安全审查，然后将符合通过条件的报文从相应的网络接口送出，而对不符合通过条件的报文则予以阻断。因此，从这个角度上来说，防火墙是一个类似于桥接或路由器的、多端口的（网络接口≥2）转发设备，它跨接于多个分离的物理网段之间，并在报文转发过程之中完成对报文的审查工作。

9.4.3　自身安全性高

防火墙自身应具有非常强的抗攻击免疫力。这是防火墙担当企业内部网络安全防护重任的先决条件。防火墙处于网络边缘，它就像一个边界卫士一样，每时每刻都要面对黑客的入侵，这样就要求防火墙自身要具有非常强的抗击入侵本领。它之所以具有这么强的本领，防火墙操作系统本身是关键。只有自身具有完整信任关系的操作系统才可以谈论系统的安全性。其次就是防火墙自身具有非常低的服务功能，除了专门的防火墙嵌入系统外，再没有其他应用程序在防火墙上运行。当然这些安全性也只能说是相对的。

9.4.4　应用层防火墙防护能力细致

应用层防火墙具备更细致的防护能力。自从 Gartner 提出下一代防火墙概念以来，信息安全行业越来越认识到应用层攻击已取代传统攻击，对用户信息安全的威胁更大，而传统防火墙由于不具备区分端口和应用的能力，只能防御传统的攻击，对基于应用层的攻击则毫无办法。

从 2011 年开始，国内厂家通过多年的技术积累，开始推出下一代防火墙。从第一家推出真正意义的下一代防火墙的网康科技开始，至今包括东软、天融信等在内的传统防火墙厂商也陆续推出了下一代防火墙。下一代防火墙具备应用层分析的能力，能够基于不同的应用特征，实现应用层的攻击过滤，在具备传统防火墙、IPS、防毒等功能的同时，还能够对用户和内容进行识别管理，兼具了应用层的高性能和智能联动两大特性，能够更好地针对应用层攻击进行防护。

9.4.5 数据库防火墙保护数据库

数据库防火墙具有针对数据库恶意攻击的阻断能力。数据库防火墙主要采用如下一些技术。

- 虚拟补丁技术：针对 CVE 公布的数据库漏洞，提供漏洞特征检测技术。
- 高危访问控制技术：提供对数据库用户的登录、操作行为，提供根据地点、时间、用户、操作类型、对象等特征定义高危访问行为。
- SQL 注入禁止技术：提供 SQL 注入特征库。
- 返回行超标禁止技术：提供对敏感表的返回行数控制。
- SQL 黑名单技术：提供对非法 SQL 的语法抽象描述。

9.5 防火墙的关键技术

9.5.1 网络地址转换

1. 网络地址转换简介

网络地址转换（Network Address Translation，NAT）是一个 IETF（Internet Engineering Task Force，Internet 工程任务组）标准，允许一个整体机构以一个公用 IP 地址出现在 Internet 上。顾名思义，它是一种把内部私有网络地址翻译成合法网络 IP 地址的技术。NAT 最主要的两个目的，一个是解决 IP 地址空间不足问题，另一个是向外界隐藏内部网结构。NAT 的三种模式如下。

- M-1：多个内部网地址翻译到 1 个 IP 地址。
- 1-1：简单的地址翻译。
- M-N：多个内部网地址翻译到 N 个 IP 地址池。

2. NAT 分类

NAT 有三种类型：静态 NAT（Static NAT）、动态地址 NAT（Pooled NAT）、网络地址端口转换 NAPT（Network Address Port Translation）。

其中，网络地址端口转换 NAPT 是把内部地址映射到外部网络的一个 IP 地址的不同端口上。它可以将中小型的网络隐藏在一个合法的 IP 地址后面。NAPT 与动态地址 NAT 不同，它将内部连接映射到外部网络中的一个单独的 IP 地址上，同时在该地址上加上一个由 NAT 设备选定的端口号。

NAPT 是使用最普遍的一种转换方式。它又包含两种转换方式：源 NAT 和目的 NAT。

（1）源 NAT（SNAT：Source NAT）：修改数据包的源地址。源 NAT 改变第一个数据包的来源地址，它永远会在数据包发送到网络之前完成。数据包伪装就是一个源 NAT 的例子。

（2）目的 NAT（DNAT：Destination NAT）：修改数据包的目的地址。目的 NAT 刚好与源 NAT 相反，它是改变第一个数据包的目的地址。平衡负载、端口转发和透明代理就属于目的 NAT。

如图 9-10 所示为 NAT 的分类。

3．NAT 原理

（1）地址转换。NAT 的基本工作原理是，当私有网主机和公共网主机通信的 IP 包经过带有 NAT 功能的防火墙时，将 IP 包中的源 IP 或目的 IP 在私有 IP 和 NAT 的公共 IP 之间进行转换。

如图 9-11 所示，带有 NAT 功能的防火墙有 2 个网络端口，其中公共网络端口的 IP 地址是统一分配的公共 IP，为 202.20.65.5；私有网络端口的 IP 地址是保留地址，为 192.168.1.1。私有网中的主机 192.168.1.2 向公共网中的主机 202.20.65.4 发送了 1 个 IP 包（Dst=202.20.65.4，Src=192.168.1.2）。

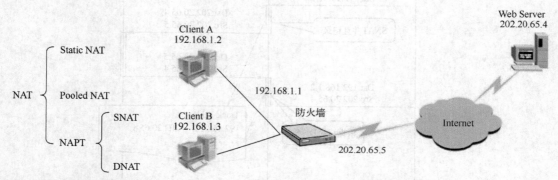

图 9-10　网络地址转换 NAT 分类　　　　　　　　　　图 9-11　NAT 示意图

当 IP 包经过带有 NAT 功能的防火墙时，防火墙会将 IP 包的源 IP 转换为防火墙的公共 IP 并转发到公共网，此时 IP 包（Dst=202.20.65.4，Src=202.20.65.5）中已经不含任何私有网 IP 的信息。由于 IP 包的源 IP 已经被转换成 NAT 网关的公共 IP，Web Server 发出的响应 IP 包（Dst= 202.20.65.5，Src=202.20.65.4）将被发送到防火墙。

这时，带有 NAT 功能的防火墙会将 IP 包的目的 IP 转换成私有网中主机的 IP，然后将 IP 包（Dst=192.168.1.2，Src=202.20.65.4）转发到私有网。对于通信双方而言，这种地址的转换过程是完全透明的。转换示意图如图 9-12 所示。

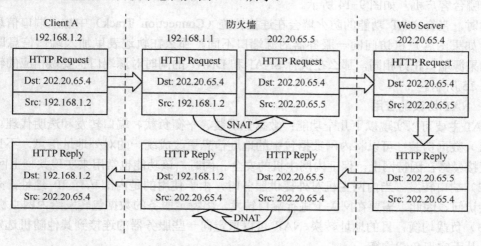

图 9-12　NAT 地址转换示意图

如果内网主机发出的请求包未经过 NAT，那么当 Web Server 收到请求包，回复的响应包中的目的地址就是私有网 IP 地址，在 Internet 上无法正确送达，导致连接失败。

（2）连接跟踪。在上述过程中，带有 NAT 功能的防火墙在收到响应包后，就需要判断将数据包转发给谁。此时如果子网内仅有少量客户机，可以用静态 NAT 手工指定；但如果内网有多台客户机，并且各自访问不同网站，这时候就需要连接跟踪（connection track），如图 9-13 所示。

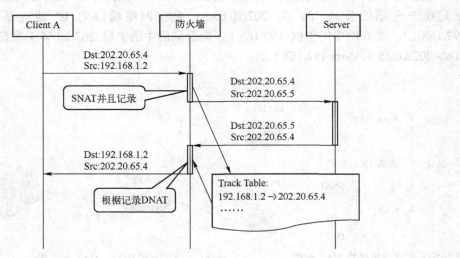

图 9-13　连接跟踪

在带有 NAT 功能的防火墙收到客户机发来的请求包后，做源地址转换，并且将该连接记录保存下来，当防火墙收到服务器发来的响应包后，查找轨迹表（Track Table），确定转发目标，做目的地址转换，转发给客户机。

（3）端口转换。以上述客户机访问服务器为例，当仅有一台客户机访问服务器时，带有 NAT 功能的防火墙只需更改数据包的源 IP 或目的 IP 即可正常通信。但是如果 Client A 和 Client B 同时访问 Web Server，那么当防火墙收到响应包的时候，就无法判断应该将数据包转发给哪台客户机，如图 9-14 所示。

此时，带有 NAT 功能的防火墙会在连接轨迹（Connection Track）中加入端口信息加以区分。如果两客户机访问同一服务器的源端口不同，那么在轨迹表里加入端口信息即可区分；如果源端口正好相同，那么在执行 SNAT 和 DNAT 的同时对源端口也要做相应的转换，如图 9-15 所示。

4．NAT 协议的应用

NAT 主要可以实现以下几个功能：数据包伪装、平衡负载、端口转发和透明代理。

（1）数据伪装：可以将内网数据包中的地址信息更改成统一的对外地址信息，不让内网主机直接暴露在因特网上，保证内网主机的安全。同时，该功能也常用来实现共享上网。

（2）端口转发：当内网主机对外提供服务时，由于使用的是内部私有 IP 地址，外网无法直接访问。因此，需要在网关上进行端口转发，将特定服务的数据包转发给内网主机。

（3）负载均衡：目的地址转换 NAT 可以重定向一些服务器的连接到其他随机选定的服务器，从而实现负载均衡。

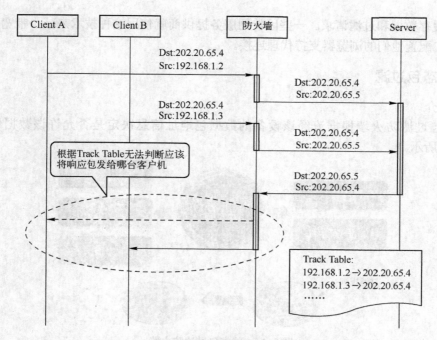

图 9-14　无法判断应该将数据包转发给哪台客户机

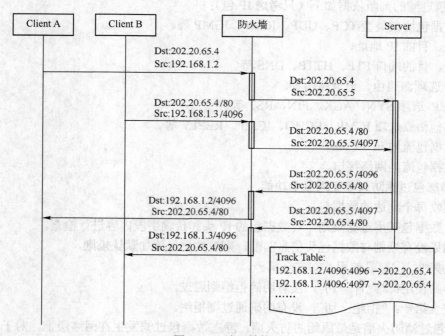

图 9-15　端口转换

（4）失效终结：目的地址转换 NAT 可以用来提供高可靠性的服务。如果一个系统有一台通过路由器访问的关键服务器，一旦路由器检测到该服务器停机，它可以使用目的地址转换 NAT 透明地把连接转移到一个备份服务器上。

（5）透明代理：NAT 可以把连接到因特网的 HTTP 连接重定向到一个指定的 HTTP 代理

135

服务器以缓存数据和过滤请求。一些因特网服务提供商就使用这种技术来减少带宽的使用而不用让客户配置他们的浏览器支持代理连接。

9.5.2 静态包过滤

1. 简介

静态包过滤防火墙根据流经该设备的数据包地址信息决定是否允许该数据包通过，如图 9-16 所示。

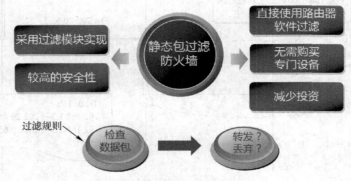

图 9-16　静态包过滤防火墙

静态包过滤的判断依据如下（只考虑 IP 包）：

- 数据包协议类型 TCP、UDP、ICMP、IGMP 等。
- 源、目的 IP 地址。
- 源、目的端口 FTP、HTTP、DNS 等。
- IP 选项源路由、记录路由等。
- TCP 选项 SYN、ACK、FIN、RST 等。
- 其他协议选项 ICMP、ECHO、ICMP、REPLY 等。
- 数据包流向 in 或 out。
- 数据包流经网络接口。

2. 静态包过滤防火墙实现三个功能

- 接收每个到达的数据包。
- 对数据包采用过滤规则，对数据包的 IP 头和传输字段内容进行检查。
- 如果没有规则与数据包头信息匹配，则对数据包施加**默认规则**。

默认规则：①容易使用；②安全第一。

- 容易使用："允许一切"，没有明确拒绝则通过。
- 安全第一："拒绝一切"，没有明确通过则拒绝。

静态包过滤防火墙是最原始的防火墙，静态数据包过滤发生在网络层上。对于静态包过滤防火墙来说，决定接收还是拒绝一个数据包，取决于对数据包中 IP 头和协议头等特定域的检查和判定。

3. 静态包过滤器的工作原理

- 过滤内容：源地址、目的地址、源端口、目的端口、应用或协议。
- 若符合规则，则丢弃数据包。如果包过滤器没有发现一个规则与该数据包匹配，那

136

么它将对其施加一个默认规则。

- 过滤位置：可以在网络入口处过滤，也可在网络出口处过滤，还可以在入口和出口同时对数据包进行过滤。
- 访问控制策略：网管员预先编写一个访问控制列表，明确规定哪些主机或服务可接受，哪些主机或服务不可接受。

4．静态包过滤防火墙的优点

- 逻辑简单，价格便宜，成本低。
- 对网络性能的影响较小，有较强的透明性。
- 它的工作与应用层无关，无须改动任何客户机和主机上的应用程序，易于安装和使用。

5．静态包过滤防火墙的缺点

- 配置基于包过滤方式的防火墙，需要对 IP、TCP、UDP、ICMP 等各种协议有深入的了解，否则容易出现因配置不当带来的问题。
- 过滤判别的只有网络层和传输层的有限信息，因而各种安全要求不能得到充分满足。
- 由于数据包的地址及端口号都在数据包的头部，不能彻底防止 IP 地址欺骗。
- 允许外部客户和内部主机的直接连接。
- 不提供用户的鉴别机制。
- 仅工作在网络层，具有较低水平的安全性。

9.5.3 动态包过滤

1．基本原理

动态包过滤防火墙的特征与静态包过滤防火墙的特征非常相似。但多出一项工作，即对外出数据包的身份做一个标记，对相同连接的进入的数据包也被允许通过。也就是说，它捕获了一个"连接"，而不是单个数据包头中的信息。因此，它可以用来处理 TCP 协议和 UDP 协议。

动态包过滤防火墙工作在传输层，它对已建连接和规则表进行动态维护，因此是动态的和有状态的。典型的动态包过滤防火墙能够感觉到新建连接与已建连接之间的差别。

2．动态包过滤防火墙的优点

- 对网络通信的各层实施监测分析，提取相关的通信和状态信息，并在动态连接表中进行状态及上下文信息的存储和更新，这些表被持续更新，为下一个通信检查提供累积的数据。
- 能够提供对基于无连接的协议（UDP）的应用（DNS、WAIS 等）及基于端口动态分配的协议（RPC）的应用（如 NFS、NIS）的安全支持。静态的包过滤和代理网关都不支持此类应用。
- 减少了端口的开放时间，提供了对几乎所有服务的支持。
- 安全性比静态包过滤高。

3．动态包过滤防火墙的缺点

- 它也允许外部客户和内部主机的直接连接。
- 不提供用户的鉴别机制。
- 容易遭受 IP 欺骗攻击。

无论是静态包过滤还是动态包过滤技术，都是只对 TCP/IP 的头信息进行过滤，而不管包的内容信息，如图 9-17 所示。

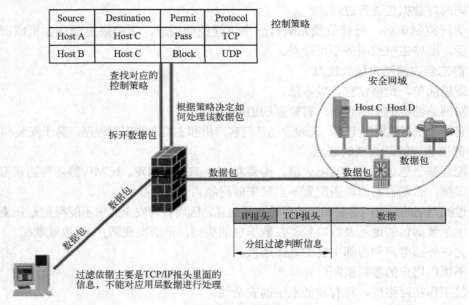

图 9-17　包过滤原理

9.5.4　电路级网关

1. 基本原理

电路级网关是一个通用代理服务器，它工作于 OSI 互联模型的会话层或 TCP/IP 的 TCP 层。电路级网关适用于多个协议，但它不能识别在同一个协议栈上运行的不同的应用，当然也就不需要对不同的应用设置不同的代理模块，但这种代理需要对客户端做适当修改。电路级网关接受客户端的连接请求，代理客户端完成网络连接，建立起一个回路，对数据包起转发作用，数据包被提交给用户的应用层来处理。通过电路级网关传递的数据看起来好像起源于防火墙，这样就隐藏了被保护网络的信息。

电路级网关通常作为代理服务器的一部分。电路级网关又称作线路级网关。电路级网关工作时，IP 数据包不会实现端到端的流动。电路级网关工作于会话层。它与包过滤的区别在于：除了要进行基本的包过滤检查外，还要增加对连接建立过程中的握手信息 SYN、ACK 及序列号合法性的验证。电路级网关检查内容包括：源地址、目的地址、应用或协议、源端口号、目的端口号、握手信息及序列号，如图 9-18 所示。

图 9-18　电路级网关所过滤的内容

2．电路级网关实现方式

（1）拓扑结构同应用程序网关相同。

● 接收客户端连接请求，代理客户端完成网络连接。

● 在客户和服务器间中转数据。

● 通用性强。

（2）简单重定向。

● 根据客户的地址及所请求端口，将该连接重定向到指定的服务器地址及端口上。

● 对客户端应用完全透明。

（3）在转发前同客户端交换连接信息。

● 需对客户端应用做适当修改。

3．电路级网关的优点

● 对网络性能有低度到适中程度的影响：工作的层次比包过滤防火墙高，因此过滤性能稍差，但比应用代理防火墙性能好。

● 切断了外部网络到防火墙后面的服务器的直接连接。

● 比静态包过滤防火墙、动态包过滤防火墙具有更高的安全性。

4．电路级网关的缺点

● 具有一些包过滤防火墙固有的缺陷：例如无法对数据内容进行检测，以抵御应用层的攻击等。

● 仅具有低度到中等程度的安全性。

● 当增加新的内部程序或资源时，往往需要对许多电路级网关的代码进行修改。

9.5.5 应用层网关

1．基本原理

应用层网关（或叫代理服务器）的工作过程：首先，它对该用户的身份进行验证。若为合法用户，则把请求转发给真正的某个内部网络的主机，同时监控用户的操作，拒绝不合法的访问。当内部网络向外部网络申请服务时，代理服务器的工作过程刚好相反。

应用层网关只能过滤特定服务的数据流。必须为特定的应用服务编写特定的代理程序，被称为"服务代理"，在网关内部分别扮演客户机代理和服务器代理的角色，如图 9-19 所示。

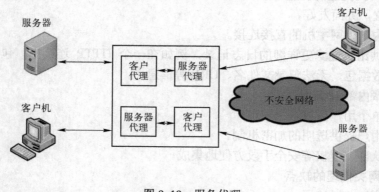

图 9-19　服务代理

当各种类型的应用服务通过网关时，必须经过客户机代理和服务器代理的过滤。应用层代理可以对数据包的数据区进行分析并以此判断数据是否被允许通过，如图9-20所示。

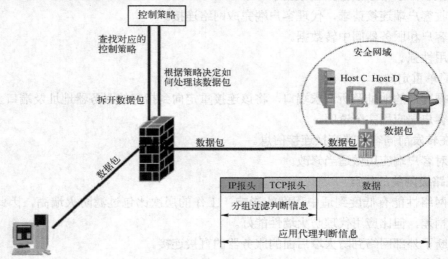

图9-20　应用层代理

2．应用层网关代理的特点

- 必须针对每个服务运行一个代理。
- 对数据包进行逐个检查和过滤。
- 采用"强应用代理"。
- 当前最安全的防火墙结构之一。
- 代理对整个数据包进行检查，因此能在应用层上对数据包进行过滤。
- 应用代理程序与电路级网关的重要区别：代理是针对应用的。代理对整个数据包进行检查，因此能在 OSI 模型的应用层上对数据包进行过滤。
- 不是对用户的整个数据包进行复制，而是在防火墙内部创建一个全新的空数据包。
- 将那些可接收的命令或数据，从防火墙外部的原始数据包中复制到防火墙内新建的数据包中，然后将此新数据包发送给防火墙后面受保护的服务器。
- 能够降低多种隐蔽通道攻击带来的风险。

3．应用层网关代理的优点

- 易于配置，界面友好。
- 不允许内、外网主机的直接连接。
- 可以提供比包过滤更详细的日志记录，例如在一个 HTTP 连接中，包过滤只能记录单个的数据包，无法记录文件名、URL 等信息。
- 可以隐藏内部 IP 地址。
- 可以给单个用户授权。
- 可以为用户提供透明的加密机制。
- 可以与认证、授权等安全手段方便地集成。

4．应用层网关代理的缺点

- 代理速度比包过滤慢。

- 代理对用户不透明，给用户的使用带来不便，灵活性不够。
- 这种代理技术需要针对每种协议设置一个不同的代理服务器。

9.5.6 状态检测防火墙

1. 基本原理

状态检测防火墙是在动态包过滤防火墙的基础上增加了状态检测机制而形成的。以 TCP 协议为例：所谓的状态检测机制关注的主要问题不再仅是 SYN 和 ACK 标志位，或者是来源端口和目标端口，还包括了序号、窗口大小等其他 TCP 协议信息。

状态检测防火墙主要检测以下信息。

（1）**应用状态**：能够理解并学习各种协议和应用，以支持各种最新的应用；能从应用程序中收集状态信息并存入状态表中，以供其他应用或协议做检测策略。

（2）**操作信息**：状态监测技术采用强大的面向对象的方法。

（3）**通信信息**：防火墙的检测模块位于操作系统的内核，在网络层之下，能在数据包到达网关操作系统之前对它们进行分析。

（4）**通信状态**：状态检测防火墙在状态表中保存以前的通信信息，记录从受保护网络发出的数据包的状态信息。

状态检测可以结合前后数据包里的数据信息进行综合分析，决定是否允许该包通过，如图 9-21 所示。

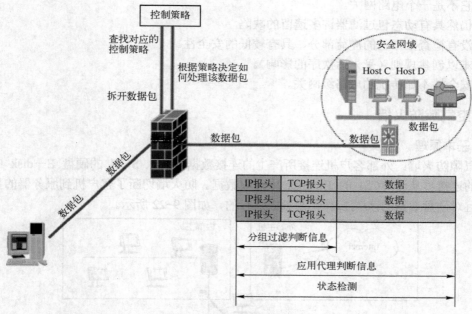

图 9-21　状态检测防火墙

2. 状态检测防火墙的优点

- 具备动态包过滤的所有优点，同时具有更高的安全性。
- 没有打破客户/服务器模型。
- 提供集成的动态包过滤功能。

- 运行速度更快。

3．状态检测防火墙的缺点
- 检测的层次仅限于网络层与传输层，无法对应用层内容进行检测，从而无法抵抗应用层的攻击。
- 性能比动态包过滤稍差：因为要检测更多的内容。
- 采用单线程进程，对防火墙性能产生很大影响。
- 没有打破客户/服务器结构，会产生不可接受的安全风险。
- 不能满足对高并发连接数量的要求。
- 仅具有较低水平的安全性。

9.5.7　切换代理

1．基本原理
切换代理是动态包过滤器和一个电路级代理的结合。在很多实现方案中，切换代理首先作为电路级代理来验证 RFC 建议的 3 次握手协议，再切换到动态包过滤的过滤模式。

2．切换代理的优点
- 相比传统的电路级网关，对网络性能造成的影响小。
- 由于对 3 次握手协议进行了验证，降低了 IP 欺骗的风险。

3．切换代理的缺点
- 它不是一个电路网关。
- 仍然具有动态包过滤器许多遗留的缺陷。
- 没有检查数据包的净荷部分，具有较低的安全性。
- 难以创建规则（受先后次序的影响）。
- 安全性不如传统的电路级网关。

9.5.8　空气隙防火墙

1．基本原理
空气隙防火墙：外部客户机连接所产生的连接数据被写入 SCSI 的硬盘 E－disk 中，之后内部的连接再从该 SCSI 的 E－disk 中读取数据。防火墙切断了客户机到服务器的直接连接，并且对硬盘数据的读/写操作都是独立进行的，如图 9-22 所示。

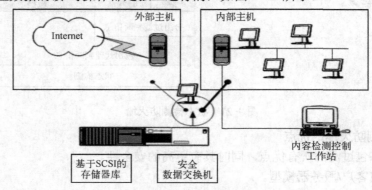

图 9-22　空气隙防火墙

2. 空气隙防火墙的优点

● 切断了与防火墙后面服务器的直接连接，消除了隐信道攻击的风险。
● 采用强应用代理对协议头长度进行检测，因此能够消除缓冲器溢出攻击。
● 与应用级网关结合使用，空气隙防火墙具有很高的安全性。

3. 空气隙防火墙的缺点

● 理论上它能对网络性能造成很大的负面影响。
● 不支持交互式访问。
● 适用范围窄。
● 系统配置复杂。
● 结构复杂，实施费用高。
● 带来瓶颈问题。

9.6　防火墙的体系结构

防火墙工作于 OSI 模型的层次越高，能提供的安全保护等级就越高。如图 9-23 所示为各种类型防火墙与网络各层之间的对应关系。

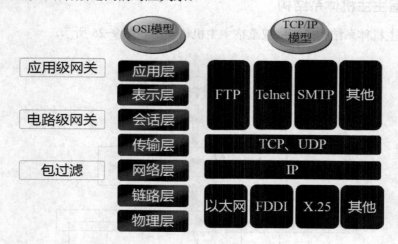

图 9-23　防火墙与网络各层之间关系

9.6.1　路由器防火墙

这种类型的防火墙是最简单的防火墙。它将筛选路由器当成一个防火墙使用，进行简单的数据包过滤。这种类型的防火墙往往就是一个路由器，如图 9-24 所示。路由器通常支持一个或者多个防火墙功能；它们可被划分为用于 Internet 连接的低端设备和传统的高端路由器。

低端路由器提供了用于阻止和允许特定 IP 地址和端口号的基本防火墙功能，并使用 NAT 来隐藏内部 IP 地址。通常提供防火墙标准的功能、为阻止来自 Internet 的入侵进行了优化的功能；虽然不需要配置，但是对它们进行进一步配置可优化它们的性能。

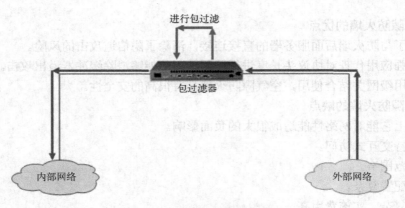

图 9-24　筛选路由器防火墙

　　高端路由器可配置为通过阻止较为明显的入侵（如 ping）以及通过使用访问控制实现其他 IP 地址和端口限制，来加强访问权限。

　　路由器也可提供其他的防火墙功能。某些路由器提供了静态数据包筛选功能。在高端路由器中，以较低的成本提供了与硬件防火墙设备相似的防火墙功能，但是吞吐量较低。

9.6.2　双重宿主主机体系结构

　　双重宿主主机体系结构是围绕双重宿主主机构筑的，图 9-25 所示。

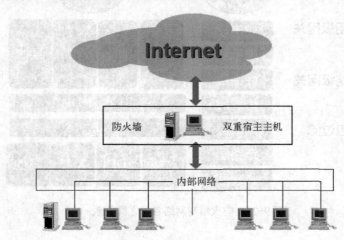

图 9-25　双重宿主主机结构防火墙

　　双重宿主主机防火墙至少有两个网络接口，它位于内部网络和外部网络之间，这样的主机可以充当与这些接口相连的网络之间的路由器，从一个网络接收 IP 数据包并将之发往给另一网络。然而实现双重宿主主机的防火墙体系结构禁止这种发送功能，完全阻止了内外网络之间的 IP 通信。因此，IP 数据包并不是从一个网络（如外部网络）直接发送到另一个网络（如内部网络）。外部网络能与双重宿主主机通信，内部网络也能与双重宿主主机通信。但是外部网络与内部网络不能直接通信，它们之间的通信必须经过双重宿主主机的过滤和控制。

这种结构当中两个网络之间的通信可通过应用层数据共享和应用层代理服务的方法实现。一般情况下采用代理服务的方法。

双重宿主主机的特性：自身安全至关重要（唯一通道），其用户口令控制安全是关键；其次必须支持很多用户的访问（中转站），其性能非常重要。

双重宿主主机防火墙的缺点：它是隔开内外网络的唯一屏障，一旦它被入侵，内部网络便向入侵者敞开大门。

9.6.3 屏蔽主机体系结构

屏蔽主机体系结构防火墙如图 9-26 所示，它主要是将传统的路由器防火墙和代理防火墙结合起来的一种混合类型的防火墙。

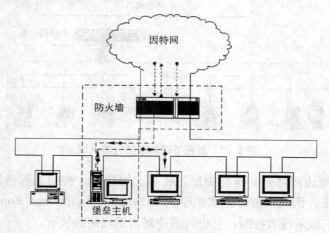

图 9-26 屏蔽主机体系结构防火墙

双重宿主主机体系结构防火墙没有使用路由器。而屏蔽主机体系结构防火墙则使用一个路由器，把内部网络和外部网络隔离开。屏蔽主机体系结构由防火墙和内部网络的堡垒主机承担安全责任。

这种防火墙的典型构成是包过滤路由器加上堡垒主机。包过滤路由器配置在内部网络和外部网络之间，保证外部系统对内部网络的操作只能经过堡垒主机。堡垒主机配置在内部网络上，是外部网络主机连接到内部网络主机的桥梁，它需要拥有高等级的安全。

屏蔽路由器可按如下规则之一进行配置：

（1）允许内部主机为了某些服务请求与外部网络上的主机建立直接连接（即允许那些经过数据包过滤的服务）。

（2）不允许所有来自外部主机的直接连接（强迫那些主机经由堡垒主机使用代理服务）。

这种类型防火墙的优点是安全性更高，双重保护：实现了网络层安全（包过滤）和应用层安全（代理服务）。缺点是过滤路由器能否正确配置是安全与否的关键：如果路由器被损害，堡垒主机将被穿过，整个网络对入侵者是开放的。

9.6.4 屏蔽子网体系结构

屏蔽子网体系结构的防火墙如图 9-27 所示。它在本质上与屏蔽主机体系结构一样，但添加了额外的一层保护体系——周边网络。堡垒主机位于周边网络上，周边网络和内部网络被内部路由器分开。引入这种结构的主要原因是：堡垒主机是用户网络上最容易受侵袭的机器；通过在周边网络上隔离堡垒主机，能减少堡垒主机被侵入的影响。

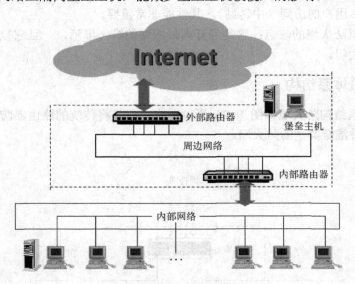

图 9-27 屏蔽子网体系结构防火墙

这种结构中，周边网络是一个防护层，在其上可放置一些信息服务器，它们是牺牲主机，可能会受到攻击，因此又被称为非军事区（DMZ：Demilitarized Zone）。周边网络的作用是，即使堡垒主机被入侵者控制，它仍可消除对内部网络的侦听。

堡垒主机是整个防御体系的核心。堡垒主机可被认为是应用层网关，可以运行各种代理服务程序。对于出站服务不一定要求所有的服务经过堡垒主机代理，但对于入站服务应要求所有服务都通过堡垒主机。

外部路由器（访问路由器）的作用主要是保护周边网络和内部网络不受外部网络的侵犯。它把入站的数据包路由到堡垒主机。防止部分 IP 欺骗，它能分辨出数据包是否真正来自周边网络，而内部路由器不能。

内部路由器（阻塞路由器）的作用主要是保护内部网络不受外部网络和周边网络的侵害，它执行大部分过滤工作。内部路由器一般与外部路由器应用相同的规则。

9.7 防火墙架构

防火墙的硬件体系结构曾经历过通用 CPU 架构、ASIC 架构和网络处理器架构。

9.7.1 通用 CPU 架构

通用 CPU 架构最常见的是基于 Intel X86 架构的防火墙，如图 9-28 所示。在百兆防火墙中，Intel X86 架构的硬件以其高灵活性和扩展性一直受到防火墙厂商的青睐。由于采用了 PCI 总线接口，Intel X86 架构的硬件理论上能达到 2Gbit/s 的吞吐量甚至更高，但是在实际应用中，尤其是在小包情况下，远远达不到标称性能，通用 CPU 的处理能力也很有限。

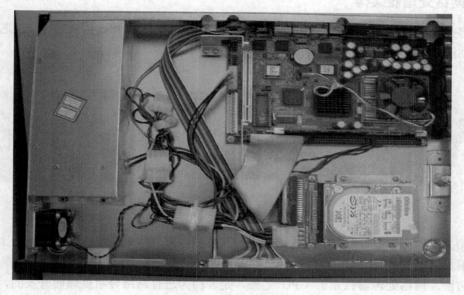

图 9-28　基于 Intel X86 架构的防火墙

国内安全设备主要采用的就是基于 X86 的通用 CPU 架构。

9.7.2　ASIC 架构

ASIC（Application Specific Integrated Circuit，专用集成电路）技术是国外高端网络设备几年前广泛采用的技术。由于采用了硬件转发模式、多总线技术、数据层面与控制层面分离等技术，ASIC 架构防火墙解决了带宽容量和性能不足的问题，稳定性也得到了很好的保证。如图 9-29 所示为 ASIC 专用集成电路。

图 9-29　ASIC 专用集成电路

ASIC 技术的性能优势主要体现在网络层转发上，对于需要强大计算能力的应用层数据的处理则不占优势，而且面对频繁变异的应用安全问题，其灵活性和扩展性也难以满足要求。

由于该技术有较高的技术和资金门槛，主要是国内外知名厂商在采用，国外主要代表厂商是 Netscreen，国内主要代表厂商为天融信、网御神州。

9.7.3 网络处理器架构

网络处理器（NP：Network Processor）顾名思义，即专为网络数据处理设计的芯片或芯片组，如图 9-30 所示。

图 9-30 网络处理器

网络处理器可以通过良好的体系结构设计和专门针对网络处理优化的部件，为上层提供一个可编程控制的环境，可以很好地解决硬件加速和软件可扩展的折中问题。

一方面，网络处理器独立于 CPU 之外，是专门为进行网络分组处理而开发的，具有优化的体系结构和指令集，因此它比 CPU 有着更高的网络数据处理性能，能够满足网络高速发展的需求。

另一方面，它具有专门的指令集和配套的软件开发系统，具有很强的编程能力，能够很方便地开发各种应用，支持可扩展的服务，从而能够很好地满足网络业务多样化的发展趋势，比 ASIC 更灵活地应对日益更新的网络需求。

网络处理器能够直接完成网络数据处理的一般任务，如 TCP/IP 数据的校验和计算、包分类、路由查找等，同时，硬件体系结构的设计也弥补了传统 CPU 体系的不足，它们大多采用高速的接口技术和总线规范，具有较高的 I/O 能力。

基于网络处理器的网络设备的包处理能力得到了很大提升，很多需要高性能的领域，如千兆交换机、防火墙、路由器的设计都可以采用网络处理器来实现。

但是网络处理器所使用的微码编写有一定技术难度，难以实现产品的最优性能，因此网络处理器架构的防火墙产品难以占有大量的市场份额。

其他还有基于国产 CPU 的防火墙。随着国内通用处理器的发展，逐渐发展了基于中国芯的防火墙，主要架构为国产龙芯 2F+FPGA 的协议处理器，主要应用于政府、军队等对国家安全敏感的行业。

9.8 Win7/Win10 防火墙的使用

现在的计算机大多装的是 Win7/Win10（Windows 7/Windows 10）操作系统。这是一种趋势，但是也会给一些不熟悉的朋友们带来困扰，比如关闭或者打开防火墙就不是那么容易找到。这里介绍 Win7/Win10 操作系统的防火墙设置操作。

第一步，在"开始"菜单里找出"控制面板"，如图 9-31 所示，打开它。

图 9-31　控制面板

打开"控制面板"后，选择其中的"查看网络状态和任务"，如图 9-32 所示。

图 9-32　查看网络状态和任务

打开"查看网络状态和任务"后，出现如图 9-33 所示的界面，选择其中的"Windows Defender 防火墙"。

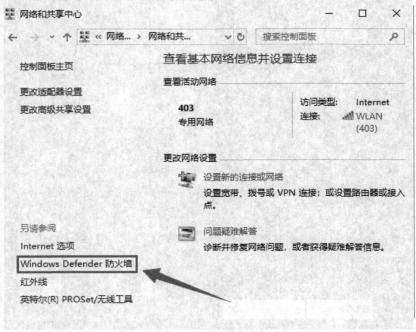

图 9-33　Windows Defender 防火墙

出现如图 9-34 所示的界面，可以看到，系统里的防火墙是"启用"状态。这时用鼠标单击左侧的"启用或关闭 Windows Defender 防火墙"。

图 9-34　Windows Defender 防火墙状态

这时出现如图 9-35 所示的界面，可以对"Windows Defender 防火墙"的启用或关闭进行设置。

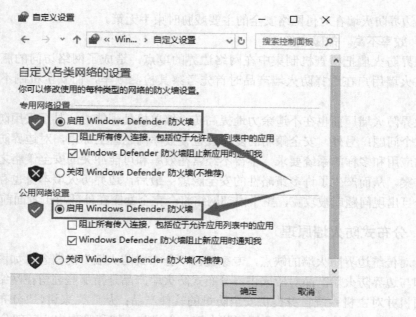

图 9-35　Windows Defender 防火墙设置

以上就是 Win7/Win10 操作系统中的个人防火墙的设置，其他类型的操作系统设置与此类似。

9.9　分布式防火墙

传统防火墙由于通常在网络边界站岗，又名"边界防火墙"。如果说它对于来自外部网的攻击还算得上是个称职的卫士，那么对于 80% 来自内部网络的攻击或越权访问，它就显得心有余而力不足了。为此诞生了一种新兴的防火墙技术"分布式防火墙"（Distributed Firewalls），其专长就在于堵住内部网络的漏洞。

9.9.1　传统防火墙的局限性

传统防火墙已经发展了很多年，其主要有以下局限性。

1．结构受限制

边界防火墙的工作机理依赖于网络的物理拓扑结构。但随着越来越多的企业利用互联网构架自己的跨地区网络，例如家庭移动办公和服务器托管越来越普遍，所谓内部企业网已经变成一个逻辑上的概念。

另一方面，电子商务的应用要求商务伙伴之间在一定权限下可以进入彼此的内部网络，所以，企业网的边界已经是一个逻辑的边界，物理的边界日趋模糊，边界防火墙的应用受到了愈来愈多的结构限制。

2．内部不够安全

边界防火墙设置安全策略的一个基本假设是：网络的一边即外部的所有人是不可信任的，另一边即内部的所有人是可信任的。但实际上，80% 的攻击和越权访问来自内部，也就是说，边界防火墙在对付网络安全的主要威胁时束手无策。

3．效率不高、故障点多

边界防火墙把检查机制集中在网络边界的单点，造成了网络访问的瓶颈问题，这也是目前防火墙用户在选择防火墙产品时首先考察其检测效率，而安全机制不得不放在其次的原因。

边界防火墙厂商也在不遗余力地提高防火墙单机处理能力，甚至采用防火墙群集技术来解决这个问题；另外，安全策略的复杂性也使效率问题雪上加霜，对边界防火墙来说，针对不同的应用和多样的系统要求，不得不经常在效率和可能冲突的安全策略之间权衡利害取得折中方案，从而产生了许多策略性的安全隐患；最后，边界防火墙本身也存在着单点故障危险，一旦出现问题或被攻克，整个内部网络将会完全暴露在外部攻击者面前。

9.9.2　分布式防火墙原理

针对传统边界防火墙的缺点，专家提出"分布式防火墙"的概念，如图 9-36 所示。从狭义和与边界防火墙产品对应来讲，分布式防火墙产品是指那些驻留在网络中主机如服务器或桌面机并对主机系统自身提供安全防护的软件产品；从广义来讲，"分布式防火墙"是一种新的防火墙体系结构，它包含网络防火墙、主机防火墙和管理中心三部分。

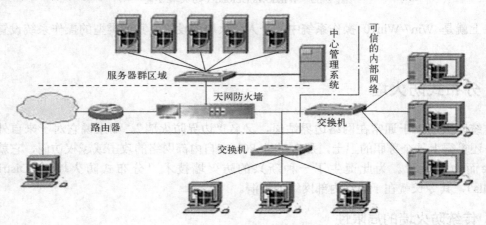

图 9-36　天网分布式防火墙

1．网络防火墙

网络防火墙是用于内部网与外部网之间（即传统的边界防火墙）和内部网子网之间的防护产品，后者区别于前者的一个特征是需支持内部网可能有的 IP 和非 IP 协议。

2．主机防火墙

主机防火墙对网络中的服务器和桌面机进行防护，这些主机的物理位置可能在内部网中，也可能在内部网外，如托管服务器或移动办公的便携机。

3．管理中心

边界防火墙只是网络中的单一设备，管理是局部的。对分布式防火墙来说，每个防火墙作为安全监测机制，可以根据安全性的不同要求布置在网络中任何需要的位置上，但总体安全策略又是统一策划和管理的，安全策略的分发及日志的汇总都是管理中心应具备的功能。

管理中心是分布式防火墙系统的核心和重要特征之一。

9.9.3 分布式防火墙的优点

分布式防火墙有明显的优点，总结如下。

1. 系统的安全性提高了

- 增加了针对主机的入侵监测和防护功能。
- 加强了对来自内部攻击的防范。
- 可以实施全方位的安全策略。
- 提供了多层次立体的防范体系。

2. 保证了系统的性能

消除了结构性瓶颈问题，提高了系统性能。

3. 随系统扩充提供了安全防护无限扩充的能力

消除了结构性瓶颈问题，提高了系统性能。因为分布式防火墙分布在整个企业的网络或服务器中，所以它具有无限制的扩展能力。随着网络的增长，它们的处理负荷也在网络中进一步分布，因此它们的高性能可以持续保持住，而不会像边界式防火墙一样随着网络规模的增大而不堪重负。

4. 应用更为广泛，支持 VPN 通信

其实分布式防火墙最大的优势在于，它能够保护物理拓扑上不属于内部网络，但位于逻辑上的"内部"网络的那些主机，这种需求随着 VPN 的发展越来越大。对这个问题的传统处理方法是将远程"内部"主机和外部主机的通信依然通过防火墙隔离来控制接入，而远程"内部"主机和防火墙之间采用"隧道"技术保证安全性。这种方法使原本可以直接通信的双方必须经过防火墙，不仅效率低而且增加了防火墙过滤规则设置的难度。与之相反，分布式防火墙的建立本身就是基本逻辑网络的概念，因此对它而言，远程"内部"主机与物理上的内部主机没有任何区别。

9.10 防火墙的发展历史

1. 第一代防火墙

第一代防火墙技术几乎与路由器同时出现，采用了包过滤技术。

2. 第二代防火墙

第一代防火墙技术主要在路由器上实现，后来将此安全功能独立出来专门用来实现安全过滤功能。1989 年，贝尔实验室的 Dave Presotto 和 Howard Trickey 推出了第二代防火墙，即电路层防火墙，同时提出了第三代防火墙——应用层防火墙（代理防火墙）的初步结构。

3. 第三代防火墙

代理防火墙的出现，使原来从路由器上独立出来的安全软件迅速发展，并引发了对承载安全软件本身的操作系统的安全需求，即对防火墙本身的安全问题的安全需求。

4. 第四代防火墙

1992 年，USC 信息科学院的 Bob Braden 开发出了基于动态包过滤技术的第四代防火墙，后来演变为状态监视（Stateful Inspection）技术。1994 年，以色列的 CheckPoint 公司开发出了第一个采用这种技术的商业化的产品。

5．第五代防火墙

1998 年，NAI 公司推出了一种自适应代理（Adaptive Proxy）技术，并应用于其产品 Gauntlet Firewall for NT，给代理类型的防火墙赋予了全新的意义，可以称之为第五代防火墙。

6．一体化安全网关 UTM 防火墙

统一威胁管理（UTM：Unified Threat Management），是在防火墙基础上发展起来的，具备防火墙、IPS、防病毒、防垃圾邮件等综合功能的设备。由于同时开启多项功能会大大降低 UTM 的处理性能，因此主要用于对性能要求不高的中低端领域。在该领域，已经出现了 UTM 代替防火墙的趋势，因为在不开启附加功能的情况下，UTM 本身就是一个防火墙，而附加功能又为用户的应用提供了更多选择。在高端应用领域，如电信、金融等行业，仍然以专用的高性能防火墙、IPS 为主流。

7．其他类型防火墙

除了以上硬件防火墙以外，还有很多公司推出了软件防火墙产品（如瑞星软件防火墙、赛门铁克防火墙等）、分布式防火墙等。另外，现在常用的 Windows 操作系统（如 Win7、Win10）里都集成了软件防火墙。

9.11　防火墙产品

目前国内在使用的防火墙有很多国内外的品牌。国外品牌的优势主要是在技术和知名度上比国内产品高。而国内防火墙厂商对国内用户了解更加透彻，价格也更具有优势。防火墙产品中，国外主流厂商为思科（Cisco）、CheckPoint、NetScreen 等，国内主流厂商为华为、东软、天融信、山石网科、网御神州、联想等，它们都提供不同级别的防火墙产品。

思考题

1．防火墙的 5 大作用是什么？
2．简述静态包过滤防火墙的工作原理，并分析其优缺点。
3．动态包过滤防火墙的优缺点是什么？
4．动态包过滤防火墙与静态包过滤防火墙的主要区别是什么？
5．电路级网关与包过滤防火墙有何不同？简述电路级网关的优缺点。
6．电路级网关与应用级网关有何不同？简述应用级网关的优缺点。
7．软件防火墙与硬件防火墙之间的区别是什么？
8．什么是防火墙的非军事区（DMZ）？它的作用是什么？
9．传统防火墙的主要局限性是什么？
10．分布式防火墙的主要优点是什么？

第 10 章　入侵检测技术

本章主要介绍入侵检测系统基本知识、入侵检测系统模型、入侵检测技术分类、入侵检测系统工作流程、入侵检测系统技术存在的问题及发展趋势等。

10.1　入侵检测系统基本知识

入侵检测，顾名思义，就是对入侵行为的发现。入侵检测系统（Intrusion Detection System，IDS）就是能够完成入侵检测功能的计算机软硬件系统。它通过对计算机网络或计算机系统中若干关键点收集信息并对其进行分析，从中发现网络或系统中是否有违反安全策略的行为和被攻击的迹象。

入侵检测技术从计算机系统中的若干个节点获取不同信息，然后对数据进行分析，判定是否有违反安全策略的行为，从而对这些行为进行不同级别的告警。如图 10-1 所示为入侵检测系统的主要工作方式。

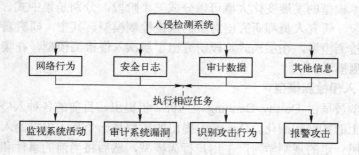

图 10-1　入侵检测系统的主要工作方式

入侵检测是一种能够积极主动地对网络进行保护的方法。由于攻击行为可以从外部网络发起，也可以从内部发起，还包括合法内部人员由于失误操作导致的虚假攻击，入侵检测会对以上三个方面进行分析。如果发现网络有受到攻击的迹象，那么就会对该行为做出相应的处理。入侵检测技术在监控网络的同时对网络的性能影响不大。可以简单地把入侵检测技术理解为一个有着丰富经验的网络侦查员，任务就是分析系统中的可疑信息，并进行相应的处理。入侵检测系统是一个相对主动的安全部件，可以把入侵检测看成网络防火墙的有效补充。图 10-2 是一个入侵检测系统的基本部署图。

入侵检测技术的主要作用体现以下这些方面：
- 监控、分析用户和系统的活动。
- 评估关键系统和数据文件的完整性。

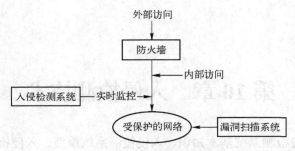

图 10-2　入侵检测系统的基本部署

- 识别攻击的活动模式。
- 对异常活动进行统计分析。
- 对操作系统进行审计跟踪管理，识别违反政策的用户动作。

入侵检测系统一般不采取预防的措施来防止入侵事件的发生。入侵检测作为安全技术，主要目的有：① 识别入侵者；② 识别入侵行为；③ 检测和监视已成功的安全突破；④ 为对抗入侵及时提供重要信息，阻止事件的发生和事态的扩大。从这个角度看待安全问题，入侵检测非常必要，它可以有效弥补传统安全保护措施的不足。

10.2　入侵检测系统模型

入侵检测技术模型的发展变化大概可以分成三个阶段，分别是集中式、层次式和集成式阶段。在每个阶段，研究人员都研究出对应的入侵检测模型。其中，研究者在集中式阶段研究出了通用入侵检测模型，在层次式阶段研究出了层次入侵检测模型，在集成式阶段研究出了管理式入侵检测模型。

1．Denning 入侵检测模型

入侵检测模型最早由 Dorthy Denning 在 1987 年提出，目前的各种入侵检测技术和体系都是在这个基础上的扩展和细化。Denning 提出的模型是一个基于主机的入侵检测模型。首先对主机事件按照一定的规则学习产生用户行为模型，然后将当前的事件和模型进行比较，如果不匹配则认为是异常入侵。

Denning 入侵检测模型是一个基于规则的匹配系统。该模型没有包含攻击方法和系统漏洞。它主要由主体、对象、审计记录、活动剖面、异常记录和规则集处理引擎六个部分组成，如图 10-3 所示。

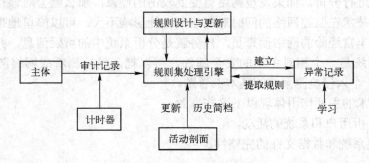

图 10-3　Denning 入侵检测模型

2．层次式入侵检测模型

层次式入侵模型对收集到的数据进行加工抽象和关联操作，简化了对跨域单机的入侵行为识别。层次化模型将 IDS 分为六个层次，由低到高分别是数据层、事件层、主体层、上下文层、威胁层和安全状态层。

3．管理式入侵检测模型

管理式入侵检测模型英文名称叫作 SNMP-IDSM（Simple Network Management Protocol - Intrusion Detection Systems Management），它从网络管理的角度出发解决多个 IDS 协同工作的问题。SNMP-IDSM 以 SNMP 协议为公共语言来实现 IDS 之间的消息交换和协同检测。图 10-4 展示了 SNMP-IDSM 的工作原理。

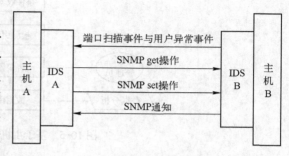

图 10-4　SNMP-IDSM 的工作原理

10.3　入侵检测技术分类

入侵检测技术按照不同的标准和方法可以分为不同的种类，常见方法包括根据各个模块运行分布分类、根据数据的来源或检测对象分类、根据所采用的技术进行分类等。

10.3.1　根据各个模块运行分布方式的分类

根据系统各个模块运行的分布不同，可以将入侵检测系统分为如下两类。

（1）集中式入侵检测系统。集中式入侵检测系统的各个模块包括信息的收集和数据的分析以及响应单元都在一台主机上运行，这种方式适用于网络环境比较简单的情况。

（2）分布式入侵检测系统。分布式入侵检测系统是指系统的各个模块分布在网络中不同的计算机和设备上，分布性主要体现在数据收集模块上，如果网络环境比较复杂或数据流量较大，那么数据分析模块也会分布，按照层次性的原则进行组织。

10.3.2　根据检测对象分类

入侵检测的对象，即要检测的数据来源，根据要检测的对象的不同，可将其分为基于主机的 IDS 和基于网络的 IDS。也有人说这种分类是按照入侵检测的数据来源分类。

（1）基于主机的 IDS，英文为 Host-besed IDS，行业上称之为 HDS。这种 IDS 系统获取数据的来源是主机。它主要是从系统日志、应用程序日志等渠道来获取数据，进行分析后来判断是否有入侵行为，以保护系统主机的安全。如图 10-5 所示为基于主机的入侵检测系统。

（2）基于网络的 IDS，英文为 Network-based IDS，行业上称之为 NIDS，系统获取数据的来源是网络数据包。它主要是用来监测整个网络中所传输的数据包并进行检测与分析，再加以识别，若发现有可疑情况即入侵行为立即报警，来保护网络中正在运行的各台计算机。如图 10-6 所示为基于网络的入侵检测系统。

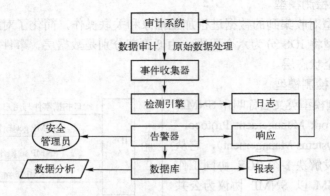

图 10-5　基于主机的入侵检测系统

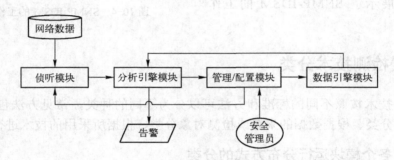

图 10-6　基于网络的入侵检测系统

10.3.3　按照所采用的技术进行分类

按照入侵检测系统所采用的技术可以将其分为异常检测、误用检测。

1. 异常入侵检测系统

异常入侵检测系统是将系统正常行为的信息作为标准，将监控中的活动与正常行为相比较。在异常入侵检测系统中，把所有与正常行为不同的行为都视为异常，而一次异常视为一次入侵。可以人为地建立系统正常的所有行为事件，那么理论上可以把与正常事件不同的所有行为视为可疑事件。事件中的异常阈值及其选择是预测是否为入侵行为的关键。例如，通过对数据流量监控，将异常行为的异常网络流量视为可疑。它的局限性是系统的事件难以描述和计算，不能完全找出异常行为，因为并非所有的入侵都表现为异常。如图 10-7 所示为异常检测原理。

2. 误用入侵检测系统

误用入侵检测系统是收集非正常操作的行为，建立相关的攻击特征库，依据所有入侵行为都能够用一种特征来表示，那么所有已知的入侵方法都可以用模式匹配的方法发现。误用入侵检测的关键是如何制订检测规则，把入侵行为与正常行为区分开来。其优点是误报率较低，缺点是漏报较高，因为它只能发现已知的攻击，如果攻击特征稍加变化，那么该系统就无能为力了。如图 10-8 所示为误用检测原理。

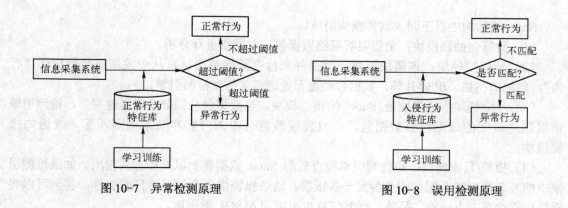

图 10-7　异常检测原理　　　　　　　　图 10-8　误用检测原理

10.4　入侵检测系统工作流程

通用的入侵检测的工作流程主要分为以下四步。

第一步：信息收集。信息收集的内容包括系统、网络、数据及用户活动的状态和行为。这一步非常重要，因为入侵检测系统很大程度上依赖于收集信息的可靠性和正确性。

第二步：信息分析，是指对收集到的数据信息进行处理分析。一般通过协议规则分析模式匹配、逻辑分析和完整性分析几种手段和方法来分析。

第三步：信息存储。当入侵检测系统捕获到有攻击发生时，为了便于系统管理人员对攻击信息进行查看和对攻击行为进行分析，还需要将入侵检测系统收集到的信息进行保存，这些数据通常存储到用户指定的日志文件或特定的数据库中。

第四步：攻击响应。对攻击信息进行了分析并确定攻击类型后，入侵检测系统会根据用户的设置，对攻击行为进行相应的处理，如发出警报、给系统管理员发邮件等方式提醒用户。或者利用自动装置直接进行处理，如切断连接、过滤攻击者的 IP 地址等，从而使系统能够较早地避开或阻断攻击。

10.5　典型的入侵检测系统 Snort 介绍

1998 年，Marty Roesch 用 C 语言开发了开放源代码的入侵检测系统 Snort。今天，Snort 已发展成为一个多平台，具有实时流量分析、网络 IP 数据包记录等特性的强大的网络入侵检测系统。在网上可以通过免费下载获得 Snort，并且只需要几分钟就可以安装并开始使用它。如图 10-9 为 Snort 的结构。

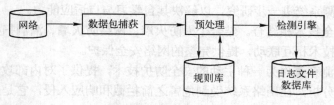

图 10-9　Snort 的结构

Snort 的结构由以下四大软件模块组成。

（1）数据包捕获模块：负责监听网络数据包，对网络进行分析。

（2）预处理模块：该模块用相应的插件来检查原始数据包，从中发现原始数据的"行为"，如端口扫描、IP 碎片等，数据包经过预处理后才传到检测引擎。

（3）检测模块：该模块是 Snort 的核心模块。当数据包从预处理器送过来后，检测引擎依据预先设置的规则检查数据包，一旦发现数据包中的内容和某条规则匹配，就通知报警模块。

（4）报警/日志模块：经检测引擎检查后的 Snort 数据需要以某种方式输出。如果检测引擎中的某条规则被匹配，则会触发一条报警。这条报警信息会传送给日志文件，甚至可以将报警传送给第三方插件。另外，报警信息也可以记入 SQL 数据库。

Snort 拥有三大基本功能：嗅探器、数据包记录器和入侵检测。嗅探器模式仅从网络上读取数据包并作为连续不断的流显示在终端上。数据包记录器模式是把数据包记录到硬盘上。网络入侵检测模式是最复杂的，而且是可配置的。可以让 Snort 分析网络数据流以匹配用户定义的一些规则，并根据检测结果采取一定的动作。

10.6   入侵检测技术存在的问题及发展趋势

1．入侵检测技术存在的问题

入侵检测技术存在的问题主要为：IDS 对攻击的检测效率和其对自身攻击的防护。

由于现在网络发展迅速，网络传输速率大大加快，这造成了 IDS 工作的很大负担，也意味着 IDS 对攻击活动检测的可靠性不高。而 IDS 在应对自身的攻击时，对其他传输的检测也会被抑制。同时由于模式识别技术的不完善，IDS 的虚警率较高也是一大问题。

2．入侵检测技术的发展趋势

入侵检测技术的主要发展方向可以概括为以下几方面。

（1）分布式入侵检测。传统的入侵检测系统一般局限于单一的主机或网络架构，对异构系统及大规模网络的检测明显不足，同时不同的入侵检测系统之间不能协同工作。为此，分布式入侵检测技术是发展方向之一。

（2）应用层入侵检测。目前的入侵检测系统对应用层的入侵检测较少，因此应用层的入侵检测技术是发展方向之一。

（3）智能入侵检测。目前，入侵方法越来越多样化与综合化，速度也越来越快，尽管已经有智能体系、神经网络与遗传算法等方法应用在入侵检测领域，但这些还远远不够，需要对智能化的入侵检测系统进一步研究，以解决其自学习与自适应能力。

（4）与网络安全技术相结合。结合个人防火墙、网络防火墙、漏洞扫描、身份认证等安全技术与入侵检测技术相互联动，提供完整的网络安全保护。

总之，入侵检测系统作为一种主动的安全防护技术，提供了对内部攻击、外部攻击和误操作的实时检测与分析，在网络系统受到危害之前拦截和响应入侵，它是信息系统安全不可或缺的一部分。

10.7　入侵防御系统与入侵管理系统

随着计算机网络的飞速发展，网络安全风险系数不断提高，曾经作为最主要安全防范手段的防火墙，已经不能满足人们对网络安全的需求。作为对防火墙有益的补充，入侵检测系统能够帮助网络系统快速发现网络攻击的发生，扩展了系统管理员的安全管理能力（包括安全审计、监视、进攻识别和响应），提高了信息安全系统的完整性。IDS 被认为是防火墙之后的第二道安全闸门，它能在不影响网络性能的情况下对网络进行监听，从而提供对内部攻击、外部攻击和误操作的实时保护。

IDS 作为网络安全架构中的重要一环，其重要地位有目共睹。但是 IDS 的缺点很明确，它只能提供报警，不能实施对攻击的阻断。

随着技术的不断完善和更新，IDS 正呈现出新的发展态势，入侵防御系统 IPS（Intrusion Prevention System）和入侵管理系统 IMS（Intrusion Management System）就是在 IDS 的基础上发展起来的新技术。

10.7.1　入侵检测技术发展的三个阶段

网络入侵检测技术发展到现在大致经历了三个阶段。

第一阶段：入侵检测系统 IDS。IDS 能够帮助网络系统快速发现网络攻击的发生，扩展了系统管理员的安全管理能力（包括安全审计、监视、进攻识别和响应），提高了信息安全基础结构的完整性。它能在不影响网络性能的情况下对网络进行监听，从而提供对内部攻击、外部攻击和误操作的实时保护。但是 IDS 只能被动地检测攻击行为，而不能主动地把变化莫测的各种攻击阻止在网络之外。

第二阶段：入侵防御系统 IPS。相对于 IDS 比较成熟的技术，IPS 还处于发展阶段。IPS 综合了防火墙、IDS、漏洞扫描与评估等安全技术，可以主动、积极地防范、阻止入侵。它部署在网络的进出口处，当检测到攻击企图后，它会自动地将攻击包丢掉或采取措施将攻击源阻断，这样攻击包将无法到达目标，从而可以从根本上避免攻击。

第三阶段：入侵管理系统 IMS。IMS 技术实际上包含了 IDS、IPS 的功能，并通过一个统一的平台进行统一管理，从系统的层次来解决各种入侵行为，对系统进行保护。

10.7.2　入侵防御系统 IPS

入侵防御系统 IPS 是一种计算机网络安全设施，是对防病毒软件、防火墙、身份认证等安全机制的有效补充。入侵防御系统 IPS 是一部能够监视网络或网络设备的网络资料传输行为的计算机网络安全设备，能够即时地中断、调整或隔离一些不正常或是具有伤害性的网络资料传输行为。

防火墙是实施访问控制策略的系统，对流经的网络流量进行检查，拦截不符合安全策略的数据包。入侵检测技术通过监视网络或系统资源，寻找违反安全策略的行为或攻击迹象，并发出报警。传统的防火墙旨在拒绝那些明显可疑的网络流量，但仍然允许某些流量通过，因此防火墙对于很多入侵攻击仍然无计可施。

绝大多数 IDS 系统都是被动的，而不是主动的。也就是说，在攻击实际发生之前，它们往往无法预先发出警报，并且 IDS 一般都是并联在网络当中的。有时当 IDS 发出警报时，攻击已经发生了，所以 IDS 不能实时阻止攻击的发生。

IPS 是串联在网络当中的。它更倾向于提供主动防护，其设计宗旨是预先对入侵活动和攻击性网络流量进行拦截，避免其造成损失，而不是简单地在恶意流量传送时或传送后才发出警报。IPS 是通过直接嵌入到网络流量中实现这一功能的，即通过一个网络端口接收来自外部系统的流量，经过检查确认其中不包含异常活动或可疑内容后，再通过另外一个端口将它传送到内部系统中。这样一来，有问题的数据包，以及所有来自同一数据流的后续数据包，都能在 IPS 设备中被清除。如图 10-10 所示为 IPS 的部署示意图。

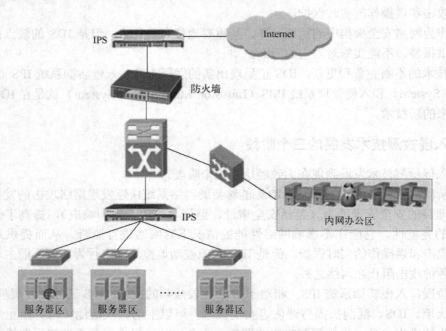

图 10-10　入侵防御系统 IPS 部署图

如图 10-11 所示为 IPS 系统工作原理图。它对每个网络数据包进行检查过滤，在发现攻击时会自己阻止攻击的发生。

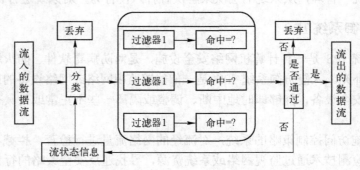

图 10-11　IPS 工作原理图

IPS 技术需要面对很多挑战，其中主要有三点：一是单点故障，二是性能瓶颈，三是误报和漏报。设计要求 IPS 必须以嵌入模式工作在网络中，这就可能造成瓶颈问题或单点故障。如果 IDS 出现故障，最坏的情况也就是造成某些攻击无法被检测到，而嵌入式的 IPS 设备出现问题，就会严重影响网络的正常运转。如果 IPS 出现故障而关闭，用户就会面对一个由 IPS 造成的拒绝服务问题，所有客户都将无法访问企业网络提供的应用。

10.7.3 入侵防御系统 IMS

入侵管理系统 IMS 技术实际上包含了 IDS、IPS 的功能，并通过一个统一的平台进行统一管理，从系统的层次来解决入侵行为。IMS 技术是一个过程，在行为未发生前要考虑网络中有什么漏洞，判断有可能会形成什么攻击行为和面临的入侵危险；在行为发生时或即将发生时，不仅要检测出入侵行为，还要主动阻断，终止入侵行为；在入侵行为发生后，还要深层次分析入侵行为，通过关联分析，来判断是否还会出现下一个攻击行为。

IMS 具有大规模部署、入侵预警、精确定位以及监管结合四大典型特征，这些特征本身具有一个明确的层次关系。

第一，大规模部署是实施入侵管理的基础条件，一个有组织的完整系统通过大规模部署的作用，要远远大于单点系统简单的叠加。IMS 对于网络安全监控有着同样的效用，可以实现从宏观的安全趋势分析到微观的事件控制。

第二，入侵预警。检测和预警的最终目标就是一个字"快"，要和攻击者抢时间。只有减小时间差，才能使损失降低到最小。要实现这个"快"字，入侵预警必须具有全面的检测途径，并以先进的检测技术来实现高准确和高性能。入侵预警是 IMS 进行规模部署后的直接作用，也是升华 IMS 的一个非常重要的功能。

第三，精确定位。入侵预警之后就需要进行精确定位，这是从发现问题到解决问题的必然途径。精确定位的可视化可以帮助管理人员及时定位问题区域，良好的定位还可以通过关联其他安全设备，进行合作抑制攻击的继续发生。IMS 要求做到对外定位到边界，对内定位到设备。

第四，监管结合。监管结合就是把检测提升到管理，形成自改善的全面保障体系。监管结合最重要的是落实到对资产安全管理，通过 IMS 可以实现对资产风险的评估和管理。监管结合要通过人来实现，但并不意味着大量的人力投入。IMS 具备良好的集中管理手段来保证人员的高效，同时具备全面的知识库和培训服务，能够有效提高管理人员的知识和经验，保证应急体系的高效运行。

思考题

1. 入侵检测系统的作用是什么？
2. 什么是入侵检测技术？
3. 什么是异常入侵检测系统？
4. 什么是误用入侵检测系统？
5. 入侵检测系统的工作流程是什么？
6. 简述入侵检测系统的未来发展趋势。
7. 什么是入侵防御系统 IPS？它有什么特点？
8. 什么是入侵管理系统 IMS？它有什么特点？

第 11 章　虚拟专用网技术

本章简要介绍为什么要引入虚拟专用网、虚拟专用网的优点和分类、虚拟专用网的工作原理、虚拟专用网的技术原理、虚拟专用网应用举例等。

11.1　虚拟专用网概述

虚拟专用网（Virtual Private Network，VPN）通常是通过一个公用的网络（如 Internet）建立一个临时的、安全的、模拟的点对点连接。这是一条穿越公用网络的安全信息隧道，信息可以通过这条隧道在公用网络中安全地传输。

虚拟专用网是依靠 Internet 服务提供商（Internet Service Provider，ISP）和其他网络服务提供商（Net Service Provider，NSP），在公用网络中建立专用的数据通信网络的技术。在虚拟专用网中，任意两个节点之间的连接并没有传统专网所需的端到端的物理链路，而是架构在公用网络服务商所提供的网络如因特网 Internet、ATM（异步传输模式）、Frame Relay（帧中继）等之上的逻辑网络，用户数据在逻辑链路中传输。所谓虚拟，是指用户不再需要拥有实际的长途数据线路，而是使用 Internet 公众数据网络的长途数据线路。所谓专用网络是指，用户可以为自己制定一个最符合自己需求的网络。

11.1.1　VPN 的需求

很多时候需要在异地连接网络。例如企业员工在外出差或在家里需要连接公司服务器；或者有第三方需要接入公司服务器（如电子商务）；或者企业数据需要进行异地灾备；还有的企业分支机构需要连接总公司等。

在传统的企业网络配置中，要进行远程访问，方法是租用 DDN（数字数据网）专线或帧中继，这样的通信方案必然导致高昂的网络通信和维护费用。对于移动用户（移动办公人员）与远端个人用户而言，一般会通过拨号线路（Internet）进入企业的局域网，但这样必然带来安全上的隐患。

这时候最便捷的方式就是使用 VPN 进行连接。如图 11-1 所示，很多地方需要接入 VPN。

可以形象地称 VPN 为"网络中的网络"。而保证数据安全传输的关键就在于 VPN 使用了隧道协议，适用范围比较广泛，如企业原有专线网络的带宽升级企业远程用户需要实现远程访问的情况；对通信线路的保密性和可用性要求较高的用户（如证券、保险公司）等。

11.1.2　VPN 的分类

1. 按 VPN 的协议分类

VPN 的隧道协议主要有三种，即 PPTP、L2TP 和 IPSec，其中 PPTP 和 L2TP 协议工作在 OSI 模型的第二层，又称为二层隧道协议；IPSec 是第三层隧道协议。

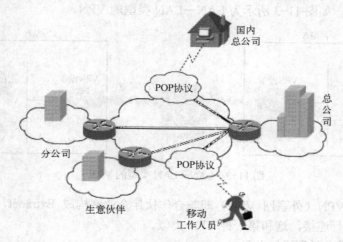

图 11-1　VPN 的需求

还有一种基于 SSL 的 VPN 技术。SSL 协议位于 TCP/IP 协议与各种应用层协议之间，是目前最常用的 VPN 形式。

2．按 VPN 的应用分类

根据 VPN 网络的应用可以将 VPN 分为三类：Client－LAN 类型、LAN－LAN 类型、Extranet VPN 类型。

（1）Client－LAN 类型的 VPN 也称为 Access VPN（远程接入 VPN），即远程访问方式的 VPN。

它提供了一种安全的远程访问手段，使用公网作为骨干网在设备之间传输 VPN 数据流量。例如，出差在外的员工，有远程办公需要的分支机构，都可以利用这种类型的 VPN，实现对企业内部网络资源进行安全的远程访问。如图 11-2 所示为 Client－LAN 类型 VPN。

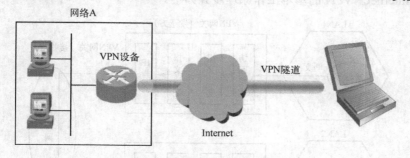

图 11-2　Client－LAN 类型 VPN

（2）LAN－LAN 类型的 VPN，也称为 Intranet VPN（内联网 VPN），网关到网关，通过公司的网络架构连接来自同公司的资源。

为了在不同局域网之间建立安全的数据传输通道，例如在企业内部各分支机构之间或者企业与其合作者之间的网络进行互联，可以采用 LAN－LAN 类型的 VPN。而采用 LAN－LAN 类型的 VPN，可以利用基本的 Internet 和 Intranet 网络建立起全球范围内物理的连接，再利用 VPN 的隧道协议实现安全保密需要，就可以满足公司总部与分支机构以及合作企业间的安全网络连接。如图 11-3 所示为 LAN—LAN 类型的 VPN。

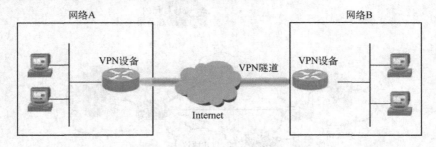

图 11-3　LAN—LAN 类型的 VPN

（3）Extranet VPN（外联网 VPN）即与合作伙伴企业网构成 Extranet，将一个公司与另一个公司的资源进行连接，这和第一种 VPN 类似。

3．按所用的设备类型进行分类

网络设备提供商针对不同客户的需求，开发出不同的 VPN 网络设备，主要为交换机、路由器和防火墙。

（1）交换机式 VPN：主要应用于连接用户较少的 VPN 网络。

（2）路由器式 VPN：路由器式 VPN 部署较容易，只要在路由器上添加 VPN 服务即可。

（3）防火墙式 VPN：这是最常见的一种 VPN 的实现方式，许多厂商都提供这种配置类型。

11.2　VPN 的工作原理

VPN 的工作流程如图 11-4 所示。通常情况下，VPN 网关采取双网卡结构，外网卡使用公网 IP 接入 Internet。VPN 的基本工作原理步骤如下。

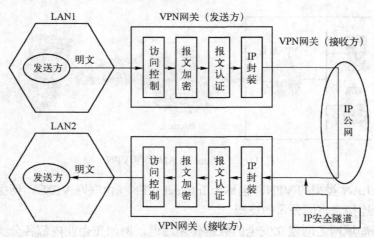

图 11-4　VPN 的工作流程

（1）网络 1（假定为公网 Internet）的终端 A 访问网络 2（假定为公司内网）的终端 B，

其发出的访问数据包的目标地址为终端 B 的内部 IP 地址。

（2）网络 1 的 VPN 网关在接收到终端 A 发出的访问数据包时对其目标地址进行检查，如果目标地址属于网络 2 的地址，则将该数据包进行封装，封装的方式根据所采用的 VPN 技术不同而不同，同时 VPN 网关会构造一个新 VPN 数据包，并将封装后的原数据包作为 VPN 数据包的负载，VPN 数据包的目标地址为网络 2 的 VPN 网关的外部地址。

（3）网络 1 的 VPN 网关将 VPN 数据包发送到 Internet，由于 VPN 数据包的目标地址是网络 2 的 VPN 网关的外部地址，所以该数据包将被 Internet 中的路由正确地发送到网络 2 的 VPN 网关。

（4）网络 2 的 VPN 网关对接收到的数据包进行检查，如果发现该数据包是从网络 1 的 VPN 网关发出的，即可判定该数据包为 VPN 数据包，并对该数据包进行解包处理。解包的过程主要是先将 VPN 数据包的包头剥离，再将数据包反向处理还原成原始的数据包。

（5）网络 2 的 VPN 网关将还原后的原始数据包发送至目标终端 B，由于原始数据包的目标地址是终端 B 的 IP，所以该数据包能够被正确地发送到终端 B。在终端 B 看来，它收到的数据包就和从终端 A 直接发过来的一样。

（6）从终端 B 返回终端 A 的数据包处理过程和上述过程一样，这样两个网络内的终端就可以相互通信了。

通过上述说明可以发现，在 VPN 网关对数据包进行处理时，有两个参数对于 VPN 通信十分重要：原始数据包的目标地址（VPN 目标地址）和远程 VPN 网关地址。根据 VPN 目标地址，VPN 网关能够判断对哪些数据包进行 VPN 处理，对于不需要处理的数据包通常情况下可直接转发到上级路由；远程 VPN 网关地址则指定了处理后的 VPN 数据包发送的目标地址，即 VPN 隧道的另一端 VPN 网关地址。由于网络通信是双向的，在进行 VPN 通信时，隧道两端的 VPN 网关都必须知道 VPN 目标地址和与此对应的远端 VPN 网关地址。

11.3 VPN 的技术原理

这里简要介绍 VPN 实现时使用的安全协议和使用的技术，以及使用最多的 VPN 技术 SSL VPN。

11.3.1 VPN 使用的安全协议

VPN 的实现都是通过安全协议完成的，它所使用的主要安全协议如下。

1．PPTP－Point to Point Tunnel Protocol（点对点隧道协议）

通过 Internet 的数据通信，需要对数据流进行封装和加密，PPTP 就可以实现这两个功能，从而可以通过 Internet 实现多功能通信。

2．L2TP－Layer2 Tunneling Protocol（第二层隧道协议）

PPTP 和 L2TP 十分相似，因为 L2TP 有一部分就是采用 PPTP 协议，两个协议都允许客户通过其间的网络建立隧道，L2TP 还支持信道认证。

3．IPSec—Internet Protocol Security（因特网协议安全）

它用于确保网络层之间的安全通信。关于 IPSec VPN 在 IPV6 的安全机制里有详细描述。

4．SSL—Secure Socket Layer

它是 Netscape 公司所研发，用以保障在 Internet 上数据传输的安全，利用数据加密技术，可确保数据在网络上的传输过程中不会被截取及窃听。SSL 协议位于 TCP/IP 协议与各种应用层协议之间，为数据通信提供安全支持。

11.3.2　VPN 技术实现

VPN 在技术实现上主要有三种方式：MPLS VPN、IP Sec VPN 和 SSL VPN。

MPLS VPN 是一种基于 MPLS 技术的 IP VPN，是在网络路由和交换设备上应用 MPLS（Multi-Protocol Label Switching，多协议标记交换）技术，简化核心路由器的路由选择方式，利用结合传统路由技术的标记交换实现的 IP 虚拟专用网络（IP VPN）。MPLS 优势在于将二层交换和三层路由技术结合起来，在解决 VPN、服务分类和流量工程这些 IP 网络的重大问题时具有很优异的表现。因此，MPLS VPN 在解决企业互连、提供各种新业务方面也越来越被运营商看好，成为 IP 网络运营商提供增值业务的重要手段。MPLS VPN 又可分为二层MPLS VPN（即 MPLS L2 VPN）和三层 MPLS VPN（即 MPLS L3 VPN）。

IPSec VPN 是基于 IPSec 协议的 VPN 技术，由 IPSec 协议提供隧道安全保障。IPSec 是一种由 IETF 设计的端到端的确保基于 IP 通信的数据安全性的机制。它为 Internet 上传输的数据提供了高质量的、可互操作的、基于密码学的安全保证。

SSL VPN 是以 HTTPS（Secure HTTP，安全的 HTTP，即支持 SSL 的 HTTP 协议）为基础的 VPN 技术，工作在传输层和应用层之间。SSL VPN 充分利用了 SSL 协议提供的基于证书的身份认证、数据加密和消息完整性验证机制，可以为应用层之间的通信建立安全连接。SSL VPN 广泛应用于基于 Web 的远程安全接入，为用户远程访问公司内部网络提供了安全保证。

SSL VPN 的优点如下。

（1）方便。与其他 VPN 相比，SSL VPN 最大的优点在于它直接使用浏览器完成操作，无需安装独立的客户端，这就极大地方便了用户使用。实施 SSL VPN 只需要安装配置好中心网关即可。其余的客户端是免安装的，因此，实施工期很短。如果网络条件具备，连安装带调试，1～2 天即可投入运营。

（2）容易维护。SSL VPN 维护起来简单，出现问题时维护网关即可；实在不行，也可以换一台网关如果有双机备份的话，启动备份机器就可以了。

（3）安全。SSL VPN 是一个安全协议，数据全程加密传输。另外，由于 SSL VPN 网关隔离了内部服务器和客户端，只留下一个 Web 浏览接口，客户端的大多数病毒木马感染不到内部服务器。而 IPSec VPN 就不一样，实现的是 IP 级别的访问，远程网络和本地网络几乎没有区别，局域网能够传播的病毒，通过它一样能够传播。

11.3.3　VPN 的安全保障

由于传输的是私有信息，VPN 用户对数据的安全性要求比较高。目前 VPN 主要采用四项技术来保证安全，这四项技术分别是隧道技术（Tunneling）、加解密技术（Encryption and Decryption）、密钥管理技术（Key Management）和用户与设备身份认证技术（Authentication）。

1．隧道技术

隧道技术是 VPN 的基本技术。类似于点对点连接技术，它在公用网建立一条数据通道（隧道），让数据包通过这条隧道传输。隧道是由隧道协议形成的，分为第二、三层隧道协议。

第二层隧道协议是先把各种网络协议装到 PPP 中，再把整个数据包装入隧道协议中。第二层隧道协议有 L2F、PPTP L2T 等。

第三层隧道协议是把各种网络协议直接装入隧道协议中，形成的数据包依靠第三层协议进行传输。第三层隧道协议有 VTP、IPSec 等。IPSec（IP Security）由一组 RFC 文档组成，定义了一个系统来提供安全协议选择、安全算法，确定服务所使用密钥等服务，从而在 IP 层提供安全保障。

2．加解密技术

加解密技术（对称加密、公钥加密等）是数据通信中一项较成熟的技术，VPN 可直接利用现有技术。

3．密钥管理技术

密钥管理技术的主要任务是在公用数据网上安全地传递密钥而不被偷听、窃取。

4．用户与设备身份认证技术

用户与设备身份认证技术最常用的是用户名与密码或卡片式认证等方式。

除了以上几种技术，还有一种比较常用的 VPN 方式：SSL VPN，即 SSL 协议被使用于 VPN 中。这种方式经常用于访问银行、金融及机密系统。通过计算机使用银行的网银系统时使用的就是 SSL VPN。它是将 HTTP 协议和 SSL 协议相结合形成的 HTTPS（Hyper Text Transfer Protocol over Secure Socket Layer）协议。

如图 11-5 所示为使用 SSL VPN 在因特网上登录中国工商银行。

图 11-5　使用 SSL VPN 登录中国工商银行

如图 11-6 所示为使用 HTTPS 协议访问北京市自然科学基金依托单位工作系统。

图 11-6　使用 SSL VPN 访问北京市自然科学基金依托单位工作系统

SSL 协议提供了数据私密性、端点验证、信息完整性等特性。SSL 置身于网络结构体系的传输层和应用层之间，本身就被几乎所有的 Web 浏览器支持，不需要为了支持 SSL 连接安装额外的软件。连接成功后，基于 Java 的客户端就会被下载到计算机的 Web 浏览器，会在客户的计算机和 VPN 集线器或防火墙服务器之间创建一个虚拟连接。如图 11-7 所示为SSL 协议的工作层次。

握手	加密参数修改	告警	应用数据（HTTP）
SSL记录协议层			
TCP			
IP			

图 11-7　SSL 协议的工作层次

11.4　虚拟专用网的技术特点

VPN 的技术特点包括：安全保障、服务质量保证、可扩充性和灵活性、可管理性。

1. 安全保障

虽然实现 VPN 的技术和方式很多，但所有的 VPN 均应保证通过公用网络平台传输数据的专用性和安全性。在安全性方面，由于 VPN 直接构建在公用网上，实现简单、方便、灵活，但同时其安全问题也更为突出。企业必须确保其 VPN 上传送的数据不被攻击者窥视和篡改，并且要防止非法用户对网络资源或私有信息的访问。

2. 服务质量保证

VPN 应当为企业数据提供不同等级的服务质量保证。不同的用户和业务对服务质量保证的要求差别较大。在网络优化方面，构建 VPN 的另一重要需求是充分利用有限的广域网资源，为重要数据提供可靠的带宽。广域网流量的不确定性使其带宽的利用率很低，在流量高峰时引起网络阻塞，使实时性要求高的数据得不到及时发送；而在流量低谷时又造成大量的网络带宽空闲。

QoS 通过流量预测与流量控制策略，可以按照优先级实现带宽管理，使得各类数据能够被合理地先后发送，并预防阻塞的发生。

3．可扩充性和灵活性

VPN 必须能够支持通过 Intranet 和 Extranet 的任何类型的数据流，方便增加新的节点，支持多种类型的传输媒介，可以满足同时传输语音、图像和数据等新应用对高质量传输以及带宽增加的需求。

4．可管理性

从用户角度和运营商角度应可方便地进行管理、维护。VPN 管理的目标：减小网络风险，具有高扩展性、经济性、高可靠性等优点。事实上，VPN 管理主要包括安全管理、设备管理、配置管理、访问控制列表管理、QoS 管理等内容。

11.5 虚拟专用网的优点和局限性

虚拟专用网（VPN）作为一种安全技术，有它的优点和局限性，了解后可以更好地使用它。

11.5.1 虚拟专用网的优点

企业使用 VPN 有许多优点。具体来说，VPN 的提出就是来解决如下这些问题。

（1）使用 VPN 可降低成本。通过公用网来建立 VPN，就可以节省大量的通信费用，而不必投入大量的人力和物力去安装和维护 WAN（广域网）设备和远程访问设备。通常租用电信的专用网络是很贵的。使用 VPN 可以降低企业使用网络的成本。这是 VPN 最大的优点。

（2）传输数据安全可靠。虚拟专用网产品都是采用加密及身份验证等安全技术，保证连接用户的可靠性及传输数据的安全和保密性。

（3）连接方便灵活。用户如果想与合作伙伴联网，如果没有虚拟专用网，双方的信息技术部门就必须协商如何在双方之间建立租用线路或帧中继线路，有了虚拟专用网之后，只需双方配置安全连接信息即可。

（4）完全控制。虚拟专用网使用户可以利用 ISP 的设施和服务，同时又完全掌握着自己网络的控制权。用户只利用 ISP 提供的网络资源，而其他的安全设置、网络管理变化可由自己管理。在企业内部也可以自己建立虚拟专用网。

11.5.2 虚拟专用网的局限性

（1）VPN 用户不能直接控制基于互联网的 VPN 的可靠性和性能。用户必须依靠提供 VPN 的互联网服务提供商保证服务的运行。这个因素使用户与互联网服务提供商签署一个服务级协议非常重要，要签署一个保证各种性能指标的协议。

（2）用户创建和部署 VPN 线路并不容易。这种技术需要高水平地理解网络和安全问题，需要认真地规划和配置。因此，最好选择互联网服务提供商负责运行 VPN。

（3）不同厂商的 VPN 产品和解决方案总是不兼容的，因为许多厂商不愿意或者不能遵守 VPN 技术标准。因此，混合使用不同厂商的产品可能会出现技术问题。另一方面，使用一家供应商的设备可能会提高成本。

（4）当使用无线设备时，VPN 有安全风险。在接入点之间漫游特别容易出问题。当用户在接入点之间漫游的时候，任何使用高级加密技术的解决方案都有可能被攻破。

11.6 虚拟专用网应用举例

以北京邮电大学（以下简称"北邮"）虚拟专用网举例。如图 11-8 所示为没有使用 VPN 时的网页。这时通过校外的公有网络是不能访问北邮校内资源的。

图 11-8　没有使用 VPN 时的网页

解决方案是下载一个北邮 VPN 客户端。登录界面如图 11-9 所示。

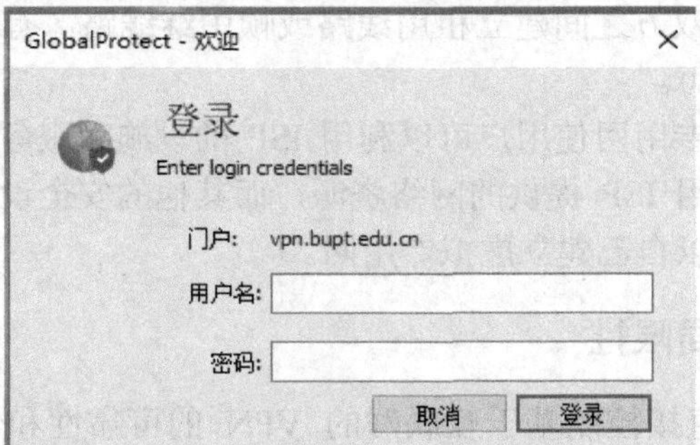

图 11-9　北邮 VPN 登录界面

输入用户名和密码后，就可以连接北邮校内网络资源了。如图 11-10 所示成功连接到了北邮 VPN。

图 11-10　北邮 VPN 连接成功

连接后需要进行网络的身份认证，如图 11-11 所示。

图 11-11　进行内网身份认证

身份认证后，就能使用 VPN 进入内网进行工作了，如图 11-12 所示。

图 11-12　用 VPN 登录后的北邮内网

至此，完成了北邮 VPN 的登录和使用工作。

思考题

1. 什么是虚拟专用网 VPN?
2. 企业为什么要引入 VPN?
3. VPN 的主要优点和局限性有哪些?
4. 根据网络类型的差异，VPN 可以分为哪些类?
5. 举例说明你用到的 SSL VPN。

第 12 章　网络安全协议

许多网络攻击都是由网络协议（如 TCP/IP）的固有漏洞引起的，因此，为了保证网络传输和应用的安全，各种类型的网络安全协议不断涌现。本章讲述一些常用的网络安全相关的协议。

12.1　网络安全协议概述

安全协议是以密码学为基础的消息交换协议，也称作密码协议，其目的是在网络环境中提供各种安全服务。安全协议是网络安全的一个重要组成部分，通过安全协议可以实现实体认证、数据完整性校验、密钥分配、收发确认以及不可否认性验证等安全功能。网络安全协议建立在密码体制基础上，运用密码算法和协议逻辑来实现加密和认证。

在网络层主要的安全协议是 IPsec 安全协议族，如图 12-1 所示。

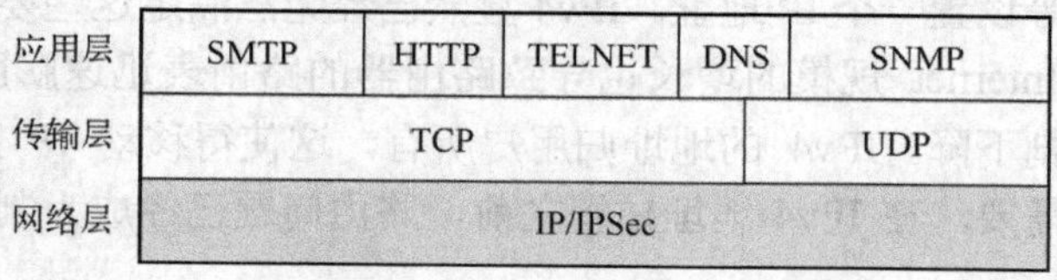

应用层	SMTP	HTTP	TELNET	DNS	SNMP
传输层	TCP			UDP	
网络层	IP/IPSec				

图 12-1　网络层安全协议

传输层的安全协议主要是 SSL、TLS 等，如图 12-2 所示。

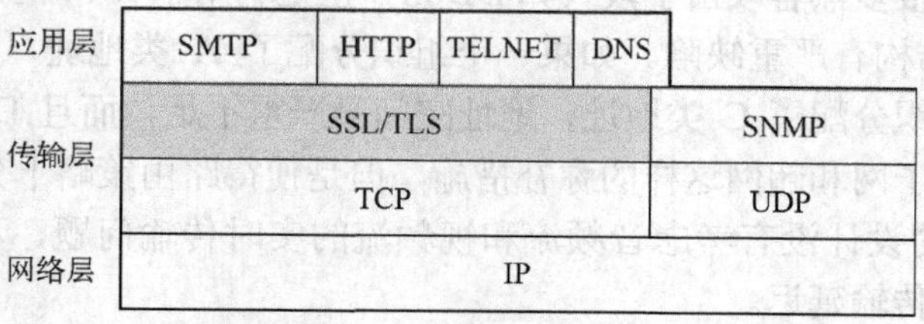

应用层	SMTP	HTTP	TELNET	DNS	
传输层	SSL/TLS				SNMP
	TCP				UDP
网络层	IP				

图 12-2　传输层安全协议

应用层主要的安全协议包括 SSH、SHTTP、Kerberos、PGP、SET 等，如图 12-3 所示。

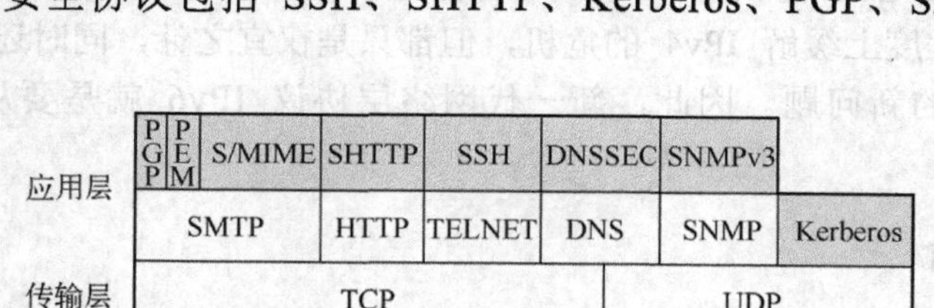

应用层	PGP PEM	S/MIME	SHTTP	SSH	DNSSEC	SNMPv3	
	SMTP		HTTP	TELNET	DNS	SNMP	Kerberos
传输层	TCP				UDP		
网络层	IP						

图 12-3　应用层安全协议

175

12.2 互联网安全协议 IPsec

本小节先从 IPv4 的缺陷讲起，然后讲述 IPv6 的核心是 IPsec 协议，并详细讲述 IPsec 协议的原理与实现技术。

12.2.1 IPv4 的缺陷

随着 Internet 的发展尤其是规模爆炸式的增长，IPv4 固有的一些缺陷也逐渐暴露出来，主要集中于以下几个方面。

（1）地址枯竭。IPv4 使用 32 位长的地址，地址空间超过 40 亿。但由于地址类别的划分不尽合理，目前地址分配效率系数 H 约为 0.22～0.26，即只有不到 5% 的地址得到利用，已分配的地址尤其是 A 类地址大量闲置，但可用来分配的地址所剩无几。另外，目前占有互联网地址的主要设备早已由大型机变为 PC 机，并且在将来，越来越多的其他设备也会连接到互联网上，包括 PDA、汽车、手机、各种家用电器等。特别是手机，为了向第四、五代移动通信标准靠拢，几乎所有的手机厂商都在向因特网地址管理机构 ICANN 申请，要给它们生产的每一部手机都分配一个 IP 地址。而竞争激烈的家电企业也要给每一台带有联网功能的电视、空调、微波炉等设置一个 IP 地址。IPv4 显然已经无法满足这些要求。

（2）路由瓶颈。Internet 规模的增长也导致路由器的路由表迅速膨胀，路由效率特别是骨干网络路由效率急剧下降。IPv4 的地址归用户所有，这使得移动 IP 路由复杂，难以适应当今移动业务发展的需要。在 IPv4 地址枯竭之前，路由问题已经成为制约 Internet 效率和发展的瓶颈。

（3）安全和服务质量难以保障。电子商务、电子政务的基础是网络的安全性和可靠性，语音视频等新业务的开展对服务质量（QoS）提出了更高的要求。而 IPv4 本身缺乏安全和服务质量的保障机制，很多黑客攻击手段（如 DDoS）正是利用了 IPv4 的缺陷。

（4）IPv4 地址结构有严重缺陷。如果一个组织分配了 A 类地址，大部分的地址空间被浪费了；如果一个组织分配了 C 类地址，地址空间又严重不足，而且 D 类和 E 类地址都无法利用。虽然出现了子网和超网这样的弥补措施，但是使得路由策略十分复杂。

（5）IPv4 协议的设计没有考虑音频流和视频流的实时传输问题，不能提供资源预约机制；不能保证稳定的传输延迟。

（6）IPv4 没有提供加密和认证机制，不能保证机密数据资源的安全传输。

尽管 NAT（网络地址转换）、CIDR（无类别域间路由，Classless Inter-Domain Routing）等技术能够在一定程度上缓解 IPv4 的危机，但都只是权宜之计，同时还会带来费用、服务质量、安全等方面的新问题。因此，新一代网络层协议 IPv6 就是要从根本上解决 IPv4 的危机。

12.2.2 IPsec 简介

IPsec 是一个协议包，通过对 IP 协议的分组进行加密和认证来保护 IP 协议的网络传输协议族（一些相互关联的协议的集合）。

IPv4 在安全方面主要的不足之处在于：缺乏对通信双方身份真实性的鉴别能力；缺乏对

传输数据的完整性和机密性保护的机制；IP 层存在业务流被监听和捕获、IP 地址欺骗、信息泄露和数据项篡改等攻击。IPv6 在安全方面解决了 IPv4 的不足，它的核心是 IPsec。IPsec 是 IPv6 必选的内容，但在 IPv4 中的使用则是可选的。

IPSec 在 IP 层上对数据包进行安全处理，提供数据源验证，数据完整性、数据机密性等安全服务。各种应用程序完全可以享用 IP 层提供的安全服务和密钥管理而不必设计和实现自己的安全机制，因此减少了密钥协商的开销，也降低了产生安全漏洞的可能性。

IPsec 是 IETF 制定的三层隧道加密协议，它为 Internet 上传输的数据提供了高质量的、可互操作的、基于密码学的安全保证。特定的通信方之间在 IP 层通过加密与数据源认证等方式，提供了以下的安全服务。

（1）数据机密性（Confidentiality）：IPsec 发送方在通过网络传输包前对包进行加密。

（2）数据完整性（Data Integrity）：IPsec 接收方对发送方发送来的包进行认证，以确保数据在传输过程中没有被篡改。

（3）数据来源认证（Data Authentication）：IPsec 在接收端可以认证发送 IPsec 报文的发送端是否合法。

（4）防重放（Anti-Replay）：IPsec 接收方可检测并拒绝接收过时或重复的报文。

IPsec 具有以下优点。

（1）支持 IKE（Internet Key Exchange，因特网密钥交换），可实现密钥的自动协商功能，减少了密钥协商的开销。可以通过 IKE 建立和维护 SA 的服务，简化了 IPsec 的使用和管理。

（2）所有使用 IP 协议进行数据传输的应用系统和服务都可以使用 IPsec，而不必对这些应用系统和服务本身做任何修改。

（3）对数据的加密是以数据包为单位的，而不是以整个数据流为单位，这不仅灵活，而且有助于进一步提高 IP 数据包的安全性，可以有效防范网络攻击。

12.2.3　IPsec 协议族

IPsec 协议不是一个单独的协议，它给出了应用于 IP 层上网络数据安全的一整套体系结构。IPsec 主要由以下协议组成。

（1）网络认证协议 AH（Authentication Header），为 IP 数据报提供无连接数据完整性、消息认证以及防重放攻击保护。

（2）封装安全载荷 ESP（Encapsulating Security Payload），提供机密性、数据源认证、无连接完整性、防重放和有限的传输流（traffic-flow）机密性。

（3）因特网密钥交换协议 IKE，用来交换密钥。

（4）安全关联 SA（Security Association），提供算法和数据包，提供 AH、ESP 操作所需的参数。

IPsec 提供了两种安全机制：认证和加密。认证机制使 IP 通信的数据接收方能够确认数据发送方的真实身份以及数据在传输过程中是否遭篡改。加密机制通过对数据进行加密运算来保证数据的机密性，以防数据在传输过程中被窃听。IPsec 提供的服务如表 12-1 所示。

表 12-1 IPsec 提供的服务

	AH	ESP（只加密）	ESP（加密并鉴别）
访问控制服务	Y	Y	Y
无连接完整性	Y	—	Y
数据源鉴别	Y	—	Y
拒绝重放的分组	Y	Y	Y
保密性	—	Y	Y
流量保密性	—	Y	Y

12.2.4 IPsec 的协议实现

IPsec 的结构如图 12-4 所示。

（1）AH 协议：可以同时提供数据完整性确认、数据来源确认、防重放等安全特性；AH 常用摘要算法（单向 Hash 函数）MD5 和 SHA-1 实现该特性。如图 12-5 所示为 AH 协议的报文格式。

AH 的基本功能是为 IP 通信提供数据源认证、数据完整性和反重播保证。它不提供任何机密性服务。AH 能保护通信免受篡改，但不能防止窃听，适合用于传输非机密数据。AH 的工作原理是在每一个数据包上添加一个身份验证报文头，此报文头插在标准 IP 包头后面，对数据提供完整性保护。可选择的认证算法有 MD5、SHA-1 等。

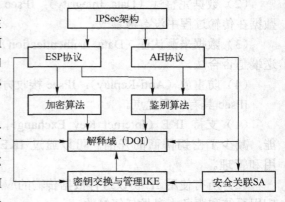

图 12-4 IPsec 的结构

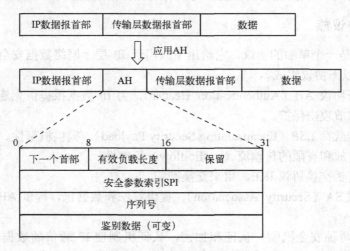

图 12-5 AH 协议的报文格式

AH 的工作原理是在每一个 IP 数据报上添加一个鉴别首部，此首部包含一个带密钥的散列。该散列在整个数据报中计算，因此对数据的任何更改将致使散列无效，从而对数据提供了完整性保护。

（2）ESP 协议：可以同时提供数据完整性确认、数据加密、防重放等安全特性；ESP 通常使用 DES、3DES、AES 等加密算法实现数据加密，使用 MD5 或 SHA-1 来实现数据完整性。如图 12-6 所示为 ESP 协议的报文格式。

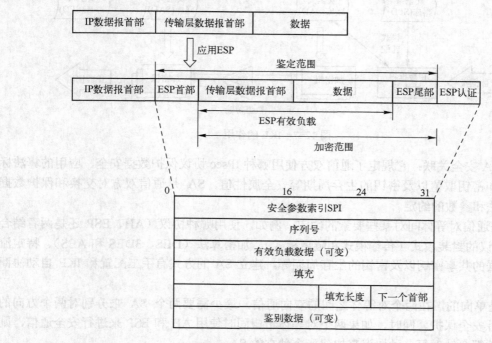

图 12-6　ESP 协议的报文格式

ESP 协议可为 IP 提供机密性、数据源验证、抗重放以及数据完整性等安全服务。ESP 属于 IPSec 的机密性服务。其中，数据机密性是 ESP 的基本功能，而数据源身份认证、数据完整性检验以及抗重传保护都是可选的。ESP 主要保障 IP 数据报的机密性，它将需要保护的用户数据进行加密后再重新封装到新的 IP 数据包中。

ESP 的工作原理是在每一个数据包的标准 IP 包头后面添加一个 ESP 报文头，并在数据包后面追加一个 ESP 尾。与 AH 协议不同的是，ESP 将需要保护的用户数据进行加密后再封装到 IP 包中，以保证数据的机密性。常见的加密算法有 DES、3DES、AES 等。同时，作为可选项，用户可以选择 MD5、SHA-1 算法保证报文的完整性和真实性。

在实际进行 IP 通信时，可以根据实际安全需求同时使用 AH 和 ESP 这两种协议或选择使用其中的一种。AH 和 ESP 都可以提供认证服务，不过，AH 提供的认证服务要强于 ESP。同时使用 AH 和 ESP 时，设备支持的 AH 和 ESP 联合使用的方式为：先对报文进行 ESP 封装，再对报文进行 AH 封装，封装之后的报文从内到外依次是原始 IP 报文、ESP 头、AH 头和外部 IP 头。

（3）IKE 因特网密钥交换协议：它定义了安全参数如何协商，以及共享密钥如何建立。但是它没有定义协商内容。这方面的定义是由"解释域（DOI）"文档来进行的。IKE 负责建立和管理 SA，并且负责为 AH 和 ESP 协议生成相关密钥。IKE 的作用如图 12-7 所示。

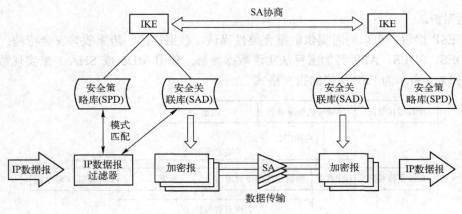

图 12-7 IKE 的作用

（4）SA 安全关联：它规定了通信双方使用哪种 IPsec 协议保护数据安全、应用的算法标识、加密和密钥取值以及密钥的生存周期等安全属性值。SA 是通信双方对交换和保护数据的相关方法和参数的约定。

SA 是通信对等体间对某些要素的约定，例如，使用哪种协议（AH、ESP 还是两者结合使用）、协议的封装模式（传输模式和隧道模式）、加密算法（DES、3DES 和 AES）、特定流中保护数据的共享密钥以及密钥的生存周期等。建立 SA 的方式有手工配置和 IKE 自动协商两种。

SA 是单向的，在两个对等体之间的双向通信，最少需要两个 SA 来分别对两个方向的数据流进行安全保护。同时，如果两个对等体希望同时使用 AH 和 ESP 来进行安全通信，则每个对等体都会针对每一种协议来构建一个独立的 SA。

SA 由一个三元组来唯一标识，这个三元组包括 SPI（Security Parameter Index，安全参数索引）、目的 IP 地址、安全协议号（AH 或 ESP）。SPI 是用于唯一标识 SA 的一个 32bit 数值，它在 AH 和 ESP 头中传输。在手工配置 SA 时，需要手工指定 SPI 的取值。

使用 IKE 协商产生 SA 时，SPI 将随机生成。通过 IKE 协商建立的 SA 具有生存周期，手工方式建立的 SA 永不老化。IKE 协商建立的 SA 的生存周期有两种定义方式：

● 基于时间的生存周期，定义了一个 SA 从建立到失效的时间。
● 基于流量的生存周期，定义了一个 SA 允许处理的最大流量。

生存周期到达指定的时间或指定的流量，SA 就会失效。SA 失效前，IKE 将为 IPsec 协商建立新的 SA，这样，在旧的 SA 失效前新的 SA 就已经准备好。在新的 SA 开始协商而没有协商好之前，继续使用旧的 SA 保护通信。在新的 SA 协商好之后，则立即采用新的 SA 保护通信。

12.2.5 IPsec 的工作模式

IPsec 有两种工作模式，即传输模式和隧道模式。传输模式用来直接加密主机之间的网络通信；隧道模式用来在两个子网之间建造 "虚拟隧道"实现两个网络之间的安全通信。

（1）隧道（tunnel）模式：用户的整个 IP 数据包被用来计算 AH 或 ESP 头，AH 或 ESP

头以及 ESP 加密的用户数据被封装在一个新的 IP 数据包中。通常，隧道模式应用于两个安全网关之间的通信。

（2）传输（transport）模式：只是传输层数据被用来计算 AH 或 ESP 头，AH 或 ESP 头以及 ESP 加密的用户数据被放置在原 IP 包头后面。通常，传输模式应用于两台主机之间的通信，或一台主机和一个安全网关之间的通信。

不同的安全协议在 Tunnel 和 Transport 模式下的数据封装形式如图 12-8 所示，Data 为传输层数据。

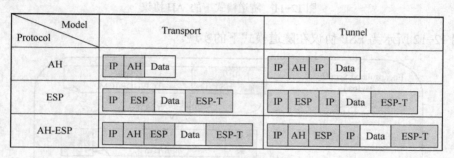

图 12-8　安全协议数据封装格式

如图 12-9 所示为 AH 协议在传输模式下的实现。

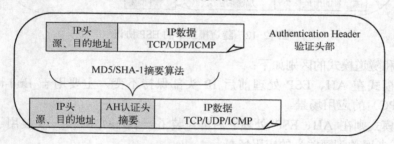

图 12-9　传输模式下的 AH 协议

如图 12-10 所示为 ESP 协议在传输模式下的实现。

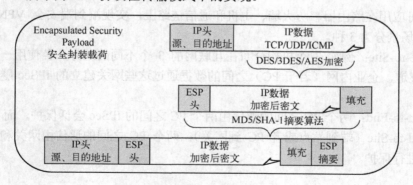

图 12-10　传输模式下的 ESP 协议

如图 12-11 所示为 AH 协议在隧道模式下的实现。

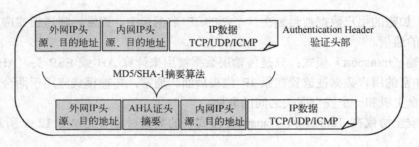

图 12-11　隧道模式下的 AH 协议

如图 12-12 所示为 ESP 协议在隧道模式下的实现。

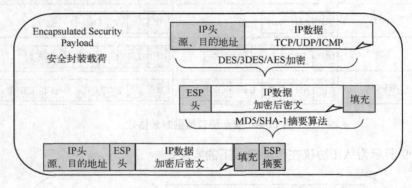

图 12-12　隧道模式下的 ESP 协议

传输模式和隧道模式的区别如下：

（1）传输模式在 AH、ESP 处理前后 IP 头部保持不变，主要用于 End-to-End（端到端或者 PC 到 PC）的应用场景。

（2）隧道模式则在 AH、ESP 处理之后再封装了一个外网 IP 头，主要用于 Site-to-Site（站点到站点或者网关到网关）的应用场景。

12.2.6　IPsec 的 VPN 实现

IPSec 可应用在路由器、防火墙、主机和通信链路上，实现端到端安全 VPN 等。IPSec VPN 的应用场景分为 3 种。

（1）Site-to-Site：例如 3 个机构分布在互联网的 3 个不同的地方，各使用一个网关相互建立 VPN 隧道，企业内网（若干 PC）之间的数据通过这些网关建立的 IPSec 隧道实现安全互联。

（2）End-to-End：两个 PC 之间的通信由两个 PC 之间的 IPSec 会话保护，而不是网关。

（3）End-to-Site（端到站点或者 PC 到网关）：两个 PC 之间的通信由网关和异地 PC 之间的 IPSec 进行保护。

12.3　安全套接字层协议 SSL

在网络层中，IPSec 可以提供端到端的网络层安全传输，但是它无法处理位于同一端系统之中的不同的用户安全需求,因此需要在传输层和更高层提供网络安全传输服务,来满足这些要求。基于两个传输进程间的端到端安全服务,保证两个应用之间的保密性和安全性,为应用层提供安全服务。在传输层中使用的安全协议主要有 SSL、SSH 等。

SSL(Secure Socket Layer)是由 Netscape 公司设计的一种开放协议,它指定了一种在应用程序协议(如 HTTP、Telnet、NNTP、FTP)和 TCP/IP 之间提供数据安全性分层的机制。它为 TCP/IP 连接提供数据加密、服务器认证、消息完整性以及可选的客户机认证。

1996 年由 Netscape 公司推出 SSL 3.0,得到了广泛的应用,并被 IETF 的传输层安全工作小组(TLS Working Group)所采纳。目前,SSL 协议已经成为因特网事实上的传输层安全标准。它广泛用于 Web 浏览器与服务器之间的身份认证和加密数据传输。如图 12-13 所示为 IE 浏览器里面嵌入的 SSL 和 TLS 协议。

SSL 主要提供连接的保密性、可靠性和相互认证三种安全服务。它的层次结构如图 12-14 所示。

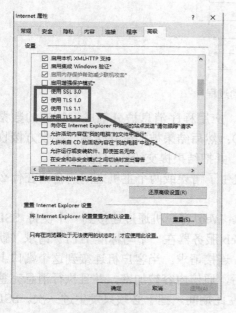

图 12-13 Internet 属性里的 SSL/TLS

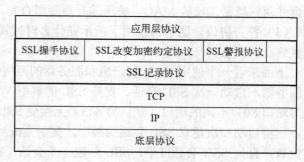

图 12-14 SSL 协议的层次结构

SSL 协议用来在客户端和服务器真正传输应用层数据之前建立安全机制,包括协商一个协议版本、选择密码算法、对彼此进行认证、使用公开密钥加密技术产生共享密码等。它的协议过程如图 12-15 所示。

SSL 的主要目的是在两个通信应用程序之间提供私密信和可靠性。这个过程通过 3 个协议来完成。

(1)握手协议。这个协议负责协商被用于客户机和服务器之间会话的加密参数。当一个 SSL 客户机和服务器第一次开始通信时,它们在一个协议版本上达成一致,选择加密算法,选择相互认证,并使用公钥技术来生成共享密钥。

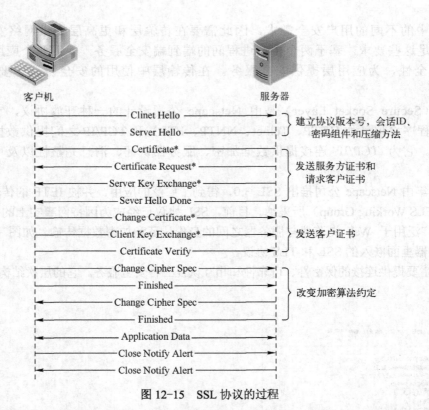

客户机 服务器

──────── Clinet Hello ────────►	建立协议版本号，会话ID，
◄──────── Server Hello ────────	密码组件和压缩方法
◄──────── Certificate* ────────	
◄──────── Certificate Request* ────────	发送服务方证书和
◄──────── Server Key Exchange* ────────	请求客户证书
◄──────── Sever Hello Done ────────	
──────── Change Certificate* ────────►	
──────── Client Key Exchange* ────────►	发送客户证书
──────── Certificate Verify ────────►	
──────── Change Cipher Spec ────────►	
──────── Finished ────────►	
◄──────── Change Cipher Spec ────────	改变加密算法约定
◄──────── Finished ────────	
◄──────── Application Data ──────►	
──────── Close Notify Alert ────────►	
◄──────── Close Notify Alert ────────	

图 12-15 SSL 协议的过程

（2）记录协议。这个协议用于交换应用层数据。应用程序消息被分割成可管理的数据块，还可以压缩，并应用一个 MAC（消息认证代码）；然后结果被加密并传输。接收方接收数据并对它解密，校验 MAC，解压缩并重新组合它，并把结果提交给应用程序协议。

（3）警告协议。这个协议用于指示在什么时候发生了错误或两个主机之间的会话在什么时候终止。

下面来看一个使用 Web 客户机和服务器的范例。Web 客户机通过连接到一个支持 SSL 的服务器，启动一次 SSL 会话。支持 SSL 的典型 Web 服务器在一个与标准 HTTP 请求（默认为端口 80）不同的端口（默认为 443）上接受 SSL 连接请求。当客户机连接到这个端口上时，它将启动一次建立 SSL 会话的握手。握手完成后，通信内容被加密，并且执行消息完整性检查，直到 SSL 会话过期。SSL 创建一个会话，在此期间，握手必须只发生过一次。SSL握手步骤如下。

步骤 1：SSL 客户机连接到 SSL 服务器，并要求服务器验证它自身的身份。

步骤 2：服务器通过发送它的数字证书证明其身份。这个交换还可以包括整个证书链，直到某个根证书权威机构（CA）。通过检查有效日期并确认证书包含有可信任 CA 的数字签名，来验证证书。

步骤 3：服务器发出一个请求，对客户端的证书进行验证。但是，因为缺乏公钥体系结构，大多数服务器不进行客户端认证。

步骤 4：协商用于加密的消息加密算法和用于完整性检查的散列函数。通常由客户机提供它支持的所有算法列表，然后由服务器选择最强健的加密算法。

步骤 5：客户机和服务器通过下列步骤生成会话密钥：

a．客户机生成一个随机数，并使用服务器的公钥（从服务器的证书中获得）对它加密，发送到服务器上。

b．服务器用更加随机的数据（当客户机的密钥可用时，则使用客户机密钥；否则服务器采用明文方式发送数据）响应。

c．使用散列函数，从随机数据生成密钥。

SSL 协议的优点是它提供了连接安全，具有 3 个基本属性。

（1）连接是私有的。在初始握手定义了一个密钥之后，将使用加密算法。对于数据加密使用了对称加密（如 DES 和 RC4）。

（2）可以使用非对称加密或公钥加密（如 RSA 和 DSS）来验证对等实体的身份。

（3）连接是可靠的。消息传输使用一个密钥的 MAC，包括了消息完整性检查。其中使用了散列函数（如 SHA 和 MD5）来进行 MAC 计算。

对 SSL 的接受程度仅限于 HTTP 内。它在其他协议中可以使用，但还没有被广泛应用。

SSL 一个很实用的例子就是网上银行的连接。网上银行的连接都是以 HTTPS（Hypertext Transfer Protocol over Secure Socket Layer）开始的。HTTPS 就是在 HTTP 协议上加上 SSL 协议，所以 HTTPS 的安全基础是 SSL 协议。HTTP 的端口是 80，而 HTTPS 的端口是 443。如图 12-16 所示为连接工商银行时使用 HTTPS 协议。

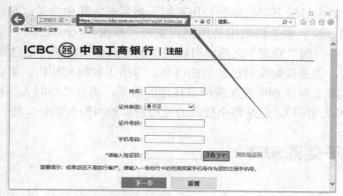

图 12-16　网上银行使用的 HTTPS 协议

12.4　安全外壳协议 SSH

SSH（Secure Shell Protocol）是一种在不安全网络上用于安全远程登录和其他安全网络服务的协议。它提供了对安全远程登录、安全文件传输、安全 TCP/IP 和 X-Window 系统通信量进行转发的支持。它可以自动加密、认证并压缩所传输的数据。正在进行的定义 SSH 协议的工作确保 SSH 协议可以提供强健的安全性，防止密码分析和协议攻击，可以在没有全球密钥管理或证书基础设施的情况下工作得非常好，并且在可用时可以使用自己已有的证书基础设施（如 DNSSEC 和 X.509）。SSH 协议由 3 个主要组件组成。

（1）传输层协议：它提供服务器认证、保密性和完整性，并具有完美的转发保密性。有时，它还可能提供压缩功能。

（2）用户认证协议：它负责从服务器对客户机的身份认证。

（3）连接协议：它把加密通道多路复用组成几个逻辑通道。

SSH 传输层是一种安全的低层传输协议。它提供了强健的加密、加密主机认证和完整性保护。SSH 中的认证是基于主机的；这种协议不执行用户认证。可以在 SSH 的上层为用户认证设计一种高级协议。

这种协议被设计成相当简单而灵活，以允许参数协商并最小化来回传输的次数。密钥交互方法、公钥算法、对称加密算法、消息认证算法以及散列算法等都需要协商。

数据完整性是通过在每个包中包括一个消息认证代码（MAC）来保护的，这个 MAC 是根据一个共享密钥、包序列号和包的内容计算得到的。SSH 在 UNIX、Windows 和 Macintosh 系统上都可以实现，因此应用十分广泛。

从客户端来看，SSH 提供两种级别的安全验证。

第 1 种级别（基于口令的安全验证）：只要你知道自己的账号和口令，就可以登录到远程主机。所有传输的数据都会被加密，但是不能保证你正在连接的服务器就是你想连接的服务器。可能会有别的服务器冒充真正的服务器，也就是受到"中间人"攻击。

第 2 种级别（基于密钥的安全验证）：需要依靠密钥，也就是你必须为自己创建一个公钥和一个私钥，并把公用密钥放在需要访问的服务器上。如果你要连接到 SSH 服务器上，客户端软件就会向服务器发出请求，请求用你的密钥进行安全验证。服务器收到请求之后，先在该服务器上你的主目录下寻找你的公用密钥，然后把它和你发送过来的公用密钥进行比较。如果两个密钥一致，服务器就用公用密钥加密"质询"（challenge）并把它发送给客户端软件。客户端软件收到"质询"之后就可以用你的私人密钥解密再把它发送给服务器。

用第 2 种级别，你必须知道自己密钥的口令。与第 1 种级别相比，第 2 种级别不需要在网络上传送口令。第 2 种级别不仅加密所有传送的数据，而且"中间人"攻击也是不可能的（因为他没有你的私人密钥）。但是整个登录的过程需要的时间可能长一些。

12.5 安全电子交易 SET

12.5.1 SET 协议简介

电子商务在提供机遇和便利的同时，也面临着一个最大的挑战，即交易的安全问题。在网上购物环境中，持卡人希望在交易中保密自己的账户信息，使之不被人盗用；商家则希望客户的订单不可抵赖，并且，在交易过程中，交易各方都希望验明其他方的身份，以防止被欺骗。针对这种情况，由美国 Visa 和 MasterCard 两大信用卡组织联合国际上多家科技机构，于 1997 年 5 月共同制定了应用于 Internet 上的以银行卡为基础进行在线交易的安全标准，这就是"安全电子交易"（Secure Electronic Transaction，简称 SET）。它采用公钥密码体制和 X.509 数字证书标准，主要应用于保障网上购物信息的安全性。

由于 SET 提供了消费者、商家和银行之间的认证，确保了交易数据的安全性、完整可靠性和交易的不可否认性，特别是保证不将消费者银行卡号暴露给商家等优点。因此，至 2012 年，它成为了公认的信用卡/借记卡的网上交易的国际安全标准。SET 要达到的最主要目标如下。

（1）信息在公共因特网上安全传输，保证网上传输的数据不被黑客窃取。

（2）订单信息和个人账号信息隔离。在将包括持卡人账号信息在内的订单送到商家时，商家只能看到订货信息，而看不到持卡人的账户信息。

（3）持卡人和商家相互认证，以确保交易各方的真实身份。通常，第三方机构负责为在线交易的各方提供信用担保。

SET 交易的安全性如下。

（1）信息的机密性：SET 系统中，敏感信息（如持卡人的账户和支付信息）是加密传送的，不会被未经许可的一方访问。

（2）数据的完整性：通过数字签名，保证在传送者向接收者传送消息期间，消息的内容不会被修改。

（3）身份的验证：通过使用证书和数字签名，可为交易各方提供认证对方身份的依据，即保证信息的真实性。

（4）交易的不可否认性：通过使用数字签名，可以防止交易中的一方抵赖已发生的交易。

（5）互操作性：通过使用特定的协议和消息格式，SET 系统可提供在不同的软硬件平台上操作的同等能力。

12.5.2　SET 协议的参与方

SET 交易的参与方主要包括以下几方面。

1．持卡人（cardholder）

持卡人是网上消费者或客户。SET 支付系统中的网上消费者或客户首先必须是银行卡（信用卡或借记卡）的持卡人。持卡人要参与网上交易，首先要向发卡行提出申请，经发卡行认可后，持卡人从发卡行取得一套 SET 交易专用的持卡人软件（称为电子钱包软件），再由发卡行委托第三方中立机构——认证机构 SETCA 发给数字证书，持卡人才具备了上网交易的条件。持卡人上网交易是由嵌入在浏览器中的电子钱包软件来实现的。持卡人的电子钱包具有发送、接受信息，存储自身的公钥签名密钥和交易参与方的公开密钥交换密钥，申请、接收和保存认证等功能。除了这些功能外，电子钱包还必须支持网上购物的其他功能，如增删改银行卡、检查证书状态、显示银行卡信息和交易历史记录等功能。

2．商户（merchant）

商户是 SET 支付系统中网上商店的经营者，在网上提供商品和服务。商户首先必须在收单银行开设账户，由收单银行负责交易中的清算工作。商户要取得网上交易的资格，首先要由收单银行对其进行审定和信用评估，并与收单银行达成协议，保证可以接收银行卡付款。商户的网上商店必须集成 SET 交易商家软件，商家软件必须能够处理持卡人的网上购物请求和与支付网关进行通信、存储自身的公钥签名密钥和交易参与方的公开密钥交换密钥、申请和接收认证、与后台数据库进行通信及保留交易记录。与持卡人一样，在开始交易之前，商户也必须向 SETCA 申请数字证书。

3．支付网关（payment gateway）

支付网关是由收单银行或指定的第三方操作的专用系统，用于处理支付授权和支付。买卖双方进行交易，最后必须通过银行进行支付。SET 交易是在公开的网络——因特网上进行的，但是，考虑到安全问题，银行的计算机主机及银行专用网络不能与各种公开网络直接相联，为了能接收从因特网上传来的支付指令，在银行业务系统与因特网之间必须有一个专用系统来解决支付指令的转换问题，接收处理从商户传来的付款指令，并通过专线传送给银行；银行将支付指令的处理结果再通过这个专用系统反馈给商户。这个专用系统就称为支付网关。SET 支付系统中的支付网关首先必须由收单银行授权，再由 SETCA 发放数字证书，方可参与网上支付活动。支付网关具有确认商户身份、解密持卡人的支付指令，验证持卡人的证书与在购物中所使用的账号是否匹配，验证持卡人和商户信息的完整性、签署数字响应等功能。由于商户收到持卡人的购物请求后，要将持卡人账号和付款金额等信息传给收单银行，所以支付网关一般由收单银行来担任。但由于支付网关是一个相对独立的系统，只要保证支付网关到银行之间通信的安全，银行可以委托第三方担任网上交易的支付网关。

4. 收单行（acquirer）

收单行是一个金融机构，为商户建立账户并处理支付授权和支付。收单银行虽然不属于 SET 交易的直接组成部分，却是完成交易的必要的参与方。支付网关接收商户的 SET 支付请求后，要将支付请求转交给收单银行，进行银行系统内部的联网支付处理工作，这部分工作与因特网无关，属于传统的银行卡受理工作。从这里可以看出，SET 交易实际上是银行卡受理的一部分，并未改变传统的银行卡受理过程。

5. 发卡行（issuer）

发卡行是一个金融机构，为持卡人建立一个账户并发行支付卡，一个发卡行保证对经过授权的交易进行付款。付款请求最后必须通过银行专用网络经收单银行传送到持卡人的发卡银行，进行授权和付款。同收单银行一样，发卡银行也不属于 SET 交易的直接组成部分，且同样是完成交易的必要的参与方。持卡人要参加 SET 交易，发卡银行必须要参加 SET 交易。SET 系统的持卡人软件一般是从发卡银行获得的，持卡人要申请数字证书，也必须先由发卡银行批准，才能从 SETCA 得到。可以说，持卡人的发卡银行在安全电子交易中起着很重要的作用。而在每一笔 SET 交易中，发卡银行则同收单银行一样，完成传统银行卡联网受理的那一部分工作。

6. 认证机构（认证中心 CA）

在基于 SET 的认证中，按照 SET 交易中的角色不同，认证机构负责向持卡人颁发持卡人证书、向商户颁发商家证书、向支付网关颁发支付网关证书，利用这些证书可以验证持卡人、商户和支付网关的身份。

12.5.3 使用 SET 协议购物过程

SET 协议涉及的当事人包括持卡人、发卡机构、商家、银行以及支付网关。SET 协议提供了消费者、商家和银行之间的认证，确保了交易数据的机密性、真实性、完整性和交易的不可否认性，特别是保证不将消费者银行卡号暴露给商家，因此它成为了目前公认的信用卡/借记卡的网上交易的国际安全标准。SET 协议的购物流程如图 12-17 所示。

使用 SET 协议的具体购物流程如下：

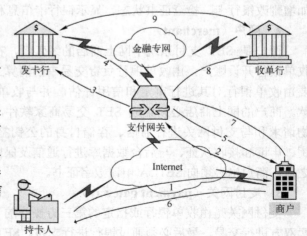

图 12-17　使用 SET 协议进行购物的流程

（1）持卡人使用浏览器在商家的 Web 页面上查看和浏览在线商品及目录。

（2）持卡人选择要购买的商品。

（3）持卡人填写订单，包括项目列表、价格、总价、运费、搬运费和税费等。订单可通过电子化方式从商家传送过来，或由持卡人的电子购物软件建立。有些在线商店允许持卡人与商家协商物品的价格。

（4）持卡人选择付款方式，此时 SET 开始介入。

（5）持卡人通过网络发送给商家一个完整的订单及要求付款的指令。在 SET 中，订单和付款指令由持卡人进行数字签名，同时，利用双重签名技术保证商家看不到持卡人的账号信息。

（6）商家接受订单，通过支付网关向持卡人的金融机构请求支付认可。在银行和发卡机构确认和批准交易后，支付网关给商家返回确认信息。

（7）商家通过网络给顾客发送订单确认信息，为顾客配送货物，完成订购服务。客户端软件可记录交易日志，以备将来查询。

（8）商家为顾客配送货物，完成订购服务。

（9）商家可以立即请求银行将钱从购物者账号转移到商家账号，也可以等到某一时间，请求成批划账处理。一次购物到此结束。

思考题

1．IPv4 的缺陷有哪些？
2．IPsec 提供了哪些安全服务？
3．IPsec 具有哪些优点？
4．画出 IPsec 的结构。
5．什么是网络认证协议 AH？
6．什么是封装安全载荷 ESP？
7．IPsec 中 SA 安全关联的作用是什么？
8．简述 IPsec 的两种工作模式：传输模式和隧道模式。
9．简述 SSL 协商过程的三个协议。
10．SSH 协议主要由哪三个组件组成？
11．SSH 提供哪两种级别的安全验证方式？各自的优缺点是什么？
12．SET 协议的目标是什么？
13．SET 协议的安全性有哪些？

第 13 章　Windows 操作系统安全配置

操作系统安全配置是网络安全的基础之一。本章主要以 Windows 10 操作系统为基础，讲述 Windows 操作系统的一些相关安全配置。

13.1　操作系统概述

操作系统（OS：Operating System）是管理计算机硬件与软件资源的计算机程序，同时也是计算机系统的内核与基石。

操作系统需要处理如管理与配置内存、决定系统资源供需的优先次序、控制输入与输出设备、操作网络与管理文件系统等基本事务。操作系统也提供一个让用户与系统交互的操作界面。操作系统的类型非常多样，不同机器安装的操作系统可从简单到复杂，可从移动电话的嵌入式系统到超级计算机的大型操作系统。许多操作系统制造者对它涵盖范畴的定义也不尽一致，例如有些操作系统集成了图形用户界面，而有些仅使用命令行界面，而将图形用户界面视为一种非必要的应用程序。典型的操作系统有如下几种。

1. Windows 操作系统

Windows 操作系统是一款由美国微软公司开发的窗口化操作系统。它采用了图形化操作模式。图形用户界面（GUI：Graphical User Interface，又称图形用户接口）是指采用图形方式显示的计算机操作用户界面，它比起从前的指令操作系统如 DOS 更为人性化。Windows 操作系统是目前世界上使用最广泛的操作系统。如图 13-1 所示为 Windows 10 操作系统界面。

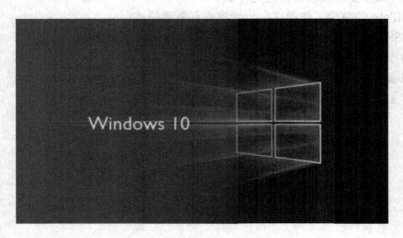

图 13-1　Windows 10 操作系统界面

微软公司还开发了一些适合服务器的操作系统，像 Windows server 2019 等。因为对计算机硬件性能的要求比较高，一般的台式机不会装此类操作系统。

2．UNIX 操作系统

UNIX 操作系统是 1969 年在贝尔实验室诞生的，最初在中小型计算机上应用。最早移植到 80286 微机上的 UNIX 系统，称为 Xenix。Xenix 系统的特点是短小精干，系统开销小，运行速度快。UNIX 为用户提供了一个分时系统以控制计算机的活动和资源，并且提供一个交互、灵活的操作界面。UNIX 被设计成为能够同时运行多进程，支持用户之间共享数据。同时，UNIX 支持模块化结构，当你安装 UNIX 操作系统时，只需要安装工作需要的部分。例如，UNIX 支持许多编程开发工具，但是如果你并不从事开发工作，你只需要安装最少的编译器。用户界面同样支持模块化原则，互不相关的命令能够通过管道相连接用于执行非常复杂的操作。UNIX 有很多种，许多公司都有自己的版本。如图 13-2 所示为 UNIX 操作系统界面。

图 13-2　UNIX 操作系统界面

3．Linux 操作系统

Linux 操作系统是目前全球最大的一个自由免费操作系统软件，其本身是一个功能可与 UNIX 和 Windows 媲美的操作系统，具有完备的网络功能。它的用法与 UNIX 非常相似，因此许多用户不再购买昂贵的 UNIX，转而使用 Linux 等免费系统。

Linux 操作系统最初由芬兰人 Linus Torvalds 开发，其源程序在 Internet 上公开发布，由此，引发了全球计算机爱好者的开发热情，许多人下载该源程序并按自己的意愿完善某一方面的功能，再发回网上。Linux 也因此被雕琢成为一个全球最稳定的、最有发展前景的操作系统。曾经有人戏言：要是比尔·盖茨把 Windows 的源代码也做同样处理，现在 Windows 中残留的许多 BUG 早已不复存在，因为全世界的计算机爱好者都会成为 Windows 的义务测试和编程人员。如图 13-3 所示为 Linux 操作系统。

4．Mac OS 操作系统

Mac OS 操作系统是美国苹果计算机公司为它的 Macintosh 计算机设计的操作系统，该机型于 1984 年推出，在当时的 PC 还只是 DOS 枯燥的字符界面的时候，Mac 率先采用了一些至今仍为人称道的技术，如 GUI 图形用户界面、多媒体应用、鼠标等。Macintosh 计算机在出版、印刷、影视制作和教育等领域有着广泛的应用。Windows 至今在很多方面还有 Mac 的影子。如图 13-4 所示为 Mac OS 操作系统界面。

5．Netware 操作系统

Netware 是 NOVELL 公司推出的网络操作系统。Netware 最重要的特征是基于基本模块设计思想的开放式系统结构。Netware 是一个开放的网络服务器平台，可以方便地对其进行扩充。Netware 系统对不同的工作平台（如 DOS、Macintosh 等），不同的网络协议环境如 TCP/IP 以及各种工作站操作系统提供了一致的服务。该系统内可以增加自选的扩充服务（如替补备份、数据库、电子邮件以及记账等），这些服务可以取自 Netware 本身，也可取自第三方开发者。如图 13-5 所示为 Netware 操作系统界面。

图 13-3　Linux 操作系统

图 13-4　Mac OS 操作系统界面

图 13-5　Netware 操作系统界面

13.2　典型的操作系统安全配置

刚安装的操作系统一般都是符合 C2 级安全级别的操作系统（关于操作系统的安全级别会在后面章节"网络信息安全风险评估"中讲到）。但是这些新安装的操作系统都存在不少漏洞或者配置问题，如果对这些漏洞或者配置问题不了解，不采取相应的措施，就会使操作系统完全暴露给入侵者，进而导致操作系统甚至整个计算机出安全问题。本节讲述一些典型的操作系统安全配置。

13.2.1　账户安全

操作系统的账户是进入操作系统的第一道大门，安全性非常重要。打开操作系统账户管理窗口的方法如下：

用鼠标单击屏幕左下方的 Windows 键，出现如图 13-6 所示的 Windows 功能界面。

图 13-6　Windows 功能界面

在图中用鼠标单击"控制面板",出现如图 13-7 所示的界面。

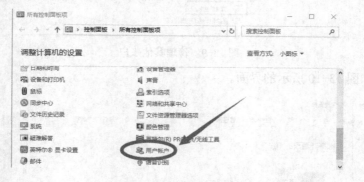

图 13-7　控制面板界面

用鼠标单击图中的"用户账户",出现如图 13-8 所示的界面。

图 13-8　用户账户界面

193

1. 限制账户数量

去掉所有的测试账户、共享账户和普通部门账户等。经常检查系统的账户，删除已经不使用的账户。账户是黑客们入侵系统的突破口，系统的账户越多，黑客们得到合法用户的权限的可能性一般也就越大。对于 Windows 操作系统的主机来说，如果系统账户超过 10 个，一般能找出一两个弱口令账户，所以账户数量不要大于 10 个。

2. 保护管理员账户

管理员账户是计算机系统里最重要的账户，一旦被窃取，计算机将彻底无安全可言。这里介绍一些保护管理员账户的方法。

首先新建立一个名为"Administrator"的账户，方法如下：用鼠标单击如图 13-9 所示的"管理其他账户"。

图 13-9　管理其他账户

这时出现如图 13-10 所示的界面。

图 13-10　管理账户

用鼠标单击图中的"在计算机（电脑）设置中添加新用户"，这时出现如图 13-11 所示的界面。

单击"将其他人添加到这台计算机"，出现如图 13-12 所示的界面。

在图中输入账户名。注意名称一定要带上"Administrator"。单击"下一步"，出现如图 13-13 所示的界面。

194

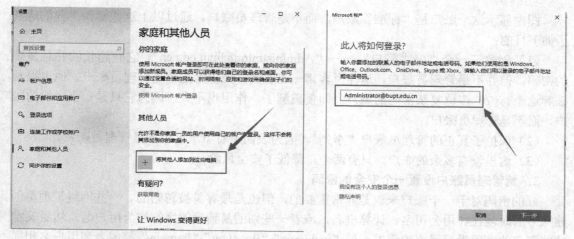

图 13-11　设置账户

图 13-12　输入账户名

在图中输入一个超长的密码，至少 20 位以上，并且是数字、字母和符号的组合。这个密码只输入一次，也不用记住。单击"下一步"，出现如图 13-14 所示的界面。

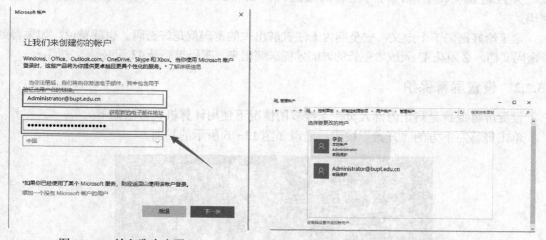

图 13-13　输入账户密码

图 13-14　生成新账户

这样就新生成了一个账户"Administrator@bupt.edu.cn"。设置这个账户的属性，如图 13-15 所示。

图 13-15　设置账户属性

图中显示这个账户是"标准"账户，而不是管理员账户。通过以上这些操作，我们达到了如下目的：

（1）创建了一个"陷阱账户"——"Administrator@bupt.edu.cn"。它有超长的并且复杂的密码，但并不是管理员账户。这样黑客第一眼看到，还以为这个是管理员账户。他也很难破解这个有 20 多位复杂密码的账户。即使破解了，作用也不大，因为它只是一个一般的账户，而不是管理员账户。

（2）保护了真正的管理员账户"李剑"。因为表面上看不出这个才是管理员账户。

（3）这里没有多余的账户，只有两个，降低了安全风险。

3．给管理员账户设置一个安全的密码

好的密码对于一个账户来说是非常重要的，但也是最容易被忽略的。一些网络管理员创建账号的时候往往用公司名、计算机名，或者一些别的易猜到的字符作为用户名，然后又把这些账户的密码设置得比较简单，如"welcome""iloveyou""letmein"等或者和用户名相同的密码。这样的账户应该在首次登录的时候更改成复杂的密码，还要注意经常更改密码。

在第 6 章已经讲了什么样的密码是弱密码，最好不要用。设置密码的时候最好要大于 8 位，并且是数字、字母、符号组合而成的。例如"iAlkiec928e$*@%KWid"就是一个好密码。

这里给好密码下个定义：安全期内无法破解出来的密码就是好密码。也就是说，如果得到了密码文档，必须花 43 天或者更长的时间才能破解出来。密码策略是 42 天必须改密码。

13.2.2　设置屏幕保护

设置屏幕保护是防止内部人员在未授权的情况下使用计算机。方法如下：

单击屏幕左下方的"开始"按钮，出现如图 13-16 所示的界面。

图 13-16　设置功能

单击图中的"设置"，出现如图 13-17 所示的"Windows 设置"界面。

单击图中的"个性化"设置，出现如图 13-18 所示的锁屏界面。

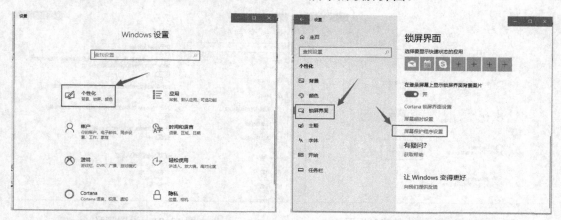

图 13-17 "Windows 设置"界面   图 13-18 锁屏界面

单击图中的"屏幕保护程序设置"按钮，出现如图 13-19 所示的界面。

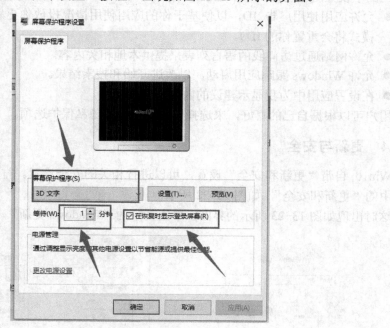

图 13-19 屏幕保护程序设置

在图中选择自己喜欢的屏幕保护程序，设置等待时间，最后再选中"在恢复时显示登录屏幕（R）"复选框。

这样设置之后，当使用计算机的人在 1min 之内不使用计算机的时候，就会出现屏幕保护程序。重新使用计算机的时候，会显示登录界面，让使用者输入登录密码。

13.2.3 设置隐私权限

目前个人隐私保护很重要，Win10 同样注重用户的个人隐私保护。单击"隐私"，如

图 13-20 所示，这时会出现如图 13-21 所示的"更改隐私选项"。

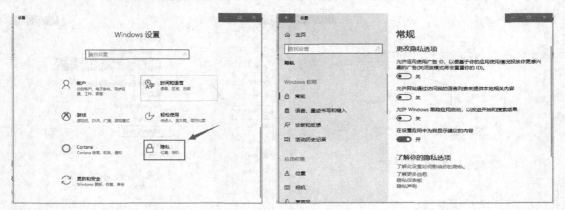

图 13-20　Windows 中的隐私设置　　　　　　　　图 13-21　设置隐私

在图中设置隐私包括以下个选项：

- 允许应用使用广告 ID，以便基于你的应用使用情况投放你更感兴趣的广告（关闭该模式将会重置你的 ID）。
- 允许网站通过访问我的语言列表来提供本地相关内容。
- 允许 Windows 跟踪应用启动，以改进开始和搜索结果。
- 在设置应用中为我显示建议的内容。

用户可以根据自己的喜好，来选择自己所需要的隐私保护选项。

13.2.4　更新与安全

Win10 自带"更新和安全"设置，可以进行相关的安全设置。打开 Windows 设置，单击其中的"更新和安全"，如图 13-22 所示。

这时出现如图 13-23 所示的界面，单击其中的"Windows 更新"。

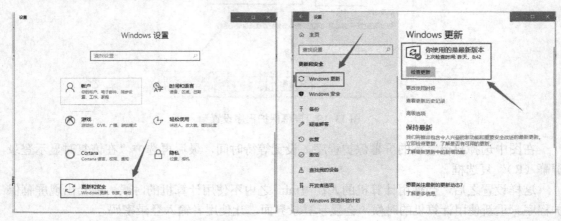

图 13-22　Windows 设置　　　　　　　　　　图 13-23　Windows 更新

这时可以看到目前的 Windows 是不是最新的版本，以及上次检查更新的时间。例如图中上次检测更新时间是昨天 8:42。对操作系统的更新是非常必要的，这样操作系统的很多漏洞就可以补上。

也可以选择"Windows 安全选项"，如图 13-24 所示。

在"Windows 安全选项"的"保护区域"当中包括七个选项：病毒和威胁防护；账户保护；防火墙和网络保护；应用和浏览器控制；设备安全性；设备性能和运行状况；家庭选项。用户可以根据自己的意愿选择其中的安全选项进行设置。

也可以打开"Windows Defender 安全中心"，如图 13-25 所示。由于篇幅关系这里不再详述，感兴趣的读者可以自己进行更多的安全设置。

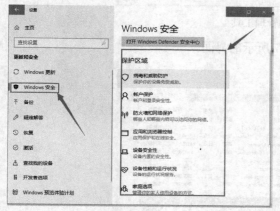

图 13-24　Windows 安全设置

图 13-25　Windows Defender 安全中心

13.2.5　关闭不必要的服务

计算机里通常安装了一些不必要的服务，最好能将这些服务关闭。例如，为了能够在远程方便地管理服务器，很多机器的终端服务都是开着的，如果开了，要确认已经正确地配置了终端服务。有些恶意的程序也能以服务方式悄悄地运行服务器上的终端服务。要留意服务器上开启的所有服务并每天检查。Windows 中可禁用的服务及其相关说明如表 13-1 所示。

表 13-1　Windows 中可禁用的服务

服 务 名	说 明
Task scheduler	允许程序在指定时间运行
Routing and Remote Access	在局域网以及广域网环境中为企业提供路由服务
Remote Registry Service	允许远程注册表操作
Print Spooler	将文件加载到内存中以便以后打印。要用打印机的用户不能禁用这项服务
Distributed Link Tracking Client	当文件在网络域的 NTFS 卷中移动时发送通知
COM+ Event System	提供事件的自动发布到订阅 COM 组件

打开"服务"的方法如下：

在控制面板里打开"管理工具"出现如图 13-26 所示的界面。

图 13-26　管理工具

单击图中的"服务"选项，出现如图 13-27 所示的界面。

图 13-27　服务

从图中可以看到计算机当中所有的服务。如果想要关闭哪个服务，就可以对那个服务进行操作了。

13.2.6　Windows 防火墙的使用

Win10 系统里提供了强大的防火墙功能。下面以关闭特定端口 443 为例，介绍 Win10 关闭某个特定端口的方式。其实和 Win7 一样，都是通过新建防火墙的策略实现的。首先在控制面板里找到管理工具，再在管理工具里找到"高级安全 Windows Defender 防火墙"，如图 13-28 所示。

图 13-28　管理工具里的防火墙

单击"高级安全 Windows Defender 防火墙",出现如图 13-29 所示的界面,可以看到有"出站规则"和"入站规则"的选项。

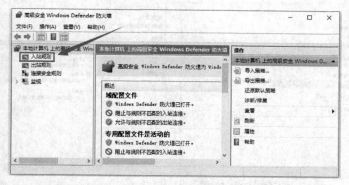

图 13-29　高级安全 Windows Defender 防火墙

这里对出站规则和入站规则都要进行设置。因为设置的方式相同,此处就演示入站规则的设置。单击"入站规则"选项,其中有一个是"新建规则…",如图 13-30 所示。

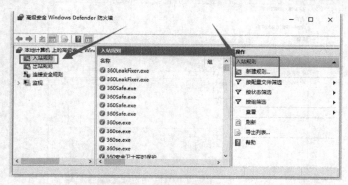

图 13-30　规则选项

单击"新建规则…",在出现的规则类型界面中,选择"端口"项,如图 13-31 所示。然后单击"下一步"按钮。

选择规则应用于 TCP,然后选择"特定本地端口",填上"443"端口,如图 13-32 所示。

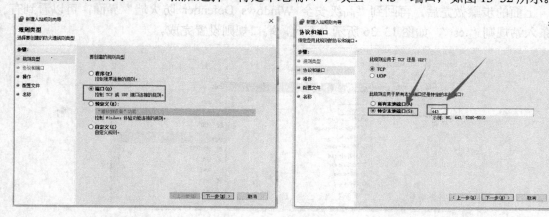

图 13-31　新建入站规则　　　　　　　图 13-32　填写端口

单击"下一步"按钮，出现如图 13-33 所示的界面。

选择"阻止连接"，继续单击"下一步"按钮，出现如图 13-34 的界面。

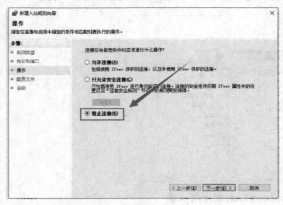 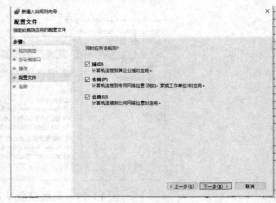

图 13-33　阻止连接　　　　　　　　　　　　　　图 13-34　配置文件

直接单击"下一步"按钮即可，出现如图 13-35 所示的界面。

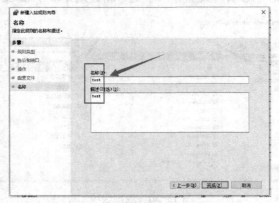

图 13-35　给规则取名称和描述

在该界面中，可填写新建规则的名称，也可以填写一些有关的描述。这些信息填写完成后，单击"完成"按钮就可以了。这里作为测试写为"test"。新建出站规则的方式是一样的。

上面的步骤做完后，再回到"高级安全 Windows Defender 防火墙"界面，可以看到有一条入站规则"test"，如图 13-36 所示。至此，端口规则设置完成。

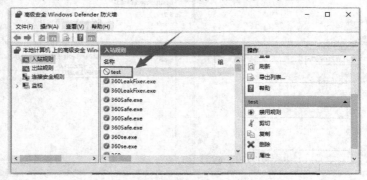

图 13-36　端口规则设置完成

Win10 防火墙里还有其他一些功能，由于篇幅限制，不再赘述，感兴趣的读者可以自行配置。

13.2.7 关闭系统默认共享

操作系统的共享为用户带来了方便，也带来了很多麻烦，经常会有病毒通过共享进入计算机。Windows 2000/XP/2003/7/10 版本的操作系统提供了默认共享功能，这些默认的共享都有"$"标志，意为隐含的，包括所有的逻辑盘（C$，D$，E$…）和系统目录 Winnt 或 Windows（admin$），还有的带有 IPC$共享。

查看这些共享的方法是同时按下 Windows 键和〈R〉键，在出现的运行界面当中输入"cmd"，如图 13-37 所示。

按"确定"按钮后，出现如图 13-38 所示的界面。这是 DOS 操作界面。在界面当中输入命令"net share"，按〈Enter〉键后会出现计算机当中的所有共享。

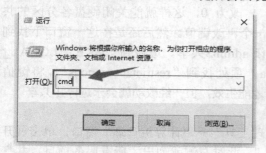

图 13-37 运行界面　　　　　　　　　　图 13-38 查看计算机中的共享

图中的共享信息也可以在"控制面板"→"管理工具"→"计算机管理"当中查看，如图 13-39 所示。

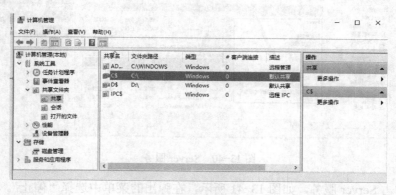

图 13-39 计算机共享信息

因为操作系统的 C 盘、D 盘等全是共享的，这就给黑客的入侵带来了很大的方便。"震荡波"病毒的传播方式之一就是扫描局域网内所有带共享的主机，然后将病毒上传到这些主机上。下面给大家介绍几种关闭操作系统共享的方法。

第 1 种方法：批处理法。

打开记事本，输入以下内容（记得每行最后要按〈Enter〉键）：

```
net share ipc$ /delete
net share admin$ /delete
net share c$ /delete
net share d$ /delete
net share e$ /delete
```
······（有几个硬盘分区就写几行这样的命令）

将以上内容保存为 NotShare.bat（注意后缀），然后把这个批处理文件拖到"程序"→"启动"项，这样每次开机就会运行它，也就是通过 net 命令关闭共享。如果哪一天需要开启某个或某些共享，只要重新编辑这个批处理文件即可（把相应的那个命令行删掉）。

第 2 种方法：注册表改键值法。

单击"开始"→"运行"，输入"regedit"并确定后，打开注册表编辑器，找到"HKEY_LOCAL_MACHINE\SYSTEM\CurrentControlSet\Services\lanmanserver\parameters"项，双击右侧窗口中的"AutoShareServer"项，将键值由 1 改为 0，这样就能关闭硬盘各分区的共享。如果没有 AutoShareServer 项，可自己新建一个再改键值。然后还是在这一窗口下找到"AutoShareWks"项，也把键值由 1 改为 0，关闭 admin$共享。最后到"HKEY_LOCAL_MACHINE\SYSTEM\CurrentControlSet\Control\Lsa"项处找到"restrictanonymous"，将键值设为 1，关闭 IPC$共享。本方法必须重启计算机后才能生效，但一经改动就会永远停止共享。

第 3 种方法：停止服务法。

这种方法最简单，打开"控制面板"→"管理工具"→"计算机管理"窗口，单击展开左侧的"服务和应用程序"并选中其中的"服务"，此时右侧就列出了所有服务项目。共享服务对应的名称是"Server"（在进程中的名称为 services），如图 13-40 所示。

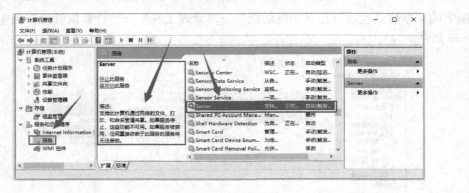

图 13-40　Server 服务

用鼠标右击 Server 服务，如图 13-41 所示，在弹出的菜单中选择"停止"。

Server 服务停止后的系统状态如图 13-42 所示。这样，系统中所有的共享都会去掉了。

13.2.8　下载最新的补丁

下载操作系统和应用程序最新的安全补丁，可以利用一些工具如奇虎 360 安全卫士等。打开奇虎 360 安全卫士软件主界面，如图 13-43 所示。选择"系统修复"选项，再单击"开始扫描"，就开始扫描漏洞了。

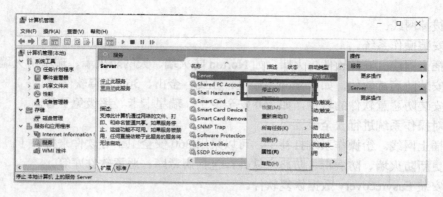

图 13-41　将 Server 服务停止

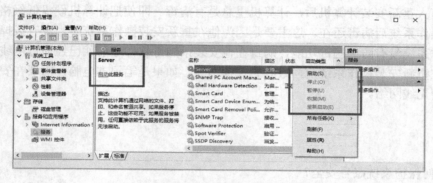

图 13-42　停止 Server 服务后的状态

扫描完成后，会有扫描结果，如图 13-44 所示。这时系统会显示有多少项目需要修复，如果都要修复的话，单击"一键修复"即可。

图 13-43　360 安全卫士　　　　　　　　　图 13-44　360 安全卫士扫描结果

13.3　安装 Windows 操作系统注意事项

如何才能得到一个安全的操作系统呢？这是经常遇到的一个问题。安装一个安全的操作系统可以采用以下几步：

（1）拔掉网线。

（2）安装操作系统。

（3）插上网线。安装软件防火墙，如 Norton 防火墙、天网防火墙、瑞星防火墙等。

（4）安装防病毒软件，如 Norton、瑞星、江民、金山、360 杀毒软件等。

（5）安装防恶意软件的软件，如 360 安全卫士、瑞星卡卡、超级兔子等。

（6）对操作系统进行安全设置。

（7）插上网线。给操作系统打补丁，可以采用 360 安全卫士等软件来打补丁。

（8）更新防火墙、防病毒、防恶意软件，包括病毒库、恶意软件库等。

（9）安装 Easyrecovery 数据恢复软件。

（10）安装其他应用软件。

以前有人重新安装计算机后，计算机里总是有病毒。即使把计算机硬盘低级格式化了，重新安装操作系统后病毒还在。这主要是因为他在重新安装操作系统时，没有拔掉网线。刚安装的操作系统没有防护病毒功能，病毒在他安装杀病毒软件之前就已经通过网线进入系统了。所以在重新安装操作系统前，最好先拔掉网线。如果是笔记本电脑，需要在安装操作系统时，关闭无线网络。

思考题

1. 如何保护系统账号安全？

2. 如何删除操作系统中多余的共享？

3. 如何在操作系统中封掉一些不用的端口？

4. 如何给计算机重新安装一个安全的操作系统？

5. 如何给计算机设置屏幕保护？

第 14 章　网络信息安全风险评估

随着网络信息化技术的广泛应用，在提高科研、生产效率和质量的同时，也极大地增加了网络信息安全风险。目前解决网络信息安全问题普遍采用的方法之一是进行风险评估（Risk Assessment）。从风险管理的角度，系统地分析信息系统所面临的威胁及其存在的脆弱性，评估安全事件一旦发生时可能造成的危害程度，并提出有针对性的防护对策和整改措施，将风险控制在可接受的水平，最大限度地保障信息安全。本章主要介绍网络信息安全风险评估的相关知识。

14.1　风险评估概述

14.1.1　风险评估的概念

风险是一个给定的威胁，利用一项资产或多项资产的脆弱性，对组织造成损害的可能。可通过事件的概率及其后果进行度量。风险评估是风险标识、分析和评价的整个过程。

网络信息安全风险评估，则是指依据国家风险评估有关管理要求和技术标准，对信息系统及由其存储、处理和传输的信息的机密性、完整性和可用性等安全属性进行科学、公正的综合评价的过程。通过对信息及信息系统的重要性、面临的威胁、其自身的脆弱性以及已采取安全措施有效性的分析，判断脆弱性被威胁源利用后可能发生的安全事件及其所造成的负面影响程度来识别信息安全的安全风险。

网络信息系统的风险评估是对威胁、脆弱点以及由此带来的风险大小的评估。对系统进行风险分析和评估的目的就是：了解系统目前与未来的风险所在，评估这些风险可能带来的安全威胁与影响程度，为安全策略的确定、信息系统的建立及安全运行提供依据。同时通过第三方权威或者国际机构评估和认证，也给用户提供了信息技术产品和系统可靠性的信心，增强产品、单位的竞争力。信息系统风险分析和评估是一个复杂的过程，一个完善的信息安全风险评估架构应该具备相应的标准体系、技术体系、组织架构、业务体系和法律法规。

网络信息安全风险评估分为自评估和检查评估两种形式。风险自评估是建立信息安全体系的基础和前提。

风险评估有时候也称为风险分析，是组织使用适当的风险评估工具，对信息和信息处理设施的威胁（Threat）、影响（Impact）和薄弱点（Vulnerability）及其发生的可能性的评估，也就是确认安全风险及其大小的过程。它是风险管理的重要组成部分。

风险评估是信息安全管理的基础，它为安全管理的后续工作提供方向和依据，后续工作的优先等级和关注程度都是由信息安全风险决定的，而且安全控制的效果也必须通过对剩余风险的评估来衡量。

风险评估是在一定范围内识别所存在的信息安全风险,并确定其大小的过程。风险评估保证信息安全管理活动可以有的放矢,将有限的信息安全预算应用到最需要的地方。风险评估是风险管理的前提。

14.1.2 风险评估的意义

长期以来,人们对保障信息安全的手段偏重于依靠技术,从早期的加密技术、数据备份、防病毒到近期网络环境下的防火墙、入侵检测、身份认证等。厂商在安全技术和产品的研发上不遗余力,新的技术和产品不断涌现;消费者也更加相信安全产品,把仅有的预算投入安全产品的采购上。

但实际情况是,单纯依靠技术和产品保障企业信息安全往往不够。复杂多变的安全威胁和隐患靠产品难以消除。"三分技术,七分管理",这个在其他领域总结出来的实践经验和原则,在信息安全领域也同样适用。

根据有关部门披露的数字,在所有的计算机安全事件中,约有 52％是人为因素造成的,25％是由火灾、水灾等自然灾害引起的。其中技术错误占 10％,组织内部人员作案占10％,仅有 3％左右是由外部不法人员的攻击造成的。

不难看出,属于内部人员方面的原因超过 70％,而这些安全问题中的 95％可以通过科学的信息安全风险评估来避免。

可见,对于一个企业来说,搞清楚网络信息系统现有以及潜在的风险,充分评估这些风险可能带来的威胁和影响,是企业实施安全建设必须首先解决的问题,也是制订安全策略的基础与依据。

风险评估的意义在于对风险的认识,而风险的处理过程,可以在考虑了管理成本后,选择适合企业自身的控制方法,对同类的风险因素采用相同的基线控制,这样有助于在保证效果的前提下降低风险评估的成本。

14.2 国内外风险评估标准

14.2.1 国外风险评估相关标准

从美国国防部 1985 年发布著名的可信计算机系统评估准则(TCSEC)起,世界各国根据自己的研究进展和实际情况,相继发布了一系列有关安全评估的准则和标准,如英、法、德、荷等国 20 世纪 90 年代初发布的信息技术安全评估准则(ITSEC);加拿大 1993 年发布的可信计算机产品评价准则(CTCPEC);美国 1993 年制定的信息技术安全联邦标准(FC);由 6 国 7 方(加拿大、法国、德国、荷兰、英国、美国 NIST 及美国 NSA)于 20世纪 90 年代中期提出的信息技术安全性评估通用准则(CC);由英国标准协会(BSI)制定的信息安全管理标准 BS779(ISO17799)以及得到 ISO 认可的 SSE-CMM(ISO/IEC 21827:2002)等。

与风险评估相关的标准还有美国国家标准技术研究所(NIST)的 NIST SP800,其中NIST SP800-53/60 描述了信息系统与安全目标及风险级别对应指南,NIST SP800-26/30 分别描述了自评估指南和风险管理指南。修订版的 NIST 800-53 还加入了物联网与工控系统的安全评估。下面简单介绍信息技术安全性评估通用准则（CC）和美国的可信计算机系统评估准则（TCSEC）。

1. CC 标准

信息技术安全评估公共标准 CCITSE（Common Criteria of Information Technical Security Evaluation），简称 CC（ISO/IEC 15408-1），是美国、加拿大及欧洲 4 国（共 6 国 7 个组织）经协商同意，于 1993 年 6 月起草的，是国际标准化组织统一现有多种准则的结果，是目前最全面的评估准则。

CC 源于 TCSEC，但已经完全改进了 TCSEC。CC 的主要思想和框架都取自 ITSEC（欧）和 FC（美），它由三部分内容组成：① 介绍以及一般模型；② 安全功能需求（技术上的要求）；③ 安全认证需求（非技术要求和对开发过程、工程过程的要求）。

CC 与早期的评估准则相比，主要具有四大特征：① CC 符合 PDR 模型；② CC 评估准则是面向整个信息产品生存期的；③ CC 评估准则不仅考虑了保密性，而且还考虑了完整性和可用性多方面的安全特性；④ CC 评估准则有与之配套的安全评估方法 CEM（Common Evaluation Methodology）。

2. TCSEC 标准

TCSEC（Trusted Computer System Evaluation Criteria）是计算机信息安全评估的第一个正式标准，具有划时代的意义。该准则于 1970 年由美国国防科学委员会提出，并于 1985 年 12 月由美国国防部公布。TCSEC 将安全分为 4 个方面：安全政策、可说明性、安全保障和文档。该标准将以上 4 个方面分为 7 个安全级别，按安全程度从最低到最高依次是 D、C1、C2、B1、B2、B3、A1。

（1）D1 级：最低保护。

无须任何安全措施。这是计算机安全的最低一级。整个计算机系统是不可信任的，硬件和操作系统很容易被侵袭。D1 级计算机系统标准规定对用户没有验证，也就是任何人都可以使用该计算机系统而不会有任何障碍。系统不要求用户进行登录（要求用户提供用户名）或口令保护（要求用户提供唯一字符串来进行访问）。任何人都可以坐在计算机前并开始使用它。

D1 级的计算机系统有：

- MS-DOS。
- MS-Windows 3.x 及 Windows95（不在工作组方式中）。
- Apple 的 System 7.x。

（2）C1 级：自决的安全保护。

系统能够把用户和数据隔开，用户可以根据需要采用系统提供的访问控制措施来保护自己的数据，系统中必有一个防止破坏的区域，其中包含安全功能。用户拥有注册账户和口令，系统通过账户和口令来识别用户是否合法，并决定用户对程序和信息拥有什么样的访问权。

C1 级系统要求硬件有一定的安全机制（如硬件带锁装置和需要钥匙才能使用计算机等），用户在使用前必须登录到系统。C1 级系统还要求具有完全访问控制的能力，即应当允许系统管理员为一些程序或数据设立访问许可权限。C1 级防护的不足之处在于用户可以直接访问操作系统的根。C1 级不能控制进入系统的用户的访问级别，所以用户可以将系统的数据随意移走。

常见的 C1 级兼容计算机系统有：

- UNIX 系统。
- Xenix。
- Netware3.x 或更高版本。
- Windows NT。

（3）C2 类：访问控制保护。

控制粒度更细，使得允许或拒绝任何用户访问单个文件成为可能。系统必须对所有的注册，文件的打开、建立和删除进行记录。审计跟踪必须追踪到每个用户对每个目标的访问。

C2 级在 C1 级的某些不足之处加强了几个特性。C2 级引进了受控访问环境（用户权限级别）的增强特性。这一特性不仅以用户权限为基础，还进一步限制了用户执行某些系统指令。授权分级使系统管理员能够给用户分组，授予他们访问某些程序或分级目录的权限。另一方面，用户权限以个人为单位授权用户对某一程序所在目录的访问。如果其他程序和数据也在同一目录下，那么用户也将自动得到访问这些信息的权限。C2 级系统还采用了系统审计。审计特性跟踪所有的"安全事件"，如登录（成功和失败的），以及系统管理员的工作，如改变用户访问和口令。

（4）B1 类：有标签的安全保护。

系统中的每个对象都有一个敏感性标签而每个用户都有个许可级别。许可级别定义了用户可处理的敏感性标签。系统中的每个文件都按内容分类并标有敏感性标签，任何对用户许可级别和成员分类的更改都受到严格控制。

B1 级系统支持多级安全。多级是指这一安全保护安装在不同级别的系统中（网络、应用程序、工作站等），它对敏感信息提供更高级的保护。例如安全级别可以分为解密、保密和绝密级别。

较流行的 B1 级操作系统是 OSF/1。

（5）B2 类：结构化保护。

系统的设计和实现要经过彻底的测试和审查。系统应结构化为明确而独立的模块，实施最少特权原则。必须对所有目标和实体实施访问控制。政策要由专职人员负责实施，要进行隐蔽信道分析。系统必须维护一个保护域，保护系统的完整性，防止外部干扰。

这一级别称为结构化的保护（Structured Protection）。B2 级安全要求计算机系统中所有对象加标签，而且给设备（如工作站、终端和磁盘驱动器）分配安全级别。如用户可以访问一台工作站，但可能不允许访问装有人员工资资料的磁盘子系统。

（6）B3 类：安全域。

系统的安全功能足够小，利于广泛测试。必须满足参考监视器需求以传递所有的主体到客体的访问。要有安全管理员，审计机制扩展到用信号通知安全相关事件，还要有恢复规程、系统高度抗侵扰、XTS－300 防火墙、多级安全平台。

B3 级要求用户工作站或终端通过可信任途径连接网络系统，这一级必须采用硬件来保护安全系统的存储区。

（7）A1类：核实保护。

最初设计系统就充分考虑安全性。有"正式安全策略模型"，其中包括由公理组成的数学证明。系统的顶级技术规格必须与模型相对应，系统还包括分发控制和隐蔽信道分析。

这是橙皮书中的最高安全级别，这一级有时也称为验证设计（Verified Design）。与前面提到的各级别一样，这一级包括了它下面各级的所有特性。A级还附加一个安全系统受监视的设计要求，合格的安全个体必须分析并通过这一设计。另外，必须采用严格的形式化方法来证明该系统的安全性。而且在A级，所有构成系统的部件的来源必须保证安全，这些安全措施还必须担保在销售过程中这些部件不受损害。例如，在A级设置中，一个磁盘驱动器从生产厂房直至计算机房都被严密跟踪。

14.2.2　国内信息安全风险评估标准

我国早期的标准体系基本上是采取等同、等效的方式借鉴国外的标准，如GB/T 18336等同于ISO/IEC 15408。我国根据具体情况，也加快了信息安全标准化的步伐和力度，相继颁布了如《计算机信息系统安全保护等级划分准则》（GB 17859）、《信息安全风险评估规范》（GB/T 20984—2022）。

1.《计算机信息系统安全保护等级划分准则》（GB 17859）

我国国家标准《计算机信息系统安全保护等级划分准则》（GB 17859）于1999年9月正式批准发布，该准则将计算机信息系统安全分为5级，由低至高分别为用户自主保护级、系统审核保护级、安全标记保护级、结构化保护级和访问验证保护级。

第1级：用户自主保护级。它的安全保护机制使用户具备自主安全保护的能力，保护用户的信息免受非法的读写破坏。

第2级：系统审核保护级。除具备第1级所有的安全保护功能外，要求创建和维护访问的审计跟踪记录，使所有的用户对自己行为的合法性负责。

第3级：安全标记保护级。除继承前一个级别的安全功能外，还要求以访问对象标记的安全级别限制访问者的访问权限，实现对访问对象的强制访问。

第4级：结构化保护级。在继承前面安全级别安全功能的基础上，将安全保护机制划分为关键部分和非关键部分，对关键部分直接控制访问者对访问对象的存取，从而加强系统的抗渗透能力。

第5级：访问验证保护级。这个级别特别增设了访问验证功能，负责仲裁访问者对访问对象的所有访问活动。

目前，我国重要的信息系统，都要求先定级再进行建设。信息系统运行期间要严格执行等级保护相关措施。

2.《信息安全风险评估规范》（GB/T 20984—2022）

《信息安全风险评估规范》（GB/T 20984—2022）于2022年11月1日发布。该标准提出了风险评估的基本概念、要素关系、分析原理、实施流程和评估方法，以及风险评估在信息系统生命周期不同阶段的实施要点和工作形式。

14.3　风险评估的实施

14.3.1　风险管理过程

信息安全风险管理的内容和过程如图 14-1 所示。

背景建立、风险评估、风险处理与批准监督是信息安全风险管理 4 个基本步骤。

（1）背景建立：这一阶段主要是确定风险管理的对象和范围，进行相关信息的调查分析，准备风险管理的实施。

（2）风险评估：这一阶段主要是根据风险管理的范围识别资产，分析信息系统所面临的威胁以及资产的脆弱性，结合采用的安全控制措施，在技术和管理两个层面对信息系统所面临的风险进行综合判断，并对风险评估结果进行等级化处理。

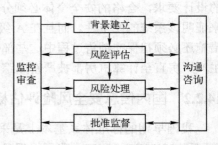

图 14-1　信息安全风险管理的内容和过程

（3）风险处理：这一阶段主要是综合考虑风险控制的成本和风险造成的影响，从技术、组织和管理层面分析信息系统的安全需求，提出实际可行的安全措施。明确信息系统可接受的残余风险，采取接受、降低、规避或转移等控制措施。

（4）批准监督：这一阶段主要包括批准和持续监督两部分。依据风险评估的结果和处理措施能否满足信息系统的安全要求，决策层决定是否认可风险管理活动。监控人员对机构、信息系统、信息安全相关环境的变化进行持续监督，在可能引入新的安全风险并影响到安全保障级别时，启动新一轮风险评估和风险处理。

监控审查与沟通咨询贯穿于上述 4 个基本步骤之中，跟踪系统和信息安全需求的变化，对风险管理活动的过程和成本进行有效控制。

14.3.2　风险评估过程

Gartner 的风险评估报告指出，未来企业信息化的发展关键在：关键资产数字化，高速无线网络、网络空间获取、生物访问控制、复杂应用系统，分布系统网络互联，全球化生产等方面。为此，Gartner 建议企业的网络信息安全风险评估重点在于如何评估复杂的分布式系统和如何保障复杂应用系统的安全两个方面。

从国内的实际情况看，复杂应用系统已经初步呈现，许多企业的核心业务系统安全性较弱，且网络建设与安全建设不协调，已经给企业用户带来了极大的挑战。

信息安全风险评估的基本过程主要分为：风险评估准备过程、资产识别过程、威胁识别过程、脆弱性识别过程、风险分析过程。信息安全风险评估主要涉及资产、威胁和脆弱性 3 个因素。信息安全风险评估流程如图 14-2 所示。

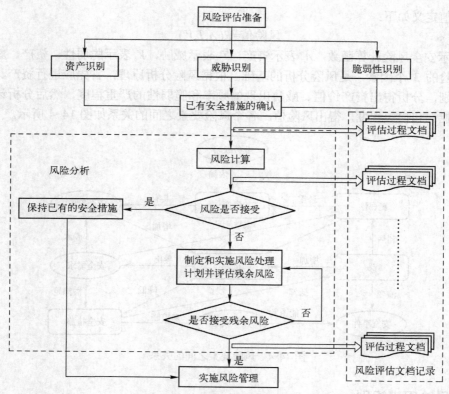

图 14-2　信息安全风险评估流程

为保障评估的规范性、一致性，降低人工成本，目前国内外普遍应用一系列的评估工具。其中，网络评估工具主要有 Nessus、 Retina、天镜、ISS、XScan 等漏洞扫描工具，依托这些网络扫描工具，可以对网络设备、主机进行漏洞扫描，给出技术层面存在的安全漏洞、等级和解决方案建议。

网络信息安全管理评估工具主要有以 BS7799－1（ISO/IEC17799）为基础的 COBRA、天清等，借助管理评估工具，结合问卷式调查访谈，可以给出不同安全管理域在安全管理方面存在的脆弱性和各领域的安全等级，给出基于标准的策略建议。

14.3.3　风险分析原理

信息安全风险评估的要素如图 14-3 所示。

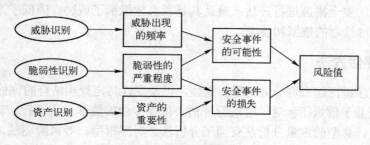

图 14-3　信息安全风险评估要素

风险值定义如下：

$$风险值 = R(A,T,V)$$

R 表示安全风险计算函数，A 表示资产，T 表示威胁，V 表示脆弱性。资产、威胁和脆弱性是风险的 3 个因素，是风险分析的基础。根据风险分析原理，首先应进行资产、威胁和脆弱性识别，分析得出资产价值、威胁出现的频率和脆弱性的严重程度，然后分析计算安全事件的可能性和损失程度，得出风险值。各个风险要素之间的关系如图 14-4 所示。

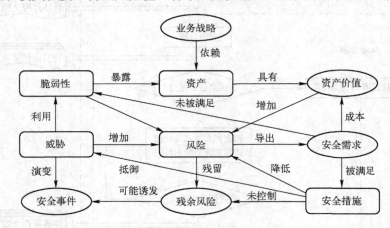

图 14-4　风险要素之间的关系

14.3.4　风险因素识别

资产在其表现形式上可以划分为软件、硬件、数据、服务、人员等相关类型。根据风险评估的范围识别出关键资产与一般资产，形成需要保护的资产清单。根据资产在保密性、完整性和可用性 3 个方面的安全属性，结合评估单位业务战略对资产的依赖程度等因素，对资产价值进行评估。

威胁具有多种类型，如：软硬件故障、物理环境影响、管理问题、恶意代码、网络攻击、物理攻击、泄密、篡改等。有多种因素会影响威胁发生的可能性，如：攻击者的技术能力、威胁行为动机、资产吸引力、受惩罚风险等。在威胁识别阶段，评估者依据经验和相关统计数据对威胁进行识别，并判断其出现的频率。

脆弱性的识别可以以资产为核心，针对资产识别可能被威胁利用的弱点进行识别，也可以从物理、网络、系统、应用、制度等层次进行识别，然后与资产、威胁对应起来。在此过程中应对已采取的安全措施进行评估，确认其是否有效抵御了威胁、降低了系统的脆弱性，以此作为风险处理计划的依据和参考。

14.3.5　风险评估方法

风险评估方法概括起来可分为定量、定性，以及定性与定量相结合的评估方法。

定量评估法基于数量指标对风险进行评估，依据专业的数学算法进行计算、分析，得出定量的结论数据。典型的定量分析法有因子分析法、时序模型、等风险图法、决策树法等。有些情况下定量法的分析数据会存在不可靠和不准确的问题：一些类型的风险因素不存在频率数据，概率很难计算。在这种情况下单凭定量法不能准确反映系统的安全需求。

定性评估法主要依据评估者的知识、经验、政策走向等非量化资料对系统风险做出判断，重点关注安全事件所带来的损失，而忽略其发生的概率。定性法在评估时使用"高""中""低"等程度值，而非具体的数值。典型的定性分析法有因素分析法、逻辑分析法、历史比较法、德尔菲法等。定性分析法可以挖掘出一些蕴藏很深的思想，使评估结论更全面、深刻，但其主观性很强，对评估者本身的要求较高。

定量与定性的风险评估法各有优缺点，在具体评估时可将二者有机结合、取长补短，采用综合的评估方法以提高适用性。

思考题

1．什么是信息安全风险评估？

2．信息系统为什么要进行风险评估？

3．1985 年 12 月由美国国防部公布的 TCSEC 计算机信息安全评估标准当中，将计算机安全评估结果分为 7 个安全级别，请说明从最低到最高依次是哪 7 个安全级别？

4．我国国家标准《计算机信息系统安全保护等级划分准则》（GB 17859）当中将计算机信息系统安全划分为哪几个安全级别？

5．如何计算信息系统安全风险评估当中的风险值？

6．如何进行信息系统风险识别？

7．简述信息系统安全风险评估都有哪些方法。

第15章 网络信息系统应急响应

随着网络信息系统在政治、军事、金融、商业、文教等方面发挥越来越大的作用，社会对网络信息系统的依赖也日益增强。而不断出现的软硬件故障、病毒发作、网络入侵、网络蠕虫、黑客攻击、天灾人祸等安全事件也随之变得非常突出。由于安全事件的突发性、复杂性与专业性，为了有备无患，需要建立信息系统安全事件的快速响应机制，信息系统安全应急响应应运而生。为此，我国还专门建立了中国计算机网络应急技术协调处理中心（CNCERT/CC：China Computer Emergency Response Team/Coordination Center）。

15.1 应急响应概述

15.1.1 应急响应产生的背景

近年来，Internet 上直接或者是间接危害到 IP 网络资源安全的攻击事件越来越多。一方面，网络业务节点自身的安全性下降，路由器、交换机等专用网络节点设备上越来越多的安全漏洞被发掘出来，设备厂家为了修补安全漏洞而发布的补丁程序越来越多；另一方面，黑客攻击技术有了很大的发展，从最初主要是基于单机安全漏洞以渗透入侵为主，到近年来发展到基于 Internet 的主机集群进行以拒绝服务为目的的分布式拒绝服务攻击，同时，以网络蠕虫病毒为代表的、融合传统黑客技术与病毒技术于一身的"新一代主动式恶意代码"攻击技术的出现，标志着黑客技术发生了质的变化。无论是分布式拒绝服务攻击还是网络蠕虫病毒，都会在攻击过程中形成突发的攻击流量，严重时会阻塞网络，造成网络瘫痪。总体来看，由于系统漏洞和攻击技术的变化，不安全的网络环境已经越来越多地暴露在网络黑客不断增强的攻击火力之下。

从根本上讲，在现实环境中是不存在绝对的安全的，任何一个系统总是存在被攻陷的可能性，很多时候恰恰是在被攻陷后，人们才会发现并改善系统中存在的薄弱环节，从而把系统的安全保护提高到一个更高的水平。事实上，整个 Internet 的安全水平始终就是在"道高一尺，魔高一丈"的实战过程中螺旋式上升的。正是认识到这一客观事实，在所有的网络安全模型中都包含了事件响应这样一个重要的环节。

安全应急响应的重要性不仅体现在它是整个安全防御体系中一个不可缺少的环节。事实上，一个有效的应急机制对于事件发生后稳定局势往往起到至关重要的作用。事故发生后现场环境通常是非常混乱的，除非做了非常充分的准备工作，否则人们往往会因为不清楚问题所在和应当做什么而陷入茫然失措的状态，甚至当事人还可能在混乱中执行不正确的操作，导致更大的灾害和混乱的发生。因此，在缺少安全应急响应机制的环境中，发生事件后整个局面存在着随时陷入失控状态的危险。

网络安全应急响应主要是提供一种机制，保证资产在遭受攻击时能够及时地取得专业人员、安全技术等资源的支持，并且保证在紧急的情况下能够按照既定的程序高效有序地开展工作，使网络业务免遭进一步的侵害，或者是在网络资产已经被破坏后能够在尽可能短的时间内迅速恢复业务系统，减小业务的损失。

15.1.2 国际应急响应组织

在安全应急响应发展方面，信息化发达国家有着较为悠久的历史。美国早在 1988 年就成立了全球最早的计算机应急响应组织（Computer Emergency Response Team，CERT），到 2003 年 8 月为止，全球正式注册的 CERT 已达 188 个。这些应急组织不仅为各自地区和所属行业提供计算机和互联网安全事件的紧急响应处理服务，还经常互相沟通和交流，形成了一个专业领域。我国的应急组织成立于 1999 年，逐步发展壮大，目前已形成了互联网应急处理体系框架，虽然总地来看还处于边学习边实践的起步阶段，但是，从这两年几次大规模网络安全事件的处理来看，我国的应急响应组织已经发挥出明显作用。

1988 年 11 月，美国康乃尔大学学生莫里斯编写了一个 "圣诞树" 蠕虫程序。该程序可以利用 Internet 上计算机的 sendmail 的漏洞、finger 的缓冲区溢出及 REXE 的漏洞进入系统并自我繁殖，鲸吞 Internet 网的带宽资源，造成全球 10%的联网计算机陷入瘫痪。这起计算机安全事件极大地震动了美国政府、军方和学术界，被称作 "莫里斯事件"。

事件发生之后，美国国防部高级计划研究署（DARPA）出资在卡内基－梅隆大学（CMU）的软件工程研究所（SEI）建立了计算机应急处理协调中心。该中心现在仍然由美国国防部支持，并且作为国际上的骨干组织积极开展相关方面的培训工作。自此，美国各有关部门纷纷开始成立自己的计算机安全事件处理组织，世界上其他国家和地区也逐步成立了应急组织。

1990 年 11 月，由美国等国家应急响应组织发起，一些国家的 CERT 组织参与成立了计算机事件响应与安全工作组论坛（FIRST：Forum of Incident Response and Security Team）。

FIRST 的基本目的是使各成员能在安全漏洞、安全技术、安全管理等方面进行交流与合作，以实现国际间的信息共享、技术共享，最终达到联合防范计算机网络攻击行为的目标。

FIRST 组织有两类成员，一是正式成员，二是观察员。我国的国家计算机网络应急技术处理协调中心（CNCERT / CC）于 2002 年 8 月成为 FIRST 的正式成员。FIRST 组织有一个由十人构成的指导委员会，负责对重大问题进行讨论，包括接受新成员。新成员的加入必须有推荐人，并且需要得到指导委员会 2 / 3 的成员同意。FIRST 的技术活动除了各成员之间通过保密通信进行信息交流外，每季度还开一次内部技术交流会，每年开一次开放型会议，通常是在美国和其他国家交替进行。

15.1.3 我国应急响应组织

与美国第一个应急组织诞生的原因类似，我国应急体系的建立也是由于网络蠕虫事件的发生而开始，这次蠕虫事件就是发生在 2001 年 8 月的红色代码蠕虫事件。由于红色代码集蠕虫、病毒和木马等攻击手段于一身，利用 Windows 操作系统一个公开漏洞作为突破口，几乎是畅通无阻地在互联网上疯狂地扩散和传播，迅速传播到我国，并很快渗透到金融、交通、公安、教育等专用网络中，造成互联网运行速度急剧下降，局部网络甚至一度瘫痪。

当时我国仅有几个力量薄弱的应急组织，根本不具备处理如此大规模事件的能力，而各互联网运维部门也没有专门的网络安全技术人员，更没有协同处理的机制，各方几乎都束手无策。紧要关头，在 CNCERT / CC 的建议下，信息产业部组织了各个互联网单位和网络安全企业参加的应急响应会，汇总了全国当时受影响的情况，约定了协调处理的临时机制，确定了联系方式，并最终组成了一个网络安全应急处理联盟。

2001 年 10 月，工信部提出建立国家计算机紧急响应体系，并且要求各互联网运营单位成立紧急响应组织，能够加强合作、统一协调、互相配合。自此，我国的应急体系应运而生。目前，我国应急处理体系已经经历了从点状到树状的发展过程，并正在朝网状发展完善，最终要建设成一个覆盖全国、全网的应急体系。

我国当前的网络应急组织体系是在国家网络与信息安全协调小组办公室领导下建设的，分为国家级政府层次、国家级非政府层次和地方级非政府层次等三个层面。

国家级政府层次以信息产业部互联网应急处理协调办公室为中心，向下领导国家级非政府层次的工作，横向与我国其他部委之间进行协调联系，同时负责与国外同层次的政府部门（如 APEC 经济体）之间进行交流和联系。

国家级非政府层次以 CNCERT / CC 为中心，向上接受信息产业部的领导，向下领导其遍布全国的分中心的工作，协调各个骨干互联网单位 CERT 小组的应急处理工作，协调和指导国家计算机病毒应急处理中心、国家计算机网络入侵防范中心和国家 863 计划反计算机入侵和防病毒研究中心等三个专业应急组织的工作，指导公共互联网应急处理国家级试点单位的应急处理工作；CNCERT / CC 同时还负责与国际民间 CERT 组织之间的交流和联系，负责利用自身的网络安全监测平台对全国互联网的安全状况进行实时监测。在这个层次中，还有正在建设中的信息产业部网络安全、信息安全和应急处理等三个专业的重点实验室，其任务是进行专门的技术研究，为 CNCERT / CC 开展应急处理协调工作提供必要的技术支撑。

地方级非政府层次主要以 CNCERT / CC 各分中心为中心，协调当地的 IDC 应急组织、指导公共互联网应急处理服务省级试点单位开展面向地方的应急处理工作。

整个体系由国家网络与信息安全协调小组、信息产业部、CNCERT / CC 及其各分中心构成核心框架，协调和指导各互联网单位应急组织、专业应急组织、安全服务试点单位和地方 IDC 应急组织共同开展工作，各自明确职责和工作流程，形成了一个有机的整体。

CNCERT / CC 成立于 2000 年 10 月，主页为http://www.cert.org.cn/，如图 15-1 所示。它的主要职责是协调我国各计算机网络安全事件应急小组，共同处理国家公共电信基础网络上的安全紧急事件，为国家公共电信基础网络、国家主要网络信息应用系统以及关键部门提供计算机网络安全的监测、预警、应急、防范等安全服务和技术支持，及时收集、核实、汇总、发布有关互联网安全的权威信息，组织国内计算机网络安全应急组织进行国际合作和交流。其从事的工作内容如下。

（1）信息获取：通过各种信息渠道与合作体系，及时获取各种安全事件与安全技术的相关信息。

（2）事件监测：及时发现各类重大安全隐患与安全事件，向有关部门发出预警信息，提供技术支持。

图 15-1　CNCERT / CC 的主页

（3）事件处理：协调国内各应急小组处理公共互联网上的各类重大安全事件，同时，作为国际上与中国进行安全事件协调处理的主要接口，协调处理来自国内外的安全事件投诉。

（4）数据分析：对各类安全事件的有关数据进行综合分析，形成权威的数据分析报告。

（5）资源建设：收集整理安全漏洞、补丁、攻击防御工具、最新网络安全技术等各种基础信息资源，为各方面的相关工作提供支持。

（6）安全研究：跟踪研究各种安全问题和技术，为安全防护和应急处理提供技术和理论基础。

（7）安全培训：进行网络安全应急处理技术及应急组织建设等方面的培训。

（8）技术咨询：提供安全事件处理的各类技术咨询。

（9）国际交流：组织国内计算机网络安全应急组织进行国际合作与交流。

CNCERT / CC 应急处理案例如下。

（1）网络蠕虫事件：如 SQL Slammer 蠕虫、口令蠕虫、冲击波蠕虫等。

（2）DDoS 攻击事件：如部分政府网站和大型商业网站遭到了攻击。

（3）网页篡改事件：如 2003 年全国共有 435 台主机上的网页遭到篡改，其中包括 143 个主机上的 337 个政府网站。

（4）网络欺诈事件：如处理了澳大利亚和中国香港等 CERT 组织报告的几起冒充金融网站的事件。

15.2　应急响应的阶段

我国在应急响应方面的起步较晚，按照国外有关材料的总结，通常把应急响应分成几个阶段的工作，即准备、检测、抑制、根除、恢复、报告和总结等阶段。

1. 准备阶段

在事件真正发生之前应该为事件响应做好准备，这一阶段十分重要。准备阶段的主要工作包括建立合理的防御/控制措施，建立适当的策略和程序，获得必要的资源和组建响应队伍等。

2. 检测阶段

检测阶段要做出初步的动作和响应，根据获得的初步材料和分析结果，估计事件的范围，制订进一步的响应战略，并且保留可能用于司法程序的证据。

3. 抑制阶段

抑制的目的是限制攻击的范围。抑制措施十分重要，因为太多的安全事件可能迅速失控。典型的例子就是具有蠕虫特征的恶意代码的感染。可能的抑制策略一般包括：关闭所有的系统；从网络上断开相关系统；修改防火墙和路由器的过滤规则；封锁或删除被攻破的登录账号；提高系统或网络行为的监控级别；设置陷阱；关闭服务；反击攻击者的系统等。

4. 根除阶段

在事件被抑制之后，通过对有关恶意代码或行为的分析结果，找出事件根源并彻底清除。对于单机上的事件，主要可以根据各种操作系统平台的具体的检查和根除程序进行操作；但对于大规模爆发的带有蠕虫性质的恶意程序，要根除各个主机上的恶意代码，是十分艰巨的一个任务。很多案例表明，众多用户并没有真正关注他们的主机是否已经遭受入侵，有的甚至持续一年多，任由其感染蠕虫的主机在网络中不断地搜索和攻击别的目标。造成这种现象的重要原因是各网络之间缺乏有效的协调，或者是在一些商业网络中，网络管理员对接入到网络中的子网和用户没有足够的管理权限。

5. 恢复阶段

恢复阶段的目标是把所有被攻破的系统和网络设备彻底还原到它们正常的任务状态。恢复工作应该十分小心，避免出现误操作导致数据的丢失。另外，恢复工作中如果涉及机密数据，需要额外遵照机密系统的恢复要求。对不同任务的恢复工作的承担单位，要有不同的担保。如果攻击者获得了超级用户的访问权，一次完整的恢复应该强制性地修改所有的口令。

6. 报告和总结阶段

这是最后一个阶段，却是绝对不能忽略的重要阶段。这个阶段的目标是回顾并整理发生事件的各种相关信息，尽可能地把所有情况记录到文档中。这些记录的内容，不仅对有关部门的其他处理工作具有重要意义，而且对将来应急工作的开展也是非常重要的积累。

15.3 应急响应的方法

15.3.1 Windows 系统应急响应方法

在 Windows 操作系统下，如果某一天，当使用计算机的时候，发现计算机出现诸如硬盘灯不断闪烁、鼠标乱动、使用起来非常慢、内存和 CPU 使用率非常高等情况，这时怀疑计算机出了安全问题，那么出于安全的考虑，应该做些什么呢？特别是如何找出问题出在哪里？具体的解决方法如下。

1. 拔掉网线，关掉无线上网

无论出现任何安全问题，或者怀疑有安全问题，都请记住，所要做的第一件事就是将自己的计算机进行物理隔离。这样可以防止事态进一步恶化。

具体来说，如果正在上网，应将网线拔掉；如果使用的是无线上网，应禁用无线上网功能。

2. 查看、对比进程，找出出问题的进程

通常怀疑计算机有安全问题的时候，需要采用同时按〈Ctrl+Alt+Delete〉三个键的方法来查看系统的进程，如图 15-2 所示。但是计算机里许多进程，怎样找出是哪一个进程出了问题呢？可以采用进程对比的方式进行查找。

（1）在刚装完计算机的时候，将计算机里所有的进程记录下来。

手工将计算机每个进程记录下来比较麻烦，费事费时。推荐大家采用图片的方式进行记录。方法是同时按〈Ctrl+Alt+Delete〉三个键，等进程出来后，再按下〈Prnt Scrn〉键。它的功能是将计算机的屏幕当作图片复制下来。然后，再打开画笔程序，按下〈Ctrl+v〉键将图片复制到画笔里面，再保存就行了。有时候一屏保存不完，可以进行全屏、多屏保存，这样最多 3 屏就可以将所有的进程保存下来了。

（2）将目前怀疑有问题的进程调出来，与上面保存的进程进行对比，找出出问题的进程。

对比的时候，最好将进程进行字母排序，这样对比起来更快一些。排序的方法是在进程框中用鼠标单击"映像名称"即可。如图 15-3 所示，通过对比发现多了一个进程，原来进程数是 52 个，现在是 53 个。再通过进一步的对比发现多了一个 ccPxySvc.exe 进程。

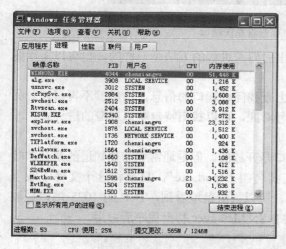

图 15-2　系统进程

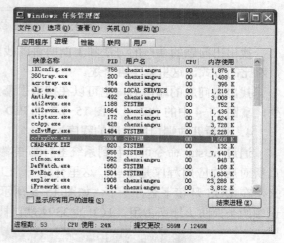

图 15-3　找出出问题的进程

（3）通过搜索引擎等找出问题根源。

通过查看、对比的方法找出可能出了问题的进程。这时，就可以在搜索引擎上搜索一下，看看这个进程是做什么的，是不是病毒等。如果是病毒的话，网上会有很多关于这种病毒的防治方法。

再以刚才的例子为例，在 www.baidu.com 或 www.google.com 上搜索一下 ccPxySvc.exe，会发现它是 Norton Antivirus 反病毒软件和 Norton Personal Firewall 个人防火墙的服务程序进程，是一个正常的应用程序进程。

3. 查看、对比端口，找出出问题的端口

通常怀疑计算机有安全问题的时候，也可以通过查看端口的方法来判断，特别是在怀疑计算机里中了木马的时候。因为木马通常都有自己的端口，比如著名的“冰河”木马，它所使用的端口号是 7626。这里如果发现自己计算机的 7626 端口是开放的，那么计算机很可能是中了“冰河”木马了。

如此一来，关键是如何找出出问题的进程。查看进程的时候，可以使用 DOS 命令 netstat 来完成。方法是用鼠标单击“开始”→“运行”，输入“cmd”进入 DOS 提示符状态。然后输入 DOS 命令“netstat”或“netstat -ano”来查看系统的端口。如图 15-4 所示为采用 netstat 命令查看端口。

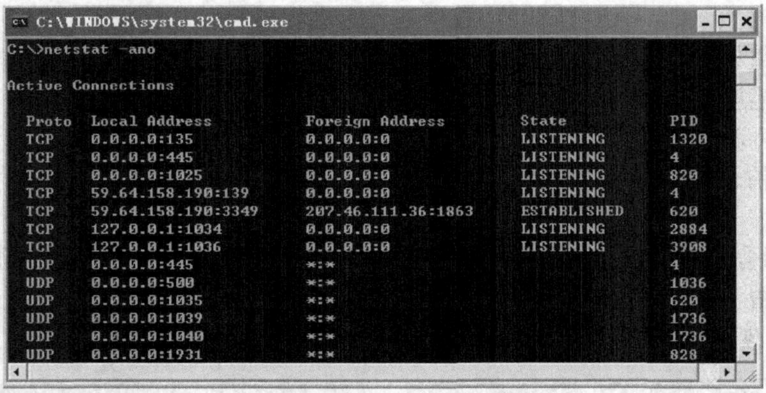

```
C:\WINDOWS\system32\cmd.exe
C:\>netstat -ano

Active Connections

  Proto  Local Address          Foreign Address        State           PID
  TCP    0.0.0.0:135            0.0.0.0:0              LISTENING       1320
  TCP    0.0.0.0:445            0.0.0.0:0              LISTENING       4
  TCP    0.0.0.0:1025           0.0.0.0:0              LISTENING       820
  TCP    59.64.158.190:139      0.0.0.0:0              LISTENING       4
  TCP    59.64.158.190:3349     207.46.111.36:1863     ESTABLISHED     620
  TCP    127.0.0.1:1034         0.0.0.0:0              LISTENING       2884
  TCP    127.0.0.1:1036         0.0.0.0:0              LISTENING       3908
  UDP    0.0.0.0:445            *:*                                    4
  UDP    0.0.0.0:500            *:*                                    1036
  UDP    0.0.0.0:1035           *:*                                    620
  UDP    0.0.0.0:1039           *:*                                    1736
  UDP    0.0.0.0:1040           *:*                                    1736
  UDP    0.0.0.0:1931           *:*                                    828
```

图 15-4　netstat 命令查看系统端口

找出出问题的端口的方法和上面所讲的找出出问题进程的方法是一样的，也可以采用图片对比的方式，这里就不再赘述。

找出出问题的端口后，也可以在搜索引擎上查找问题端口的信息，这里就不再赘述。另外，拿图 15-4 中的 PID 号与图 15-3 中的 PID 号对照，可以找出特定端口对应的进程。

4．查看开放端口所对应的程序

通过 netstat 命令可以看到系统里有哪些端口是开放的。但是通常更需要知道的是开放端口所对应的应用程序是哪些。这里介绍一个工具名叫“fport.exe”。只要将这个文件下载下来，在 DOS 环境下运行一下，如图 15-5 所示，可以很清楚地看到，TCP 的 1025 端口是被诺顿的个人防火墙所占用，TCP 的 3394 端口被 MSN Messager 聊天程序所占用。

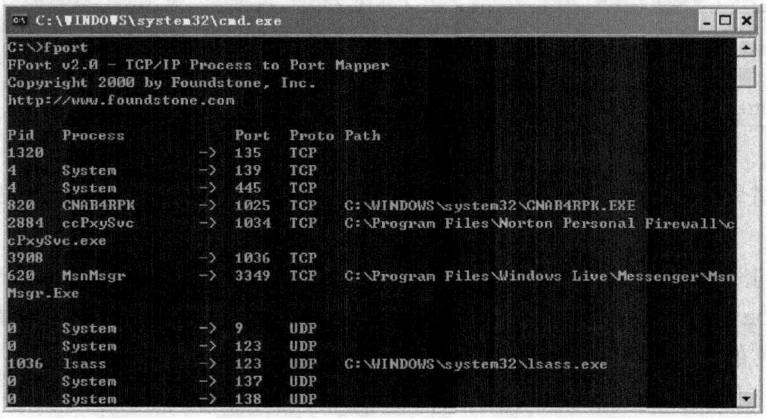

```
C:\WINDOWS\system32\cmd.exe
C:\>fport
FPort v2.0 - TCP/IP Process to Port Mapper
Copyright 2000 by Foundstone, Inc.
http://www.foundstone.com

Pid   Process            Port  Proto Path
1320                 ->  135   TCP
4     System         ->  139   TCP
4     System         ->  445   TCP
820   CNAB4RPK       ->  1025  TCP   C:\WINDOWS\system32\CNAB4RPK.EXE
2884  ccPxySvc       ->  1034  TCP   C:\Program Files\Norton Personal Firewall\c
cPxySvc.exe
3908                 ->  1036  TCP
620   MsnMsgr        ->  3349  TCP   C:\Program Files\Windows Live\Messenger\Msn
Msgr.Exe

0     System         ->  9     UDP
0     System         ->  123   UDP
1036  lsass          ->  123   UDP   C:\WINDOWS\system32\lsass.exe
0     System         ->  137   UDP
0     System         ->  138   UDP
```

图 15-5　fport 的使用

5．查看、对比注册表

通常怀疑计算机有安全问题的时候，还可以通过查看对比注册表的方式，来找出问题的根源。注册表的"HKEY_LOCOL_MACHINE\SOFTWARE\Microsoft\Windows\CurrrentVersion\Run"里面存放的是计算机启动之后系统自动要加载的项，如图 15-6 所示。这里通常也是黑客感兴趣的地方，许多病毒、木马程序经常将自己的可执行文件放在这里，以便开机之后能自动运行。

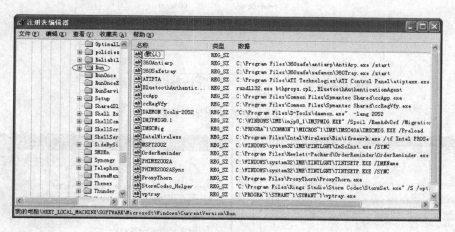

图 15-6　注册表的 Run 键值

找出注册表出问题的项的方法和上面所讲的找出出问题进程的方法是一样的，也是采用图片对比的方式，这里就不再赘述。

找出出问题的注册表项后，也可以在搜索引擎上查找相关信息，这里就不再赘述。

6．查看其他安全工具的日志

通过查看其他安全工具日志，也可以找出问题的根源，其他工具包括防火墙、入侵检测、网络蜜罐等。

15.3.2　个人防火墙的使用

如果通过某种方式知道有一个 IP 在对计算机发起攻击，想要封掉这个 IP，或希望关闭一个不必要的危险端口，可以通过个人防火墙来实现。下面以诺顿个人防火墙为例，来讲解如何封掉一个 IP 和一个端口。

1．封掉一个 IP

打开诺顿个人防火墙，如图 15-7 所示。

选择"Personal Firewall"再单击"Configure"按钮，这时出现如图 15-8 所示的界面。

选择"Restricted"标签，再单击"Add"按钮，出现如图 15-9 所示的界面。

输入要封掉的 IP 地址，单击"OK"按钮，出现如图 15-10 所示的界面。

这时 IP 地址 59.64.65.23 就被封掉了。

2．关闭一个端口

选择防火墙配置界面里的"Advanced"标签，出现如图 15-11 所示的界面。

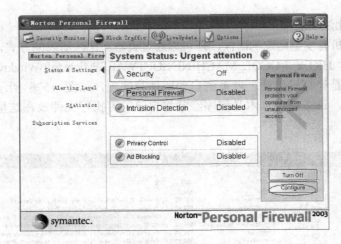

图 15-7　诺顿防火墙主界面

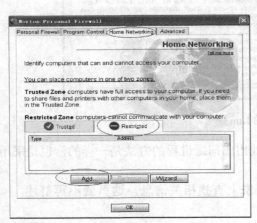

图 15-8　网络配置

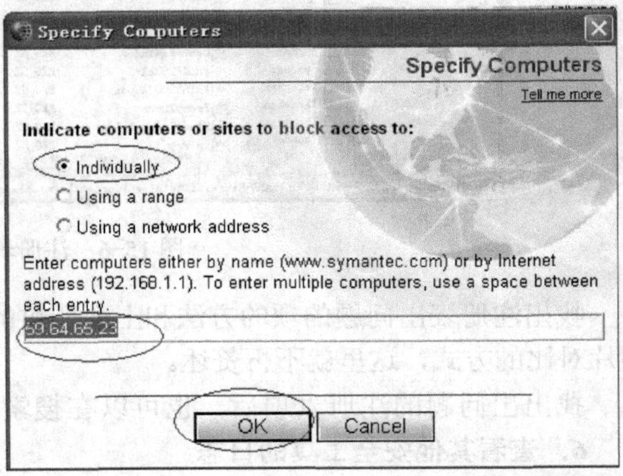

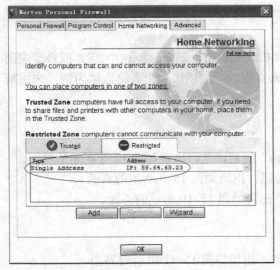

图 15-10　完成封掉一个 IP

图 15-9　封掉一个 IP

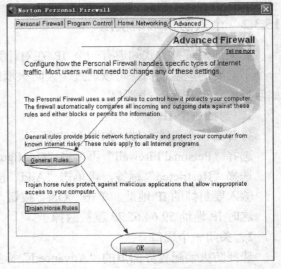

图 15-11　防火墙高级配置界面

单击"General Rules…"按钮，出现如图 15-12 所示的界面。

单击"OK"按钮，出现如图 15-13 所示的界面。

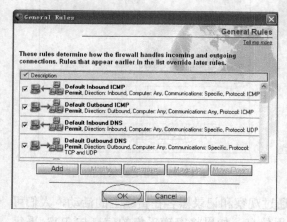

图 15-12　规则配置

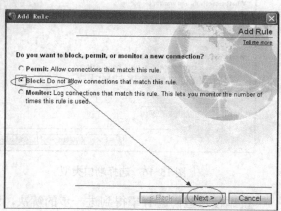

图 15-13　选择规则

选择"Block"选项，单击"Next"按钮，出现如图 15-14 所示的界面。

选择"Connections to and from other computers"，进行双向禁止。再单击"Next"按钮，出现如图 15-15 所示的界面。

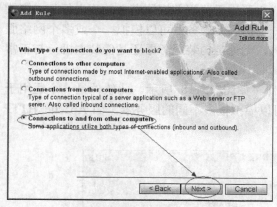

图 15-14　添加规则

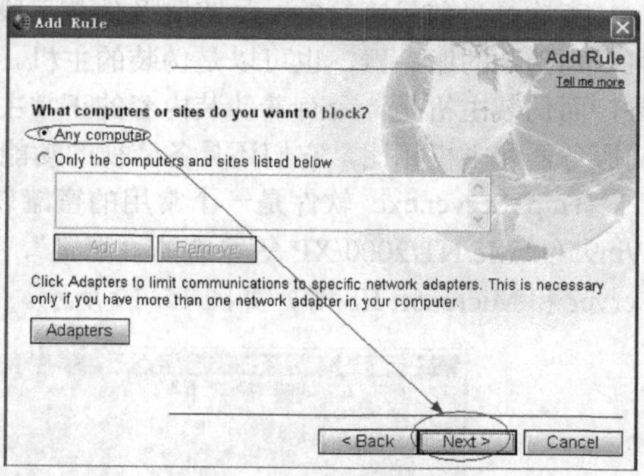

图 15-15　选择要禁止的范围

选择"Any computer"，再单击"Next"按钮，出现如图 15-16 所示的界面。

选择"TCP and UDP"和"Only the types of communication or ports listed below"选项，再单击"Add"按钮，出现如图 15-17 所示的界面。

选择"Individually specified ports"，再输入要禁止的端口，如 445，单击"OK"按钮，这样就完成了对一个端口的禁止工作。

15.3.3　蜜罐技术

入侵检测系统能够对网络和系统的活动情况进行监视，及时发现并报告异常现象。但是，入侵检测系统在使用中存在着难以检测新类型黑客攻击方法，可能漏报和误报的问题。

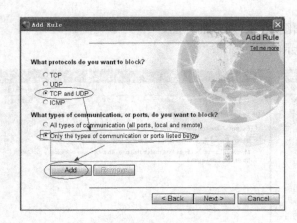 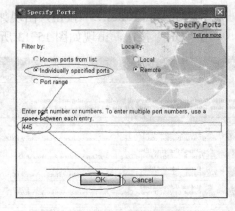

图 15-16　选择端口类型　　　　　　　　　图 15-17　指定要禁止的端口

　　蜜罐使这些问题有望得到进一步的解决，通过观察和记录黑客在蜜罐上的活动，人们可以了解黑客的动向、黑客使用的攻击方法等有用信息。如果将蜜罐采集的信息与 IDS 采集的信息联系起来，则有可能减少 IDS 的漏报和误报，并能用于进一步改进 IDS 的设计，增强 IDS 的检测能力。

　　对攻击行为进行追踪属于主动式的事件分析技术。在攻击追踪方面，最常用的主动式事件分析技术是"蜜罐"技术。

　　蜜罐是当前最流行的一种陷阱及伪装手段，主要用于监视并探测潜在的攻击行为。蜜罐可以是伪装的服务器，也可以是伪装的主机。一台伪装的服务器可以模拟一个或多个网络服务，而伪装主机是一台有着伪装内容的正常主机，无论是伪装服务器还是伪装主机，与正常的服务器和主机相比，它们还具备监视的功能。

　　Trap Server.exe 软件是一个常用的蜜罐软件，如图 15-18 所示。此软件是一个适用于 Win95/98/Me/NT/2000/XP 等系统的"蜜罐"，可以模拟很多不同的服务器，如 Apache HTTP Server 和 Microsoft IIS 等，如图 15-19 所示。

图 15-18　Windows 下的 Trap Server 蜜罐界面

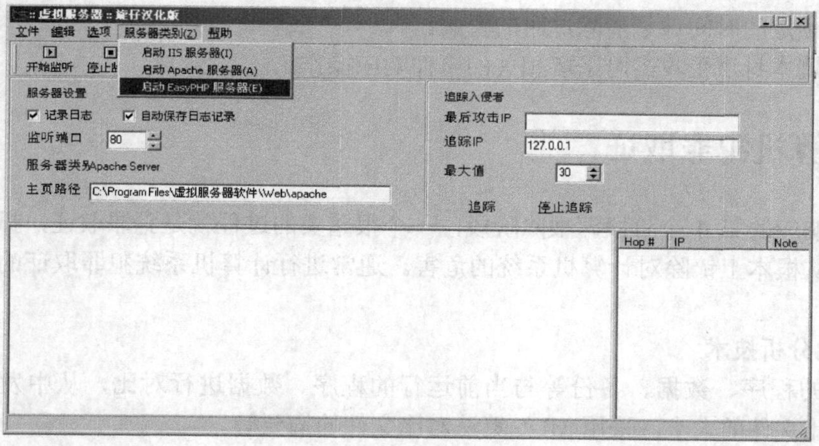

图 15-19 模拟 HTTP 服务

蜜罐的伪装水平取决于三点，即内容的可信性、内容的多样性和对系统平台的真实模拟。其中，内容的可信性是指当供给者获取信息时，在多大程度上、用多长时间能够吸引攻击者；内容的多样性是指应提供不同内容的文件来吸引攻击者；对系统平台的真实模拟是指蜜罐系统与被伪装的系统之间应采用相同的工作方式。在设计蜜罐的时候需要考虑下面一些问题：

（1）蜜罐应当伪装的对象类型。

（2）蜜罐应当为入侵者提供何种模式的工作窗口。

（3）蜜罐应当工作在何种系统平台上。

（4）应当部署的蜜罐数目。

（5）蜜罐的网络部署方式。

（6）蜜罐自身的安全性。

（7）如何让蜜罐引人注意。

由于蜜罐技术能够直接监视到入侵的行为过程，这对于掌握事件的行为机制以及了解攻击者的攻击意图都是非常有效的。根据蜜罐技术的这些功能特点，可以确定两个主要的应用场合。

（1）对于采用网络蠕虫机制自动进行攻击并在网上快速蔓延的事件，部署蜜罐可以迅速查明攻击的行为机理，从而提高事件的响应速度。

（2）对于隐藏攻击行为，以渗透方式非法获取系统权限入侵系统的事件，部署蜜罐有助于查明攻击者的整个攻击行为机制，从而逆向追溯攻击源头。

要成功地部署并使用蜜罐技术还需要在实际应用过程中进行一系列的操作，其中涉及的主要内容如下。

● 在部署之前对蜜罐进行测试。

● 记录并报告对蜜罐的访问。

● 隔一定的时间对蜜罐做检查和维护。

● 按一定的策略调整蜜罐在网络中部署的位置。

● 按一定的安全方式从远程管理蜜罐。

- 按照预定的时间计划清除过时的蜜罐。
- 在蜜罐本身遭受攻击时采取相关的事件响应操作。

15.4 计算机犯罪取证

在应急响应的第 4 个阶段即根除阶段，一个很重要的过程就是犯罪取证，抓获元凶，只有这样才能从根本上铲除对计算机系统的危害。通常进行计算机系统犯罪取证的方法有以下几种。

1. 对比分析技术

将收集的程序、数据、备份等与当前运行的程序、数据进行对比，从中发现篡改的痕迹。例如对比文件的大小，采用 MD5 算法对比文件的摘要等。

2. 关键字查询技术

对所做的系统硬盘备份，用关键字匹配查询，从中发现问题。

3. 数据恢复技术

计算机犯罪发生后，案犯往往会破坏现场，毁灭证据。因此对破坏和删除的数据要进行有效分析，才能从中发现蛛丝马迹。这种恢复建立在对磁盘管理系统和文件系统熟知的基础上。例如，可以采用 Easy Recovery 等工具来恢复系统中删除的文件。

4. 文件指纹特征分析技术

该技术利用磁盘按簇分配的特点，在每一文件尾部会保留一些当时生成该文件的内存数据。这些数据即成为该文件的指纹数据，根据此数据可判断文件最后修改的时间。该技术用于判定作案时间。

5. 残留数据分析技术

文件存储在磁盘后，由于文件实际长度要小于或等于实际占用簇的大小，因此在分配给文件的存储空间中，大于文件长度的区域会保留原来磁盘存储的数据，利用这些数据来分析原来磁盘中存储的数据内容。

6. 磁盘存储空闲空间的数据分析技术

磁盘在使用过程中，对文件要进行大量增、删、改、复制等操作。人们传统认识认为，进行这些操作时，只对磁盘中存放的原文件进行局部操作。而系统实际上是将文件原来占用的磁盘空间释放，使之成为空闲区域，经过上述操作的文件重新向系统申请存储空间，再写入磁盘。这样经过一次操作的数据文件写入磁盘后，在磁盘中就会存在两个文件，一个是操作后实际存在的文件，另一个是修改前的文件，但其占用的空间业已释放，随时可以被新文件覆盖。掌握这一特性，该技术可用于数据恢复，对被删除、修改、复制的文件，可追溯到变化前的状态。

7. 磁盘后备文件、镜像文件、交换文件、临时文件分析技术

在磁盘中，有时软件在运行过程中会产生一些诸如.TMP 的临时文件，还有诺顿这种软件可对系统区域的重要内容（如磁盘引导区、FAT 表等）形成镜像文件，以及.bak、.swp 文件等。要注意对这些文件的分析，掌握其组成结构，这些文件中往往会记录一些软件运行状态和结果，以及磁盘的使用情况等，对侦察分析工作会提供帮助。

8．记录文件的分析技术

目前一些新的系统软件和应用软件中，对已操作过的文件有相应的记录。例如，Windows 操作系统在"开始"下的"文档"菜单中记录了所使用过的文件名，IE 及 Netscape 中有 Bookmark 记录了浏览过的站点地址。这些文件名和地址可以提供一些线索和证据。

9．入侵监测分析技术

利用入侵监测工具，对来自网络的各种攻击进行实时监测，发现攻击源头和攻击方法，并予以记录，作为侦破的线索和证据。

10．陷阱技术

设计陷阱捕获攻击者，如上文提到的蜜罐技术等。

思考题

1．应急响应的任务和目标有哪些？
2．CERT/CC 主要提供哪些基本服务？
3．应急响应主要有哪 6 个阶段？
4．简述 Windows 下的应急响应方法。
5．如何使用个人防火墙来禁止一个 IP？
6．如何使用个人防火墙来关闭一个端口？

第16章　网络安全前沿技术

本章主要介绍网络安全的一些前沿技术，包括量子通信、格密码、区块链等，重点介绍量子通信，详细介绍量子通信领域最常用的单光子量子 BB84 协议。本章可以作为选讲内容。

16.1　网络安全前沿技术概述

随着计算机网络技术的发展，出现了一些较为前沿的网络安全相关技术，如量子通信、格密码、区块链等。

1. 量子通信

量子通信是指在量子力学的条件下利用单光子或多光子纠缠效应进行信息传递的一种新型的通信方式。

量子通信是近二十年发展起来的新型交叉学科，是量子论和信息论相结合的新的研究领域。量子通信主要涉及：量子密码、量子远程传态和量子密集编码等，近年来这门学科已逐步从理论走向实验，并向实用化发展。高效安全的信息传输日益受到人们的关注，它基于量子力学的基本原理，是国际上量子物理和信息科学的研究热点。

2. 格密码

格密码是一类备受关注的抗量子计算攻击的公钥密码体制。格密码理论的研究涉及的密码学问题很多，学科交叉特色明显，研究方法趋于多元化。格密码的发展大体分为**两条主线**：一是从具有悠久历史的格经典数学问题的研究发展到近 30 多年来高维格困难问题的求解算法及其计算复杂性理论研究；二是从使用格困难问题的求解算法分析非格公钥密码体制的安全性发展到基于格困难问题的密码体制的设计。

第一个基于格的密码体制是 1997 年提出的 Ajtai-Dwork 密码体制。该体制的安全性基于 Ajtai 的 average-cas 到 worst-case 的归约。之后，Goldreich、Goldwasser 和 Halevi 提出了更实用的 GGH 密码体制。设计者先选择一组短的格基，生成格，然后将短的格基随机化生成另一组格基作为公开密钥，短的格基是秘密密钥。

对奇数 $q = poly(n)$ ，整数 $m \geqslant 5n \log q$ ，可以在多项式时间内构造 (A, S) ，其中 $A \in Z_q^{m \times n}$ 是随机均匀的， $S \in Z^{m \times n}$ 是对应 $\Lambda^\perp(A) = \{x \in Z^m \mid xA \equiv 0 (\bmod q)\}$ 的一个线性无关短向量组，有 $SA \equiv 0 (\bmod q)$ ，且 $\| S \| = O(m^{2.5})$ 。（这里 A 作为公钥， S 作为私钥）

2008 年 Gentry、Peikert 和 Vaikuntanathan 开始用随机格作为陷门设计密码体制。他们在论文中提出了一种基于格困难问题 SIS（Short Integral Solution）的单向陷门函数。其核心思想是给出了一种原像取样的方法。这里构造的单向陷门函数是基于 SIS 的。平均情况的 SIS 问题可以多项式时间归约到最坏情况的格困难问题 SIVP。

2012 年，Micciancio 等人改进了基于格问题的单向陷门函数生成方法。该方法主要用来生成 LWE 的单向陷门函数。这里的陷门就是对偶格的一组短格基。所不同的是，新的方案生成的短格基在经过施密特正交化之后，长度更短，因此从某种意义上来说新方法生成的陷门更好。

格密码具有抗量子计算攻击的优势，利用矩阵乘法和多项式乘法来设计密码协议，具有结构灵活、功能丰富等特点。

3. 区块链技术

狭义来讲，区块链是一种按照时间顺序将数据区块以顺序相连的方式组合成的一种链式数据结构，并以密码学方式保证的不可篡改和不可伪造的分布式账本。广义来讲，区块链技术是利用块链式数据结构来验证与存储数据、利用分布式节点共识算法来生成和更新数据、利用密码学的方式保证数据传输和访问的安全、利用由自动化脚本代码组成的智能合约来编程和操作数据的一种全新的分布式基础架构与计算方式。

区块链主要解决交易的信任和安全问题，因此它针对这个问题提出了 4 个技术创新。

第 1 个叫作分布式账本，就是交易记账由分布在不同地方的多个节点共同完成，而且每一个节点都记录的是完整的账目，因此它们都可以参与监督交易合法性，同时也可以共同为其作证。

第 2 个叫作非对称加密和授权技术。存储在区块链上的交易信息是公开的，但是账户身份信息是高度加密的，只有在数据拥有者授权的情况下才能访问，从而保证了数据的安全和个人的隐私。

第 3 个叫作共识机制，就是所有记账节点之间怎么达成共识，认定一个记录的有效性，这既是认定的手段，也是防止篡改的手段。区块链提出了 4 种共识机制，适用于不同的应用场景，在效率和安全性之间取得平衡。

以比特币为例，采用的是工作量证明，只有在控制了全网超过 51%的记账节点的情况下，才有可能伪造出一条不存在的记录。当加入区块链的节点足够多的时候，这基本上不可能，从而杜绝了造假的可能。

第 4 个技术特点叫作智能合约，智能合约是基于可信的不可篡改的数据，可以自动执行一些预先定义好的规则和条款。以保险为例，如果说每个人的信息（包括医疗信息和风险发生的信息）都是真实可信的，那就很容易在一些标准化的保险产品中进行自动化理赔。

下面对目前比较前沿并且热门的技术——量子通信进行重点介绍。

16.2 量子通信

量子通信是利用量子力学的基本原理或基于物质量子特性的通信技术。量子通信的最大优点是其具有理论上的无条件安全性和高效性。理论上的无条件安全性是指在理论上可以证明，即使攻击者具有无限的计算资源和任意物理学容许的信道窃听手段，量子通信仍可保证通信双方安全地交换信息；高效性是利用量子态的叠加性和纠缠特性，有望以超越经典通信极限的条件传输和处理信息。因此，量子通信对金融、通信、军事等领域有极其重要的意义。量子通信的研究范畴如图 16-1 所示。

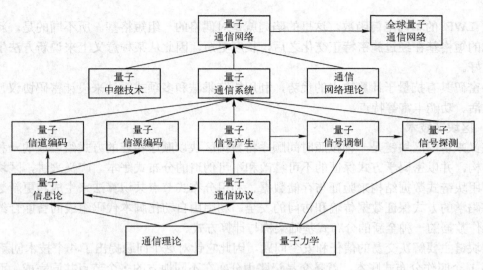

图 16-1　量子通信的研究范畴

　　通信理论和量子力学是量子通信领域的两大基础，在此基础上建立和发展了量子信息理论，并形成多种量子通信协议，或称为量子通信方案。实现一个完整的量子通信系统则以量子编码理论为基础，以特定的量子通信协议为核心，通过实现量子信号产生、调制和探测等关键技术，最终实现量子信息或经典信息的传送。随着通信网络理论的发展以及量子中继技术的突破，量子通信网络有望从局域网络走向更大规模的广域网络，乃至发展全球规模的量子通信网络。

16.2.1　量子通信的特点

　　量子通信起源于对通信保密的要求。通信安全自古以来一直受到人们的重视，特别是在军事领域。当今社会，随着信息化程度的不断提高，如互联网、即时通信和电子商务等应用，都涉及信息安全，信息安全又关系到每个人的切身利益。对信息进行加密是保证信息安全的重要方法之一。G.Vernam 在 1917 年提出一次一密（One Time Pad, OTP）的思想，对于明文采用一串与其等长的随机数进行加密（相异或），接收方用同样的随机数进行解密（再次异或）。这里的随机数称为密钥，其真正随机且只用一次。OTP 协议已经被证明是安全的，但关键是要有足够长的密钥，必须实现在不安全的信道（存在窃听）中无条件地、安全地分发密钥，这在经典领域很难做到。后来，出现了公钥密码体制，如著名的 RSA 协议。在这类协议中，接收方有一个公钥和一个私钥，接收方将公钥发给发送方，发送方用这个公钥对数据进行加密，然后发给接收方，只有用私钥才能解密数据。公钥密码被大量应用着，它的安全性由数学假设来保证，即一个大数的质因数分解是一个非常困难的问题。但是量子计算机的提出，改变了这个观点。已经证明：一旦量子计算机实现了，大数很容易被分解，从而现在广为应用的密码系统完全可以被破解。

　　幸运的是，在人们认识到量子计算机的威力之前，基于量子力学原理的量子密钥分发（Quantum Key Distribution, QKD）技术就被提出来了。量子密钥分发应用了量子力学的原理，可以实现无条件安全的密钥分发，进而结合 OTP 策略，确保通信的绝对保密。量子通信有以下特点。

1. 量子通信具有理论上无条件的安全性

量子通信起源于利用量子密钥分发获得的密钥加密信息，基于量子密钥分发的理论上无条件安全性，从而可实现安全的保密通信。QKD 利用量子力学的海森堡不确定性原理和量子态不可克隆定理，前者保证了窃听者在不知道发送方编码基的情况下无法准确测量获得量子态的信息，后者使得窃听者无法复制一份量子态在得知编码基后进行测量，从而使得窃听必然导致明显的误码，于是通信双方能够察觉出被窃听。

2. 量子通信具有传输的高效性

根据量子力学的叠加原理，一个 n 维量子态的本征展开式有 2^n 项，每项前面都有一个系数，传输一个量子态相当于同时传输这 2^n 个数据。可见，量子态携载的信息非常丰富，使其不但在传输方面，而且在存储、处理等方面相比于经典方法更为高效。

3. 可以利用量子物理的纠缠资源

纠缠是量子力学中独有的资源，相互纠缠的粒子之间存在一种关联，无论它们的位置相距多远，若其中一个粒子改变，另一个必然改变，或者说一个经测量坍缩，另一个也必然坍缩到对应的量子态上。这种关联的保持可以用贝尔不等式来检验，因此用纠缠可以协商密钥，若存在窃听，即可被发现。利用纠缠的这种特性，也可以实现量子态的远程传输。

16.2.2 量子通信的类型

量子通信系统的基本部件包括量子态发生器、量子通道、量子测量装置。按其所传输的信息是经典通信还是量子通信而分为两类。前者主要用于量子密钥的传输，后者则可用于量子隐形传态和量子纠缠的分发。图 16-2 是量子通信系统的一个基本模型图。量子信源产生消息并发送出去；量子调制将原始消息转换成量子态形式，产生量子信号；量子信宿是消息的接收者，量子解调将量子态的消息恢复成原始消息；另外通常还有辅助信道，是指除了传输信道以外的附加信道，如经典信道，主要用于密钥协商等。

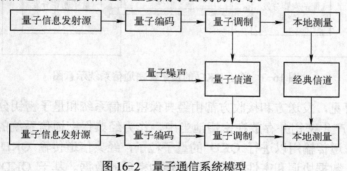

图 16-2　量子通信系统模型

目前，量子通信的主要形式包括基于 QKD 的量子保密通信、量子间接通信和量子直接安全通信。

1. 基于 QKD 的量子保密通信

1984 年，Bennett 和 Brassard 提出了第一个量子密钥分发协议，利用单个量子比特实现密钥的分配，又称作 BB84 协议。在完美的发射源和探测器存在的假设下，科学家已经证明了 BB84 协议是无条件安全的。1991 年，Ekert 提出了第一个基于 EPR 对的 QKD 协议，称作 E91。然后，Bennett 在 1992 年利用非正交基和两个量子比特态实现了 QKD，并称作 B92

协议。与此同时，众多利用单量子比特序列进行经典密钥分发的研究开始流行起来。

在理论研究如火如荼的同时，关于 QKD 的实验与实践也受到了研究者们的广泛关注。但是，理论与实践的鸿沟却是巨大的，例如信源、探测器、信道和通信距离等都是需要面临的重大挑战。2012 年提出了一个测量设备无关（MDI）的 QKD 协议，能自动免疫所有的探测攻击。紧接着 2013 年，MDI-QKD 的 50km 光纤传递获得成功。

2015 年，QKD 的距离上升到 307km。随后，2016 年，中科院的研究团队成功利用光纤将 MDI-QKD 通信距离提升到 404km。同时，来自意大利的研究团队利用 LAGEOS-2 人造卫星和 MLRO 地面站进行了 7000km 的单光子交换。2016 年 8 月 16 日，在潘建伟院士领导下，第一颗量子科学实验卫星"墨子号"发射成功，中国的空间科学研究又迈出了重要的一步。2017 年 9 月 29 日，世界首条量子保密通信干线——"京沪干线"正式开通，结合"京沪干线"与"墨子号"的天地链路，成功实现了洲际量子保密通信。未来将会有更多基于量子卫星通信的实验和研究成果推出。

基于 QKD 的量子保密通信是通过 QKD 使得通信双方获得密钥，进而利用经典通信系统进行保密通信的，如图 16-3 所示。

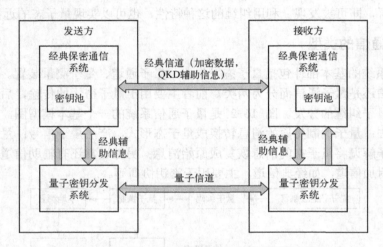

图 16-3　基于 QKD 的量子保密通信系统示意图

由图 16-3 可见，发送方和接收方都由经典保密通信系统和量子密钥分发（QKD）系统组成，QKD 系统产生密钥并存放在密钥池当中，作为经典保密通信系统的密钥。系统中有两个信道，量子信道传输用以进行 QKD 的量子粒子，经典信道传输 QKD 过程中的辅助信息，如基矢对比、数据协调和密性放大，也传输加密后的数据。基于 QKD 的量子保密通信是目前发展最快且已获得实际应用的量子信息技术。

2. 量子间接通信

量子间接通信可以传输量子信息，但不是直接传输，而是利用纠缠粒子对，将携带信息的光量子与纠缠光子对之一进行贝尔态测量，将测量结果发送给接收方，接收方根据测量结果进行相应的酉变换，从而可恢复发送方的信息，如图 16-4 所示。这种方法称为量子隐形传态（Quantum Teleportation）。应用量子力学的纠缠特性，基于两个量子具有的量子关联特性建立量子信道，可以在相距较远的两地之间实现未知量子态的远程传输。

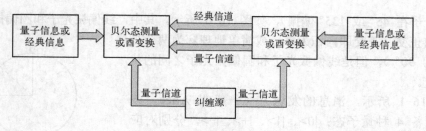

图 16-4 量子间接通信示意图

另一种方法是发送方对纠缠粒子之一进行酉变换，变换之后将这个粒子发送到接收方，接收方对这两个粒子联合测量，根据测量结果判断发送方所做的变换类型（共有四种酉变换，因而可携带两比特经典信息），这种方法称为量子密集编码（Quantum Dense Coding）。

3. 量子直接安全通信

量子直接安全通信（Quantum Secure Direct Communication），可以直接传输信息，并通过在系统中添加控制比特来检验信道的安全性，其原理如图 16-5 所示。量子态的制备可采用纠缠源或单光子源。若为单光子源，可将信息调制在单光子的偏振态上，通过发送装置发送到量子信道；接收端收到后进行测量，通过对控制比特进行测量的结果来分析判断信道的安全性，如果信道无窃听则进行通信。其中经典辅助信息辅助进行安全性分析。

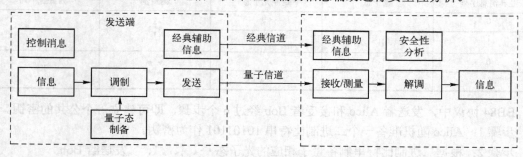

图 16-5 量子安全直接通信示意图

除了上述三种量子通信的形式外，还有量子秘密共享（Quantum Secret Sharing，QSS）、量子私钥加密、量子公钥加密、量子认证（Quantum Authentication）、量子签名（Quantum Signature）等。

16.2.3 量子 BB84 协议

目前，已经有许多量子通信协议。但是由于量子态存储时间短、很难实现量子中继等原因，大多数量子通信协议很难大规模实用。现实中使用最多的是基于单光子的量子 BB84 协议。本小节简单介绍该协议。

1984 年，Bennett 和 Brassard 首次提出了量子密钥分配协议（QKD：Quantum Key Distribution Protocol），现在被称为 BB84 协议。自从这个协议被提出后，就受到了各界的广泛关注。1989 年，IBM 公司和蒙特利尔大学第一次完成了量子加密实验，并从实验角度证明了 BB84 协议的实用性。

BB84 协议通过光子的四种偏振态来进行编码：线偏振态（光子在 0°或 90°偏振）和圆

偏振态（光子在 45° 或 135° 偏振），如图 16-6 所示。其中，线偏振光子和圆偏振光子的两个状态各自正交（正交即内积为零。或简单地理解为两个光子的交角为 90°），但是线偏振光子和圆偏振光子之间的状态互不正交。

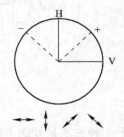

图 16-6　光子的四个偏振态和关系

如表 16-1 所示。消息的发送方（一般叫 Alice，或 A）可以制备 4 种量子态：|0>、|1>、|+>、|->，分别对应经典信息的 0、1、0、1。其调制的光子态分别为↔、↕、↗、↘。

消息的接收方（一般叫 Bob，或 B）在接收到光子后，有两种基进行测量，分别是 Z 基↔或 X 基✕。Z 基可以正确测量光子态↔或↕；X 基可以正确测量光子态↗或↘。如果测量的基使用不正确，测量所得到的结果也不正确。例如发送方发的↔或↕光子，而接收方使用 X 基✕进行测量，则有 50%的概率得到↗，有 50%的概率得到↘；同理，发送方发的是↗或↘光子，而接收方使用 Z 基↔进行测量，则有 50%的概率得到↔，有 50%的概率得到↕。

表 16-1　调制光子态

经典消息序列	量子态	调制光子态	测量基	测量基序列
0	|0⟩	↔	✛	Z
1	|1⟩	↕		
0	|+⟩	↗	✕	X
1	|−⟩	↘		

BB84 协议中，发送者 Alice 和接受者 Bob 经过 6 个步骤，即可建立一个公共的密钥。

步骤 1：Alice 随机准备一个二进制比特串 10101101 作为密钥。

步骤 2：根据二进制比特串制备量子相应的光子态↔、↕、↗、↘发送给 Bob。

步骤 3：Bob 随机选取两种测量基的一个进行测量，并公布对每个光子使用的测量基（注意这里不是公布测量结果）。如表 16-2 所示为接收方 Bob 的测量方法及对应的测量结果。

表 16-2　测量方法及对应的结果

测量基序列	采用测量基	量子态	量子信息	经典信息
Z	✛	↔	|0⟩	0
		↕	|1⟩	1
X	✕	↗	|+⟩	0
		↘	|−⟩	1

步骤 4：Alice 和 Bob 比较测量基，并移除使用错误测量基测量的结果，一般丢弃 50%的量子比特。

步骤 5：Bob 对使用正确测量基测量的结果进行纠错和保密放大。

步骤 6：Alice 和 Bob 最终得到商定的随机密钥，协议结束。

下面以一个实际的例子来讲述量子 BB84 协议的过程，如表 16-3 所示。

表 16-3　BB84 协议的通信过程实例

步骤1	1	0	0	1	1	1	0	1	0	1
步骤2	↕	↔	↔	↘	↘	↕	↗	↕	↗	↕
步骤3	Z	X	Z	Z	X	X	X	Z	Z	X
步骤4	↕		↔		↘		↗	↕		
步骤5	1		0		1		0	1		
步骤6	1			1			0	1		

第 1 步：Alice 随机制备经典信息"1001110101"。

第 2 步：对应的 Alice 制备偏振态光子序列"↕、↔、↔、↘、↘、↕、↗、↕、↗、↕"。

第 3 步：接收方 Bob 在接收到 Alice 发送的光子后，随机了采用两种基进行测量。他使用的基的顺序为"Z、X、Z、Z、X、X、X、Z、Z、X"。

第 4 步：Bob 向所有人（包括窃听者）公开自己的测量基序列"Z、X、Z、Z、X、X、X、Z、Z、X"；发送方 Alice 告诉 Bob，其测量的第 1，3，5，7，8 个基是正确的。

第 5 步：Bob 只保留正确基测量的结果，即：10101。Bob 再对这个结果进行纠错和保密放大。

第 6 步：双方得到纠错和保密放大之后的密钥 1101。协议结束。

如果 Alice 和 Bob 双方对同一个量子比特选择相同的测量基，则测量结果是一致的。例如，如果 Alice 选择 Z 基对应量子态|->编码，Bob 同样选择 Z 基进行测量，则结果为|->，最终双方利用协议获得相同的密钥。

如果信道中存在一个窃听者 Eve 采用截获重发攻击进行窃听，其可以截获 Alice 发送的密钥序列，测量之后发送一个与测量结果相同的量子态（破坏的密钥序列）给 Bob。例如，Alice 准备一个量子态 $|0> = \frac{1}{\sqrt{2}}(|+>+|->)$，Eve 选择 X 基对其进行测量，结果为 $|+> = \frac{1}{\sqrt{2}}(|0>+|1>)$ 或 $|-> = \frac{1}{\sqrt{2}}(|0>-|1>)$。无论得到什么结果，Bob 在使用正确基的条件下最终得出|0>和|1>的概率均为 50%。通信双方还可以选择部分量子比特进行信道窃听者检测，一个量子比特 Eve 逃脱检测的概率为 3/4，对于 n 个量子比特的信道检测，Eve 成功窃听的概率为 $1-\left(\frac{3}{4}\right)^n$。

下面计算在有 Eve 进行窃听的情况下，BB84 协议的错误概率。Eve 通过截获重发攻击对发送方的量子比特进行攻击。首先在信道中截取发送方 Alice 发送的量子态，随机选取一组基对量子态进行测量。而后，根据测量结果在该测量基下制备对应的偏振量子态发送给接收方 Bob。

假设 Alice 发送的是水平偏转态（如图 16-7 所示），结果有如下两种情况。

（1）若 Eve 测量基选择正确（Z 基，有 50%的概率），则 Eve 测量对结果不造成影响。

（2）若 Eve 选择错误（X 基，有 50%概率），则量子态发生坍缩。之后，Bob 采取正确测量基（Z 基），有 50%概率得到正确结果，则正确结果概率是 1/2×1/2=1/4。因此，错误率是 1-(1/2+1/2×1/2)=1/4。

以上分析告诉我们，在量子 BB84 协议里，如果存在窃听者进行截获重发攻击，则其引入的整体错误率为 25%。

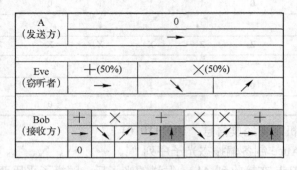

图 16-7　有窃听时错误概率

在 BB84 协议中，所采用的线偏振和圆偏振是共轭态，满足测不准原理（不确定性原理）。根据测不准原理，线偏振光子的测量结果越精确意味着对圆偏振光子的测量结果越不精确。因此，任何攻击者的测量必定会对原来量子状态产生改变，而合法通信双方可以根据测不准原理检测出该扰动，从而检测出是否存在窃听。另外，线偏振态和圆偏振态是非正交的，因此它们是不可区分的，攻击者不可能精确地测量所截获的每一个量子态，也就不可能制造出相同的光子来冒充。测不准原理和量子不可克隆定理保证了 BB84 协议量子通信的无条件安全性。

以上详细介绍了单光子的 BB84 协议。在量子通信领域还有基于纠缠态的协议（如量子乒乓协议）等，感兴趣的读者可以自己找资料学习。

思考题

1．什么是区块链？
2．什么是量子通信？
3．简述量子 BB84 协议的通信过程。
4．量子 BB84 协议如果有窃听者进行截获重发攻击的话，详细说明窃听者引入的错误率是多少？

参 考 文 献

[1] 沈昌祥. 网络空间安全导论[M]. 北京：电子工业出版社，2018.

[2] 牛少彰，崔宝江，李剑. 信息安全概论[M]. 3版. 北京：北京邮电大学出版社，2016.

[3] 翟健宏. 信息安全导论[M]. 北京：科学出版社，2019.

[4] 王继林，苏万力. 信息安全导论[M]. 西安：西安电子科技大学出版社，2017.

[5] 刘建伟，王育民. 网络安全——技术与实践[M]. 3版. 北京：清华大学出版社，2017.

[6] 袁津生，吴砚农. 计算机网络安全基础[M]. 5版. 北京：人民邮电出版社，2018.

[7] 李剑. 信息安全概论[M]. 2版. 北京：机械工业出版社，2019.